建设工程工程量清单计价快速入门丛书

园林工程工程量清单计价快速入门（含实例）

曾昭宏　主编

中国建筑工业出版社

图书在版编目（CIP）数据

园林工程工程量清单计价快速入门（含实例）/曾昭宏主编. —北京：中国建筑工业出版社，2015.7
（建设工程工程量清单计价快速入门丛书）
ISBN 978-7-112-18610-5

Ⅰ.①园… Ⅱ.①曾… Ⅲ.①园林-工程施工-工程造价 Ⅳ.①TU986.3

中国版本图书馆 CIP 数据核字（2015）第 250541 号

本书依据《建设工程工程量清单计价规范》GB 50500—2013、《园林绿化工程工程量计算规范》GB 50858—2013 编写。本书共分为 3 章，内容主要包括：园林工程工程量清单计价基础、园林工程清单工程量计算及实例、园林工程工程量清单计价编制实例。

本书可供广大园林工程预算人员、造价人员及管理人员使用，也可供高职高专院校工程造价专业师生参考。

责任编辑：郭 栋
责任设计：董建平
责任校对：姜小莲 党 蕾

建设工程工程量清单计价快速入门丛书
园林工程工程量清单计价快速入门（含实例）
曾昭宏 主编

*

中国建筑工业出版社出版、发行（北京西郊百万庄）
各地新华书店、建筑书店经销
北京红光制版公司制版
北京市安泰印刷厂印刷

*

开本：787×1092 毫米 1/16 印张：13½ 字数：332 千字
2015 年 12 月第一版 2015 年 12 月第一次印刷
定价：**36.00** 元
ISBN 978-7-112- 18610-5
（27806）

编　委　会

主　编　曾昭宏

参　编（按笔画顺序排列）

王　乔　王　静　齐向清　李彦华

杨　静　张利艳　张　彤　单杉杉

赵龙飞　徐书婧　谭　璐

前　言

园林工程建设作为城市建设的重要组成部分，其重要性不言而喻。在我国经济快速发展的今天，园林工程规模日渐扩大，工程建设分工也越来越细。工程造价是工程建设的核心，也是市场运行的核心内容，建筑市场存在的许多不规范行为，大多数与工程造价有直接联系。如何利用好现有的资金，控制好园林工程造价，对于园林工程项目建设的实际运作具有非常重要的意义。园林工程工程量清单计价是园林工程招标投标中，按照国家统一的工程量清单计价规范及园林绿化工程工程量计算规范，由招标人提供工程数量，投标人自主报价，经评审低价中标的工程造价计价模式。这种计价模式有利于发挥企业自主报价的能力，同时也有利于规范业主在园林工程招标中的计价行为，有效改变招标单位在招标中盲目压价的行为，从而真正地体现公开、公平、公正的原则。

为了更加广泛深入地推行工程量清单计价，规范建设市场发承包双方的计量、计价行为，维护建设市场秩序，国家颁布实施了《建设工程工程量清单计价规范》GB 50500—2013、《园林绿化工程工程量计算规范》GB 50858—2013 等一系列新的计价规范。新规范的颁布与实施，对园林工程造价人员提出了更高的要求。为了使广大园林工程造价人员能够快速、全面地学习和掌握园林工程造价知识，合理确定园林工程造价，更好地适应园林工程造价工作的需要，我们组织相关人员编写了本书。

本书系统地讲解了园林工程工程量清单计价的基础理论和计价方法，共分为三章，内容主要包括：园林工程工程量清单计价基础、园林工程清单工程量计算及实例、园林工程工程量清单计价编制实例。本书注重与实际相结合，配有大量的计价实例，具有很强的实用性与针对性。

由于编者的学识和经验有限，尽管反复推敲核实，但书中难免有疏漏或未尽之处，恳请有关专家和广大读者提出宝贵的意见，以便做进一步的修改和完善。

目　录

1　园林工程工程量清单计价基础

1.1　工程量清单

1.1.1　工程量清单概念

根据《建设工程工程量清单计价规范》GB 50500—2013 的规定，工程量清单是建设工程的分部分项工程项目、措施项目、其他项目的名称和相应数量以及规费、税金项目等内容的明细清单。

1.1.2　工程量清单编制

1. 编制依据

编制园林工程工程量清单的依据主要有：

（1）《建设工程工程量清单计价规范》GB 50500—2013；

（2）《园林绿化工程工程量计算规范》GB 50858—2013；

（3）国家或省级、行业建设主管部门颁发的园林工程计价依据和办法；

（4）建设工程设计文件；

（5）施工现场情况、工程特点及常规施工方案；

（6）招标文件及其补充通知、答疑纪要；

（7）与园林工程项目有关的标准、规范、技术资料；

（8）其他相关资料。

2. 编制程序

工程量清单是招标文件的组成部分，应由具有编制能力的招标人或受其委托，具有相应资质的工程造价咨询人进行编制。工程量清单应由分部分项工程量清单、措施项目清单、其他项目清单、规范项目清单、税金项目清单组成，编制程序如图 1-1 所示。

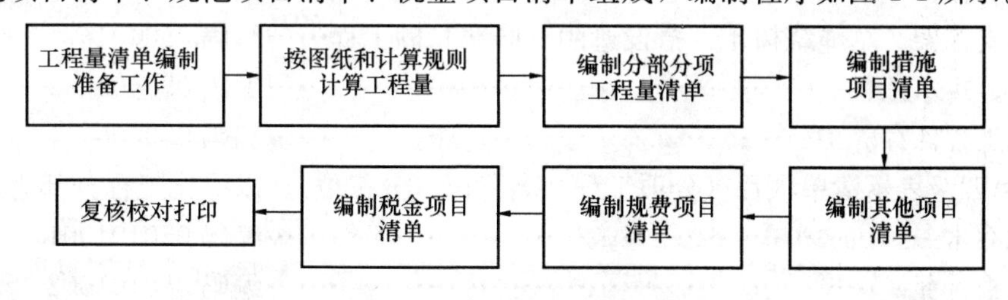

图 1-1　工程量清单编制程序

3. 分部分项工程量清单

（1）项目编码。项目编码是分部分项工程量清单项目名称的数字标识。分部分项工程量清单的项目编码，应采用十二位阿拉伯数字表示。一至九位应按《建设工程工程量清单计价规范》GB 50500—2013 的规定设置，十至十二位则根据拟建工程的工程量清单项目名称设置，同一招标工程的项目编码不得有重码。

各级编码代表的含义如下：

1）一级表示分类码（第一、二位），即顺序码。

2）第二级表示章（专业工程）顺序码（分两位）。园林工程共分为四项专业工程：

绿化工程……………………………………………………编码 0501

园路、园桥工程……………………………………………编码 0502

园林景观工程………………………………………………编码 0503

措施项目……………………………………………………编码 0504

3）第三级表示节（分部工程）顺序码（分两位）。

①绿化工程共分为三个分部。

绿地整理……………………………………………………编码 050101

栽植花木……………………………………………………编码 050102

绿地喷灌……………………………………………………编码 050103

②园路、园桥、假山工程，其分为三个分部。

园路、园桥工程……………………………………………编码 050201

驳岸、护岸…………………………………………………编码 050202

③园林景观工程，共分为六个分部。

堆塑假山……………………………………………………编码 050301

原木、竹构件………………………………………………编码 050302

亭廊屋面……………………………………………………编码 050303

花架…………………………………………………………编码 050304

园林桌椅……………………………………………………编码 050305

喷泉安装……………………………………………………编码 050306

杂项…………………………………………………………编码 050307

④措施项目，共分为六个分部。

脚手架工程…………………………………………………编码 050401

模板工程……………………………………………………编码 050402

垂直运输机械………………………………………………编码 050403

树木支撑架、草绳绕树干、搭设遮阴（防寒）棚工程……编码 050404

围堰、排水工程……………………………………………编码 050405

绿化工程保存养护…………………………………………编码 050406

4）第四级表示清单项目（分项工程）名称码（分三位）。以绿化工程分部为例：

砍伐乔木……………………………………………………编码 050101001

挖树根（蔸）………………………………………………编码 050101002

砍挖灌木丛及根……………………………………………编码 050101003

砍挖竹及根…………………………………………………编码 050101004

砍挖芦苇（或其他水生植物）及根………………………编码 050101005

清除草皮……………………………………………………编码 050101006

清除地被植物……………………………………………………………编码 050101007
屋面清理…………………………………………………………………编码 050101008
种植土回（换）填………………………………………………………编码 050101009
整理绿化用地……………………………………………………………编码 050101010
绿地起坡造型……………………………………………………………编码 050101011
屋顶花园基底处理………………………………………………………编码 050101012

5）第五级表示拟建工程量清单项目顺序码（第十、十一、十二位）。由编制人依据项目特征的区别，从 001 开始，一共 999 个码可供使用。例如，栽植木本花卉全国统一编码为 050102008 九位，按冠幅大小分 15cm 以内、25cm 以内、35cm 以内、35cm 以上，可以从十、十一、十二位分别编码，15cm 以内可由编制人设 001，25cm 以内可设 002，……依此类推。

注意：当同一标段（或合同段）一份工程量清单中含有多个单项或单位工程且工程量清单是以单位工程为编制对象时，在编制工程量清单时应特别注意对项目编码十到十二位的设置不得有重码的规定。例如，一个标段的工程量清单中含有两个单位工程，每一个单位工程都有特征相同的方整石板路面，垫层为 150mm 厚的 C10 混凝土工程量时，此时应以单位工程为编制对象，则第一个单位工程的方整石板路面的项目编码应为 050201001001，则第二个单位工程同样的项目编码不能相同，可编为 050201001002。有些计价软件可自动实现项目编码的顺序编排。

（2）项目名称。分部分项工程量清单的项目名称应按《建设工程工程量清单计价规范》GB 50500—2013 中的项目名称结合拟建工程的实际确定。其设置应考虑三个因素：一是项目名称；二是项目特征；三是拟建工程的实际情况。

具体清单项目名称均以工程实体命名，项目必须包括完成或形成实体部分的全部内容。工程量清单编制时，以项目名称为主体，考虑该项目的规格、型号、材质等特征要求，结合拟建工程的实际情况，使其工程量清单项目名称具体化、细化，能够反映影响工程造价的主要因素。

项目名称如有缺项，招标人可按相应的原则，在工程量清单编制时进行补充。补充项目应填写在工程量清单相应分部项目之后，并在“项目编码”栏中以“补”字示之。

（3）计量单位。分部分项工程量清单的计量单位应按《建设工程工程量清单计价规范》GB 50500—2013 中规定的计量单位确定。有两个或两个以上计量单位的，应结合拟建项目的实际选择其中一个最适宜、最方便的确定。计量单位应采用基本单位，除各专业另有特殊规定之外，均按以下单位计量：

1）以质量计算的项目——t 或 kg；

2）以体积计算的项目——m^3；

3）以面积计算的项目——m^2；

4）以长度计算的项目——m；

5）以自然计量单位计算的项目——个、套、台、支、株、丛、组、座……

6）没有具体数量的项目——系统、项……

（4）项目特征。项目特征是构成分部分项工程量清单项目、措施项目自身价值的本质特征。分部分项工程量清单项目特征应按《建设工程工程量清单计价规范》GB 50500—

2013 中规定的项目特征，结合拟建工程项目的实际予以描述。

1）项目特征的描述具有重要的意义。项目特征是区分清单项目的依据，没有项目特征的准确描述，对于相同或相似的清单项目名称，就无从区分；项目特征是确定综合单价的前提，由于工程量清单项目的特征决定了工程实体的实质内容，清单项目特征描述得准确与否，必然关系到综合单价的准确确定；项目特征是履行合同义务的基础，如果项目特征描述不清甚至漏项、错误，从而引起在施工过程中的更改，都会引起分歧，导致纠纷、索赔。

2）项目特征描述的要求。项目特征描述的内容按《建设工程工程量清单计价规范》GB 50500—2013 规定的内容，项目特征的表述按照拟建工程的实际要求，以能满足确定综合单价的需要为前提。对采用标准图集或施工图纸能够全部或部分满足项目特征描述要求的，项目特征描述可直接采用详见××图集或××图号的方式，但对不能满足项目特征描述要求的部分，仍应用文字描述进行补充。

3）项目特征描述的内容。必须描述的内容如下：

①涉及正确计量的内容必须描述。

②涉及结构要求的内容必须描述。

③涉及材质要求的内容必须描述。

④涉及安装方式的内容必须描述。

可不描述的内容如下：

①对计量计价没有实质影响的内容可不描述。

②应由投标人根据施工方案确定的可以不描述。例如，对石方的预裂爆破的单孔深度及装药量的特征规定，如由清单编制人来描述是困难的，而应由投标人根据施工要求，在施工方案中确定，自主报价。

③应由投标人根据当地材料和施工要求确定的可以不描述。例如，对混凝土构件中的混凝土拌合料使用的石子种类及粒径、砂的种类的特征规定可以不描述。因为混凝土拌合料使用砾石还是碎石，使用粗砂还是中砂、细砂或特细砂，主要取决于工程所在地砂、石子材料的供应情况，石子粒径大小主要取决于钢筋配筋的密度。

④应由施工措施解决的可以不描述。例如，对现浇混凝土板、梁的标高的特征规定可以不描述。因为同样的板或梁都可以将其归并在同一个清单项目，不同标高的差异可以由投标人在报价中考虑或在施工措施中解决。

可不详细描述的内容如下：

①无法准确描述的可不详细描述。例如，土壤类别，其表层土与表层土以下的土壤，其类别可能不同，可考虑将土壤类别描述为综合，注明由投标人根据地勘资料自行确定土壤类别，决定报价。

②施工图纸、标准图集标注明确的，可不再详细描述。对这些项目可描述为见××图集××页号及节点大样等。

③其他可不详细描述的，应注明由投标人自定。例如，土方工程中的“取土运距”、“弃土运距”等，因为由清单编制人决定在多远取土或取、弃土运往多远是困难的；其次，由投标人根据在建工程施工情况自主决定取、弃土方的运距可以充分体现竞争的要求。

（5）工程数量计算。分部分项工程量清单中所列工程量应按《建设工程工程量清单计价规范》GB 50500—2013 中规定的工程量计算规则计算。除另有说明外，所有清单项目的工程量应以实体工程量为准，并以图示的净值计算；投标人投标报价时，需要在单价中考虑施工中的各种损耗和需要增加的工程量。工程数量的有效位数，一般要符合以下规定：以“t”为单位，留三位小数，第四位四舍五入；以“m^2”、“m^3”、“m”、“kg”为单位，保留小数点后两位数字，第三位四舍五入；以“株、丛、个、件、根、套、组”等为单位，应取整数。

4. 措施项目清单

（1）措施项目清单的列项。措施项目清单应根据拟建工程的实际情况列项，编制时要力求全面，参照《建设工程工程量清单计价规范》GB 50500—2013 列出，若出现《建设工程工程量清单计价规范》GB 50500—2013 未列的项目，可根据工程实际情况补充。措施项目清单的编制，应考虑多种因素，除工程本身的因素外，还涉及环境、气象、水文、安全等和施工企业的实际情况。《建设工程工程量清单计价规范》GB 50500—2013 正文提供的通用措施项目可作为列项的参考，专业工程的措施项目可按《建设工程工程量清单计价规范》GB 50500—2013 附录中规定的项目选择列项。

措施项目中可以计算工程量的项目清单宜采用分部分项工程清单的方式编制，列出项目编码、项目名称、项目特征、计量单位和工程量计算规则；措施项目中不能计算工程量的项目，一般来说，其费用的发生和金额的大小与使用时间、施工方法或两个以上工序相关，与实际完成的实体工程量的多少关系不大，典型的是大中型施工机械、文明施工和安全防护、临时设施等，以“项”为计量单位。

园林绿化工程措施项目在清单计价规范中并未单独列出，故可使用措施项目一览表中通用项目，项目名称和列项条件见表 1-1。

通用措施项目及列项条件 **表 1-1**

序号	项目名称	列项条件
1	安全文明施工（含环境保护、文明施工、安全施工、临时施工）	正常情况下都要发生
2	夜间施工	拟建工程有必须连续施工的要求，或工期紧张有夜间施工的必要
3	二次搬运	存在施工场地狭小等特殊情况
4	冬雨期施工	正常情况下都要发生
5	大型机械设备进出场及安拆	施工方案中有大型机具的使用方案，拟建工程必须使用大型机械
6	施工排水	依据水文地质资料，拟建工程的地下施工深度低于地下水位
7	施工降水	
8	地上、地下设施，建筑物的临时保护设施	项目周围及地下对施工有影响的建筑、设施
9	已完工程及设备保护	正常情况下都要发生

（2）措施项目清单的编制依据

1）拟建工程的施工组织设计。

2）拟建工程的施工技术方案。

3）与拟建工程相关的工程施工规范与工程验收规范。

4）招标文件。

5）设计文件。

(3) 措施项目清单设置时应注意的问题。

1）参考拟建工程的施工组织设计，以确定安全文明施工、材料的二次搬运等项目。

2）参阅施工技术方案，以确定夜间施工、大型机具进出场地及安拆、混凝土模板与支架、脚手架、施工排水降水等项目。

3）参阅相关的施工规范与工程施工验收规范，以确定施工技术方案没有表述的，但是为了实现施工规范与工程验收规范要求而必须发生的技术措施。

4）确定招标文件中所提及的某些必须通过一定的技术措施才能实现的要求。

5）确定设计文件中不足以写进技术方案，但是要通过一定的技术措施才能实现的内容。

5. 其他项目清单

其他项目清单是指除分部分项工程量清单、措施项目清单外的，由于招标人的特殊要求而设置的项目清单。其他项目清单的具体内容主要取决于工程建设标准的高低、工程的复杂程度、工程的工期长短、工程的组成内容、发包人对工程管理的要求等因素。

6. 规费项目清单

规费是根据省级政府或省级有关权力部门规定必须缴纳的，应计入建筑安装工程造价的费用。根据住房和城乡建设部、财政部“关于印发《建筑安装工程费用项目组成》的通知”（建标［2013］44号文）中的规定，规费包括社会保险费（养老保险费、失业保险费、医疗保险费、生育保险费、工伤保险费）、住房公积金、工程排污费。清单编制人对《建筑安装工程费用项目组成》未包括的规费项目，在编制规费项目清单时应根据省级政府或省级有关权力部门的规定列项。

7. 税金项目清单

根据住房和城乡建设部、财政部“关于印发《建筑安装工程费用项目组成》的通知”（建标［2013］44号文）中的规定，目前我国税法规定应计入建筑安装工程造价的税种包括营业税、城市建设维护税、教育费附加及地方教育附加。如国家税法发生变化，税务部门依据职权增加了税种，应对税金项目清单进行补充。

1.2 工程量清单计价

1.2.1 实行工程量清单计价的目的与意义

(1) 实行工程量清单计价，是深化工程造价管理改革，推进建设市场化的重要途径。

(2) 实行工程量清单计价，是促进建设市场有序竞争和企业健康发展的需要。

(3) 实行工程量清单计价，有利于我国工程造价政府职能的转变。

(4) 实行工程量清单计价，是规范建筑市场秩序，适应社会主义市场经济的需要。

(5) 实行工程量清单计价，是与国际接轨的需要。

1.2.2 工程量清单计价的特点

1.“统一计价规则”

通过制定统一的建设工程工程量清单计价方法、统一的工程量计量规则、统一的工程量清单项目设置规则，达到规范计价行为的目的。这些规则和办法是强制性的，建设各方都应该遵守，这是工程造价管理部门首次在文件中明确政府应管什么，不应管什么。

2.“有效控制消耗量”

通过由政府发布统一的社会平均消耗量指导标准，为企业提供一个社会平均尺度，避免企业盲目或随意大幅度减少或扩大消耗量，从而达到保证工程质量的目的。

3.“彻底放开价格”

将工程消耗量定额中的工、料、机价格和利润、管理费全面放开，由市场的供求关系自行确定价格。

4.“企业自主报价”

投标企业根据自身的技术专长、材料采购渠道和管理水平等，制定企业自己的报价定额，自主报价。企业尚无报价定额的，可参考使用造价管理部门颁布的相关定额。

5.“市场有序竞争形成价格”

通过建立与国际惯例接轨的工程量清单计价模式，引入充分竞争形成价格的机制，制定衡量投标报价合理性的基础标准，在投标过程中，有效引入竞争机制，淡化标底的作用，在保证质量、工期的前提下，按《中华人民共和国招标投标法》及有关条款规定，最终以“不低于成本”的合理低价者中标。

1.2.3 工程量清单计价流程

工程量清单计价过程可以分为工程量清单编制阶段（第一阶段）和工程量清单报价阶段（第二阶段）。

（1）第一阶段。招标单位在统一的工程量计算规则的基础上制定工程量清单项目，并根据具体工程的施工图纸统一计算出各个清单项目的工程量。

（2）第二阶段。投标单位根据各种渠道获得的工程造价信息及经验数据，结合工程量清单计算得到工程造价。

工程量清单计价是多方参与共同完成的，不像施工图预算书可以由一个单位编报。工程量清单计价编制流程，如图 1-2 所示。

1.2.4 工程量清单计价编制

1. 一般规定

（1）计价方式

1）使用国有资金投资的建设工程发承包，必须采用工程量清单计价。

2）非国有资金投资的建设工程，宜采用工程量清单计价。

3）工程量清单应当采用综合单价计价。

4）不采用工程量清单计价的建设工程，应当执行《建设工程工程量清单计价规范》GB 50500—2013 除了工程量清单等专门性规定外的其他规定。

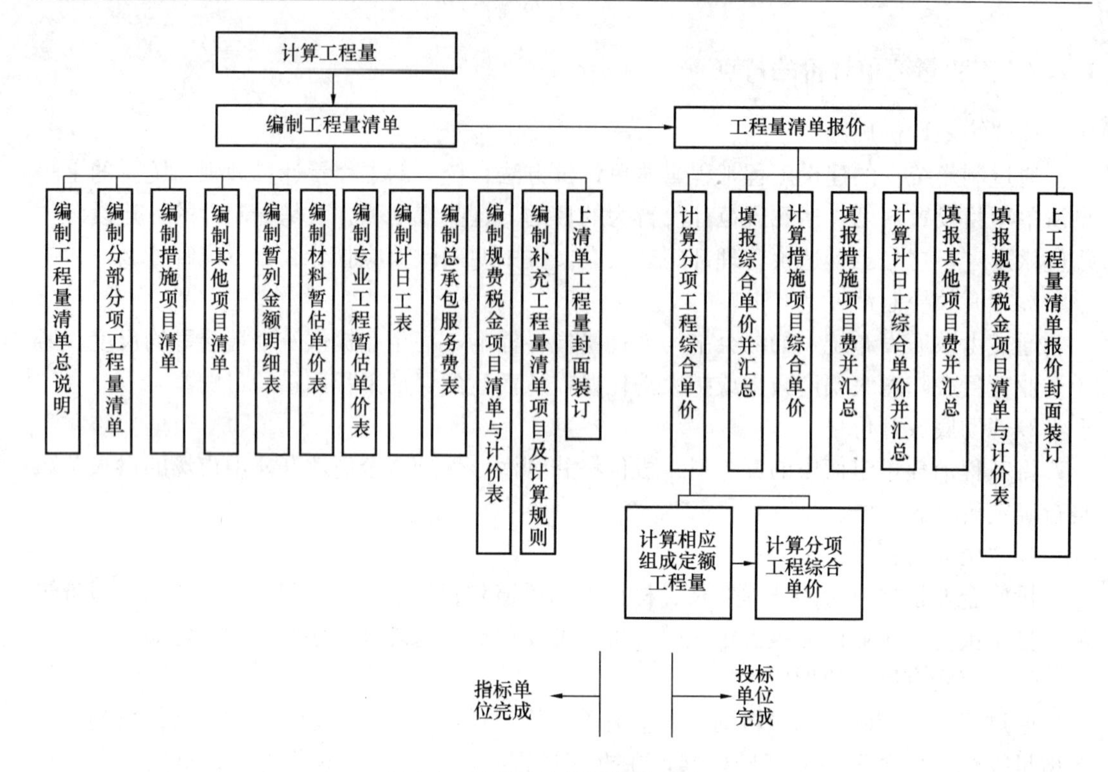

图 1-2 工程量清单计价编制流程

5）措施项目中的安全文明施工费必须按照国家或省级、行业建设主管部门的规定计算。不得作为竞争性费用。

6）规费和税金必须按照国家或是省级、行业建设主管部门的规定计算。不得作为竞争性费用。

（2）发包人提供材料和工程设备

1）发包人提供的材料和工程设备（以下简称甲供材料）应当在招标文件中按照《建设工程工程量清单计价规范》GB 50500—2013 附录 L.1 的规定填写《发包人提供材料和工程设备一览表》，写明甲供材料的名称、数量、规格、单价、交货方式、交货地点等。承包人投标时，甲供材料单价应当计入相应项目的综合单价中，签约后，发包人应当按照合同约定扣除甲供材料款，不予支付。

2）承包人应当根据合同工程进度计划的安排，向发包人提交甲供材料交货的日期计划。发包人按照计划提供。

3）发包人提供的甲供材料如规格、数量或质量不符合合同要求，或因发包人原因发生交货日期的延误、交货地点及交货方式的变更等情况，发包人应当承担由此增加的费用和（或）工期延误，并应当向承包人支付合理利润。

4）发承包双方对甲供材料的数量发生争议无法达成一致的，应当按照相关工程的计价定额同类项目规定的材料消耗量计算。

5）如果发包人要求承包人采购已在招标文件中确定为甲供材料，材料价格应当由发承包双方根据市场调查确定，并应当另行签订补充协议。

（3）承包人提供材料和工程设备

1）除了合同约定的发包人提供的甲供材料外，合同工程所需要的材料和工程设备应当由承包人提供，承包人提供的材料和工程设备均应当由承包人负责采购、运输以及保管。

2）承包人应当按照合同约定将采购材料和工程设备的供货人以及品种、规格、数量和供货时间等提交发包人确认，并负责提供材料和工程设备的质量证明文件，满足合同约定的质量标准。

3）对承包人提供的材料和工程设备经检测不符合合同约定的质量标准，发包人应立即要求承包人更换，由此增加的费用和（或）工期延误应由承包人承担。对发包人要求检测承包人已具有合格证明的材料、工程设备，但经检测证明该项材料、工程设备符合合同约定的质量标准，发包人应承担由此增加的费用和（或）工期延误，并向承包人支付合理利润。

（4）计价风险

1）建设工程发承包。必须在招标文件、合同中明确计价中的风险内容及其范围。不得采用无限风险、所有风险或类似语句规定计价中的风险内容及范围。

2）由于下列因素出现，影响合同价款调整的，应由发包人承担：

①国家法律、法规、规章和政策发生变化。

②省级或行业建设主管部门发布的人工费调整，但承包人对人工费或人工单价的报价高于发布的除外。

③由政府定价或政府指导价管理的原材料等价格进行了调整。

3）由于市场物价波动影响合同价款的，应由发承包双方合理分摊，按《建设工程工程量清单计价规范》GB 50500—2013 中附录 L.2 或 L.3 填写《承包人提供主要材料和工程设备一览表》作为合同附件；当合同中没有约定，发承包双方发生争议时，应按“物价变化”的规定调整合同价款。

4）由于承包人使用机械设备、施工技术以及组织管理水平等自身原因造成施工费用增加的，应由承包人全部承担。

5）当不可抗力发生，影响合同价款时，应按“合同价款调整”中“不可抗力”的规定执行。

2. 招标控制价

（1）招标控制价应根据下列依据编制与复核：

1）《建设工程工程量清单计价规范》GB 50500—2013。

2）国家或省级、行业建设主管部门颁发的计价定额和计价办法。

3）建设工程设计文件及相关资料。

4）拟定的招标文件及招标工程量清单。

5）与建设项目相关的标准、规范、技术资料。

6）施工现场情况、工程特点及常规施工方案。

7）工程造价管理机构发布的工程造价信息，当工程造价信息没有发布时，参照市场价。

8）其他的相关资料。

（2）综合单价中应包括招标文件中划分的应由投标人承担的风险范围及其费用。招标文件中没有明确的，如是工程造价咨询人编制，应提请招标人明确；如是招标人编制，应予明确。

(3) 分部分项工程和措施项目中的单价项目，应根据拟定的招标文件和招标工程量清单项目中的特征描述及有关要求确定综合单价计算。

(4) 措施项目中的总价项目应根据拟定的招标文件和常规施工方案按“工程量清单计价编制一般规定”中“计价方式”(4) 和 (5) 的规定计价。

(5) 其他项目应按下列规定计价：

1) 暂列金额应按招标工程量清单中列出的金额填写。

2) 暂估价中的材料、工程设备单价应按招标工程量清单中列出的单价计入综合单价。

3) 暂估价中的专业工程金额应按招标工程量清单中列出的金额填写。

4) 计日工应按招标工程量清单中列出的项目根据工程特点和有关计价依据确定综合单价计算。

5) 总承包服务费应根据招标工程量清单列出的内容和要求估算。

(6) 规费和税金必须按国家或省级、行业建设主管部门的规定计算。

3. 投标报价

(1) 投标报价应根据下列依据编制和复核：

1)《建设工程工程量清单计价规范》GB 50500—2013。

2) 国家或省级、行业建设主管部门颁发的计价办法。

3) 企业定额，国家或省级、行业建设主管部门颁发的计价定额和计价办法。

4) 招标文件、招标工程量清单及其补充通知、答疑纪要。

5) 建设工程设计文件及相关资料。

6) 施工现场情况、工程特点及投标时拟定的施工组织设计或施工方案。

7) 与建设项目相关的标准、规范等技术资料。

8) 市场价格信息或工程造价管理机构发布的工程造价信息。

9) 其他的相关资料。

(2) 综合单价中应包括招标文件中划分的应由投标人承担的风险范围及其费用，招标文件中没有明确的，应提请招标人明确。

(3) 综合单价中应包括招标文件中划分的应由投标人承担的风险范围及其费用，招标文件中没有明确的，应提请招标人明确。

(4) 措施项目中的总价项目金额应根据招标文件和投标时拟定的施工组织设计或施工方案按相关规定自主确定。

(5) 其他项目费应按下列规定报价：

1) 暂列金额应按招标工程量清单中列出的金额填写。

2) 材料、工程设备暂估价应按招标工程量清单中列出的单价计入综合单价。

3) 专业工程暂估价应按招标工程量清单中列出的金额填写。

4) 计日工应按招标工程量清单中列出的项目和数量，自主确定综合单价并计算计日工金额。

5) 总承包服务费应根据招标工程量清单中列出的内容和提出的要求自主确定。

(6) 规费和税金必须按国家或省级、行业建设主管部门的规定计算。

(7) 招标工程量清单与计价表中列明的所有需要填写单价和合价的项目，投标人均应填写且只允许有一个报价。未填写单价和合价的项目，可视为此项费用已包含在已标价工程量清单中其他项目的单价和合价之中。当竣工结算时，此项目不得重新组价予以调整。

(8) 投标总价应当与分部分项工程费、措施项目费、其他项目费和规费、税金的合计金额一致。

4. 合同价款约定

(1) 实行招标的工程合同价款应在中标通知书发出之日起 30 天内，由发承包双方依据招标文件和中标人的投标文件在书面合同中约定。

合同约定不得违背招标、投标文件中关于工期、造价、质量等方面的实质性内容。招标文件与中标人投标文件不一致的地方，应以投标文件为准。

(2) 不实行招标的工程合同价款，应在发承包双方认可的工程价款基础上，由发承包双方在合同中约定。

(3) 实行工程量清单计价的工程，应采用单价合同；建设规模较小，技术难度较低，工期较短，且施工图设计已审查批准的建设工程可采用总价合同；紧急抢险、救灾以及施工技术特别复杂的建设工程可采用成本加酬金合同。

(4) 约定内容

1) 发承包双方应在合同条款中对下列事项进行约定：

①预付工程款的数额、支付时间及抵扣方式。

②安全文明施工措施的支付计划，使用要求等。

③工程计量与支付工程进度款的方式、数额及时间。

④工程价款的调整因素、方法、程序、支付及时间。

⑤施工索赔与现场签证的程序、金额确认与支付时间。

⑥承担计价风险的内容、范围以及超出约定内容、范围的调整办法。

⑦工程竣工价款结算编制与核对、支付及时间。

⑧工程质量保证金的数额、预留方式及时间。

⑨违约责任以及发生合同价款争议的解决方法及时间。

⑩与履行合同、支付价款有关的其他事项等。

2) 合同中没有按照上述 1) 的要求约定或约定不明的，若发承包双方在合同履行中发生争议由双方协商确定；当协商不能达成一致时，应按《建设工程工程量清单计价规范》GB 50500—2013 的规定执行。

5. 工程计量

(1) 一般规定

1) 工程量必须按照相关工程现行国家计量规范规定的工程量计算规则计算。

2) 工程计量可选择按月或按工程形象进度分段计量，具体计量周期应在合同中约定。

3) 因承包人原因造成的超出合同工程范围施工或返工的工程量，发包人不予计量。

4) 成本加酬金合同应按“单价合同的计量”的规定计量。

(2) 单价合同的计量

1) 工程量必须以承包人完成合同工程应予计量的工程量确定。

2) 施工中进行工程计量，当发现招标工程量清单中出现缺项、工程量偏差，或因工程变更引起工程量增减时，应按承包人在履行合同义务中完成的工程量计算。

3）承包人应当按照合同约定的计量周期和时间向发包人提交当期已完工程量报告。发包人应在收到报告后7天内核实，并将核实计量结果通知承包人。发包人未在约定时间内进行核实的，承包人提交的计量报告中所列的工程量应视为承包人实际完成的工程量。

4）发包人认为需要进行现场计量核实时，应在计量前24小时通知承包人，承包人应为计量提供便利条件并派人参加。当双方均同意核实结果时，双方应在上述记录上签字确认。承包人收到通知后不派人参加计量，视为认可发包人的计量核实结果。发包人不按照约定时间通知承包人，致使承包人未能派人参加计量，计量核实结果无效。

5）当承包人认为发包人核实后的计量结果有误时，应在收到计量结果通知后的7天内向发包人提出书面意见，并应附上其认为正确的计量结果和详细的计算资料。发包人收到书面意见后，应在7天内对承包人的计量结果进行复核后通知承包人。承包人对复核计量结果仍有异议的，按照合同约定的争议解决办法处理。

6）承包人完成已标价工程量清单中每个项目的工程量并经发包人核实无误后，发承包双方应对每个项目的历次计量报表进行汇总，以核实最终结算工程量，并应在汇总表上签字确认。

（3）总价合同的计量

1）采用工程量清单方式招标形成的总价合同，其工程量应按照“单价合同的计量”的规定计算。

2）采用经审定批准的施工图纸及其预算方式发包形成的总价合同，除按照工程变更规定的工程量增减外，总价合同各项目的工程量应为承包人用于结算的最终工程量。

3）总价合同约定的项目计量应以合同工程经审定批准的施工图纸为依据，发承包双方应在合同中约定工程计量的形象目标或时间节点进行计量。

4）承包人应在合同约定的每个计量周期内对已完成的工程进行计量，并向发包人提交达到工程形象目标完成的工程量和有关计量资料的报告。

5）发包人应在收到报告后7天内对承包人提交的上述资料进行复核，以确定实际完成的工程量和工程形象目标。对其有异议的，应通知承包人进行共同复核。

6. 合同价款调整

（1）一般规定

1）下列事项（但不限于）发生，发承包双方应当按照合同约定调整合同价款：

①法律法规变化；

②工程变更；

③项目特征不符；

④工程量清单缺项；

⑤工程量偏差；

⑥计日工；

⑦物价变化；

⑧暂估价；

⑨不可抗力；

⑩提前竣工（赶工补偿）；

⑪误期赔偿；

⑫索赔；

⑬现场签证；

⑭暂列金额；

⑮发承包双方约定的其他调整事项。

2）出现合同价款调增事项（不含工程量偏差、计日工、现场签证、索赔）后的14天内，承包人应向发包人提交合同价款调增报告并附上相关资料；承包人在14天内未提交合同价款调增报告的，应视为承包人对该事项不存在调整价款请求。

3）出现合同价款调减事项（不含工程量偏差、索赔）后的14天内，发包人应向承包人提交合同价款调减报告并附相关资料；发包人在14天内未提交合同价款调减报告的，应视为发包人对该事项不存在调整价款请求。

4）发（承）包人应在收到承（发）包人合同价款调增（减）报告及相关资料之日起14天内对其核实，予以确认的应书面通知承（发）包人。当有疑问时，应向承（发）包人提出协商意见。发（承）包人在收到合同价款调增（减）报告之日起14天内未确认也未提出协商意见的，应视为承（发）包人提交的合同价款调增（减）报告已被发（承）包人认可。发（承）包人提出协商意见的，承（发）包人应在收到协商意见后的14天内对其核实，予以确认的应书面通知发（承）包人。承（发）包人在收到发（承）包人的协商意见后14天内既不确认也未提出不同意见的，应视为发（承）包人提出的意见已被承（发）包人认可。

5）发包人与承包人对合同价款调整的不同意见不能达成一致的，只要对发承包双方履约不产生实质影响，双方应继续履行合同义务，直到其按照合同约定的争议解决方式得到处理。

6）经发承包双方确认调整的合同价款，作为追加（减）合同价款，应与工程进度款或结算款同期支付。

（2）法律法规变化

1）招标工程以投标截止日前28天、非招标工程以合同签订前28天为基准日，其后因国家的法律、法规、规章和政策发生变化引起工程造价增减变化的，发承包双方应按照省级或行业建设主管部门或其授权的工程造价管理机构据此发布的规定调整合同价款。

2）因承包人原因导致工期延误的，按第1）条规定的调整时间，在合同工程原定竣工时间之后，合同价款调增的不予调整，合同价款调减的予以调整。

（3）工程变更

1）因工程变更引起已标价工程量清单项目或其工程数量发生变化时，应按照下列规定调整：

①已标价工程量清单中有适用于变更工程项目的，应采用该项目的单价；但当工程变更导致该清单项目的工程数量发生变化，且工程量偏差超过15%时，该项目单价应按照工程量偏差第2）条的规定调整。

②已标价工程量清单中没有适用但有类似于变更工程项目的，可在合理范围内参照类似项目的单价。

③已标价工程量清单中没有适用也没有类似于变更工程项目的，应由承包人根据变更

工程资料、计量规则和计价办法、工程造价管理机构发布的信息价格和承包人报价浮动率提出变更工程项目的单价，并应报发包人确认后调整。承包人报价浮动率可按下列公式计算：

招标工程：

$$承包人报价浮动率 L=(1-中标价/招标控制价)\times 100\% \tag{1-1}$$

非招标工程：

$$承包人报价浮动率 L=(1-报价/施工图预算)\times 100\% \tag{1-2}$$

④已标价工程量清单中没有适用也没有类似于变更工程项目，且工程造价管理机构发布的信息价格缺价的，应由承包人根据变更工程资料、计量规则、计价办法和通过市场调查等取得有合法依据的市场价格提出变更工程项目的单价，并应报发包人确认后调整。

2）工程变更引起施工方案改变并使措施项目发生变化时，承包人提出调整措施项目费的，应事先将拟实施的方案提交发包人确认，并应详细说明与原方案措施项目相比的变化情况。拟实施的方案经发承包双方确认后执行，并应按照下列规定调整措施项目费：

①安全文明施工费应按照实际发生变化的措施项目依据国家或省级、行业建设主管部门的规定计算。

②采用单价计算的措施项目费，应按照实际发生变化的措施项目，按 1）的规定确定单价。

③按总价（或系数）计算的措施项目费，按照实际发生变化的措施项目调整，但应考虑承包人报价浮动因素，即调整金额按照实际调整金额乘以 1）规定的承包人报价浮动率计算。

如果承包人未事先将拟实施的方案提交给发包人确认，则应视为工程变更不引起措施项目费的调整或承包人放弃调整措施项目费的权利。

（4）当发包人提出的工程变更因非承包人原因删减了合同中的某项原定工作或工程，致使承包人发生的费用或（和）得到的收益不能被包括在其他已支付或应支付的项目中，也未被包含在任何替代的工作或工程中时，承包人有权提出并应得到合理的费用及利润补偿。

（5）项目特征不符

1）发包人在招标工程量清单中对项目特征的描述，应被认为是准确的和全面的，并且与实际施工要求相符合。承包人应按照发包人提供的招标工程量清单，根据项目特征描述的内容及有关要求实施合同工程，直到项目被改变为止。

2）承包人应按照发包人提供的设计图纸实施合同工程，若在合同履行期间出现设计图纸（含设计变更）与招标工程量清单任一项目的特征描述不符，且该变化引起该项目工程造价增减变化的，应按照实际施工的项目特征，按工程变更相关条款的规定重新确定相应工程量清单项目的综合单价，并调整合同价款。

（6）工程量清单缺项

1）合同履行期间，由于招标工程量清单中缺项，新增分部分项工程清单项目的，应按照相关规定确定单价，并调整合同价款。

2）新增分部分项工程清单项目后，引起措施项目发生变化的，应根据工程变更第 2）条的规定，在承包人提交的实施方案被发包人批准后调整合同价款。

3）由于招标工程量清单中措施项目缺项，承包人应将新增措施项目实施方案提交发包人批准后，按照工程变更第1）条、第2）条的规定调整合同价款。

（7）工程量偏差

1）合同履行期间，当应予计算的实际工程量与招标工程量清单出现偏差，且符合下列2）、3）条规定时，发承包双方应调整合同价款。

2）对于任一招标工程量清单项目，当因本节规定的工程量偏差和工程变更规定的工程变更等原因导致工程量偏差超过15%时，可进行调整。当工程量增加15%以上时，增加部分的工程量的综合单价应予调低；当工程量减少15%以上时，减少后剩余部分的工程量的综合单价应予调高。

3）当工程量出现上述2）条的变化，且该变化引起相关措施项目相应发生变化时，按系数或单一总价方式计价的，工程量增加的措施项目费调增，工程量减少的措施项目费调减。

（8）计日工

1）发包人通知承包人以计日工方式实施的零星工作，承包人应予执行。

2）采用计日工计价的任何一项变更工作，在该项变更的实施过程中，承包人应按合同约定提交下列报表和有关凭证送发包人复核：

①工作名称、内容和数量；

②投入该工作所有人员的姓名、工种、级别和耗用工时；

③投入该工作的材料名称、类别和数量；

④投入该工作的施工设备型号、台数和耗用台时；

⑤发包人要求提交的其他资料和凭证。

3）任一计日工项目持续进行时，承包人应在该项工作实施结束后的24小时内向发包人提交有计日工记录汇总的现场签证报告一式三份。发包人在收到承包人提交现场签证报告后的2天内予以确认并将其中一份返还给承包人，作为计日工计价和支付的依据。发包人逾期未确认也未提出修改意见的，应视为承包人提交的现场签证报告已被发包人认可。

4）任一计日工项目实施结束后，承包人应按照确认的计日工现场签证报告核实该类项目的工程数量，并应根据核实的工程数量和承包人已标价工程量清单中的计日工单价计算，提出应付价款；已标价工程量清单中没有该类计日工单价的，由发承包双方按工程变更的规定商定计日工单价计算。

5）每个支付期末，承包人应按照进度款的规定向发包人提交本期间所有计日工记录的签证汇总表，并应说明本期间自己认为有权得到的计日工金额，调整合同价款，列入进度款支付。

（9）物价变化

1）合同履行期间，因人工、材料、工程设备、机械台班价格波动影响合同价款时，应根据合同约定，按《建设工程工程量清单计价规范》GB 50500—2013附录A的方法之一调整合同价款。

2）承包人采购材料和工程设备的，应在合同中约定主要材料、工程设备价格变化的范围或幅度；当没有约定，且材料、工程设备单价变化超过5%时，超过部分的价格应按照《建设工程工程量清单计价规范》GB 50500—2013附录A的方法计算调整材料、工程设备费。

3）发生合同工程工期延误的，应按照下列规定确定合同履行期的价格调整：

①因非承包人原因导致工期延误的，计划进度日期后续工程的价格，应采用计划进度日期与实际进度日期两者的较高者。

②因承包人原因导致工期延误的，计划进度日期后续工程的价格，应采用计划进度日期与实际进度日期两者的较低者。

4）发包人供应材料和工程设备的，不适用上述1）、2）条规定，应由发包人按照实际变化调整，列入合同工程的工程造价内。

（10）暂估价

1）发包人在招标工程量清单中给定暂估价的材料、工程设备属于依法必须招标的，应由发承包双方以招标的方式选择供应商，确定价格，并应以此为依据取代暂估价，调整合同价款。

2）发包人在招标工程量清单中给定暂估价的材料、工程设备不属于依法必须招标的，应由承包人按照合同约定采购，经发包人确认单价后取代暂估价，调整合同价款。

3）发包人在工程量清单中给定暂估价的专业工程不属于依法必须招标的，应按照工程变更相应条款的规定确定专业工程价款，并应以此为依据取代专业工程暂估价，调整合同价款。

4）发包人在招标工程量清单中给定暂估价的专业工程，依法必须招标的，应当由发承包双方依法组织招标选择专业分包人，并接受有管辖权的建设工程招标投标管理机构的监督，还应符合下列要求：

①除合同另有约定外，承包人不参加投标的专业工程发包招标，应由承包人作为招标人，但拟定的招标文件、评标工作、评标结果应报送发包人批准。与组织招标工作有关的费用应当被认为已经包括在承包人的签约合同价（投标总报价）中。

②承包人参加投标的专业工程发包招标，应由发包人作为招标人，与组织招标工作有关的费用由发包人承担。同等条件下，应优先选择承包人中标。

③应以专业工程发包中标价为依据取代专业工程暂估价，调整合同价款。

（11）不可抗力

1）因不可抗力事件导致的人员伤亡、财产损失及其费用增加，发承包双方应按下列原则分别承担并调整合同价款和工期：

①合同工程本身的损害、因工程损害导致第三方人员伤亡和财产损失以及运至施工场地用于施工的材料和待安装的设备的损害，应由发包人承担；

②发包人、承包人人员伤亡应由其所在单位负责，并应承担相应费用；

③承包人的施工机械设备损坏及停工损失，应由承包人承担；

④停工期间，承包人应发包人要求留在施工场地的必要的管理人员及保卫人员的费用应由发包人承担；

⑤工程所需清理、修复费用，应由发包人承担。

2）不可抗力解除后复工的，若不能按期竣工，应合理延长工期。发包人要求赶工的，赶工费用应由发包人承担。

3）因不可抗力解除合同的，应按合同解除的价款结算与支付的规定办理。

(12) 提前竣工(赶工补偿)

1) 招标人应依据相关工程的工期定额合理计算工期,压缩的工期天数不得超过定额工期的20%,超过者,应在招标文件中明示增加赶工费用。

2) 发包人要求合同工程提前竣工的,应征得承包人同意后与承包人商定采取加快工程进度的措施,并应修订合同工程进度计划。发包人应承担承包人由此增加的提前竣工(赶工补偿)费用。

3) 发承包双方应在合同中约定提前竣工每日历天应补偿额度,此项费用应作为增加合同价款列入竣工结算文件中,应与结算款一并支付。

(13) 误期赔偿

1) 承包人未按照合同约定施工,导致实际进度迟于计划进度的,承包人应加快进度,实现合同工期。

合同工程发生误期,承包人应赔偿发包人由此造成的损失,并应按照合同约定向发包人支付误期赔偿费。即使承包人支付误期赔偿费,也不能免除承包人按照合同约定应承担的任何责任和应履行的任何义务。

2) 发承包双方应在合同中约定误期赔偿费,并应明确每日历天应赔额度。误期赔偿费应列入竣工结算文件中,并应在结算款中扣除。

3) 在工程竣工之前,合同工程内的某单项(位)工程已通过了竣工验收,且该单项(位)工程接收证书中表明的竣工日期并未延误,而是合同工程的其他部分产生了工期延误时,误期赔偿费应按照已颁发工程接收证书的单项(位)工程造价占合同价款的比例幅度予以扣减。

(14) 索赔

1) 当合同一方向另一方提出索赔时,应有正当的索赔理由和有效证据,并应符合合同的相关约定。

2) 根据合同约定,承包人认为非承包人原因发生的事件造成了承包人的损失,应按下列程序向发包人提出索赔:

①承包人应在知道或应当知道索赔事件发生后28天内,向发包人提交索赔意向通知书,说明发生索赔事件的事由。承包人逾期未发出索赔意向通知书的,丧失索赔的权利。

②承包人应在发出索赔意向通知书后28天内,向发包人正式提交索赔通知书。索赔通知书应详细说明索赔理由和要求,并应附必要的记录和证明材料。

③索赔事件具有连续影响的,承包人应继续提交延续索赔通知,说明连续影响的实际情况和记录。

④在索赔事件影响结束后的28天内,承包人应向发包人提交最终索赔通知书,说明最终索赔要求,并应附必要的记录和证明材料。

3) 承包人索赔应按下列程序处理:

①发包人收到承包人的索赔通知书后,应及时查验承包人的记录和证明材料。

②发包人应在收到索赔通知书或有关索赔的进一步证明材料后的28天内,将索赔处理结果答复承包人,如果发包人逾期未作出答复,视为承包人索赔要求已被发包人认可。

③承包人接受索赔处理结果的,索赔款项应作为增加合同价款,在当期进度款中进行支付;承包人不接受索赔处理结果的,应按合同约定的争议解决方式办理。

4）承包人要求赔偿时，可以选择下列一项或几项方式获得赔偿：

①延长工期。

②要求发包人支付实际发生的额外费用。

③要求发包人支付合理的预期利润。

④要求发包人按合同的约定支付违约金。

5）当承包人的费用索赔与工期索赔要求相关联时，发包人在作出费用索赔的批准决定时，应结合工程延期，综合作出费用赔偿和工程延期的决定。

6）发承包双方在按合同约定办理了竣工结算后，应被认为承包人已无权再提出竣工结算前所发生的任何索赔。承包人在提交的最终结清申请中，只限于提出竣工结算后的索赔，提出索赔的期限应自发承包双方最终结清时终止。

7）根据合同约定，发包人认为由于承包人的原因造成发包人的损失，宜按承包人索赔的程序进行索赔。

8）发包人要求赔偿时，可以选择下列一项或几项方式获得赔偿：

①延长质量缺陷修复期限；

②要求承包人支付实际发生的额外费用；

③要求承包人按合同的约定支付违约金。

9）承包人应付给发包人的索赔金额可从拟支付给承包人的合同价款中扣除，或由承包人以其他方式支付给发包人。

（15）现场签证

1）承包人应发包人要求完成合同以外的零星项目、非承包人责任事件等工作的，发包人应及时以书面形式向承包人发出指令，并应提供所需的相关资料；承包人在收到指令后，应及时向发包人提出现场签证要求。

2）承包人应在收到发包人指令后的7天内向发包人提交现场签证报告，发包人应在收到现场签证报告后的48小时内对报告内容进行核实，予以确认或提出修改意见。发包人在收到承包人现场签证，报告后的48小时内未确认也未提出修改意见的，应视为承包人提交的现场签证报告已被发包人认可。

3）现场签证的工作如已有相应的计日工单价，现场签证中应列明完成该类项目所需的人工、材料、工程设备和施工机械台班的数量。

如现场签证的工作没有相应的计日工单价，应在现场签证报告中列明完成该签证工作所需的人工、材料设备和施工机械台班的数量及单价。

4）合同工程发生现场签证事项，未经发包人签证确认，承包人便擅自施工的，除非征得发包人书面同意，否则发生的费用应由承包人承担。

5）现场签证工作完成后的7天内，承包人应按照现场签证内容计算价款，报送发包人确认后，作为增加合同价款，与进度款同期支付。

6）在施工过程中，当发现合同工程内容因场地条件、地质水文、发包人要求等不一致时，承包人应提供所需的相关资料，并提交发包人签证认可，作为合同价款调整的依据。

（16）暂列金额

1）已签约合同价中的暂列金额应由发包人掌握使用。

2）发包人按照前述（1）～（14）项的规定支付后，暂列金额余额应归发包人所有。

7. 合同价款期中支付

（1）预付款

1）承包人应将预付款专用于合同工程。

2）包工包料工程的预付款的支付比例不得低于签约合同价（扣除暂列金额）的10％，不宜高于签约合同价（扣除暂列金额）的30％。

3）承包人应在签订合同或向发包人提供与预付款等额的预付款保函后向发包人提交预付款支付申请。

4）发包人应在收到支付申请的7天内进行核实，向承包人发出预付款支付证书，并在签发支付证书后的7天内向承包人支付预付款。

5）发包人没有按合同约定按时支付预付款的，承包人可催告发包人支付；发包人在预付款期满后的7天内仍未支付的，承包人可在付款期满后的第8天起暂停施工。发包人应承担由此增加的费用和延误的工期，并应向承包人支付合理利润。

6）预付款应从每一个支付期应支付给承包人的工程进度款中扣回，直到扣回的金额达到合同约定的预付款金额为止。

7）承包人的预付款保函的担保金额根据预付款扣回的数额相应递减，但在预付款全部扣回之前一直保持有效。发包人应在预付款扣完后的14天内将预付款保函退还给承包人。

（2）安全文明施工费

1）安全文明施工费包括的内容和使用范围，应符合国家有关文件和计量规范的规定。

2）发包人应在工程开工后的28天内预付不低于当年施工进度计划的安全文明施工费总额的60％，其余部分应按照提前安排的原则进行分解，并应与进度款同期支付。

3）发包人没有按时支付安全文明施工费的，承包人可催告发包人支付；发包人在付款期满后的7天内仍未支付的，若发生安全事故，发包人应承担相应责任。

4）承包人对安全文明施工费应专款专用，在财务账目中应单独列项备查，不得挪作他用，否则发包人有权要求其限期改正；逾期未改正的，造成的损失和延误的工期应由承包人承担。

（3）进度款

1）发承包双方应按照合同约定的时间、程序和方法，根据工程计量结果，办理期中价款结算，支付进度款。

2）进度款支付周期应与合同约定的工程计量周期一致。

3）已标价工程量清单中的单价项目，承包人应按工程计量确认的工程量与综合单价计算；综合单价发生调整的，以发承包双方确认调整的综合单价计算进度款。

4）已标价工程量清单中的总价项目和按照规定形成的总价合同，承包人应按合同中约定的进度款支付分解，分别列入进度款支付申请中的安全文明施工费和本周期应支付的总价项目的金额中。

5）发包人提供的甲供材料金额，应按照发包人签约提供的单价和数量从进度款支付中扣除，列入本周期应扣减的金额中。

6）承包人现场签证和得到发包人确认的索赔金额应列入本周期应增加的金额中。

7）进度款的支付比例按照合同约定，按期中结算价款总额计，不低于60%，不高于90%。

8）承包人应在每个计量周期到期后的7天内向发包人提交已完工程进度款支付申请一式四份，详细说明此周期认为有权得到的款额，包括分包人已完工程的价款。

9）发包人应在收到承包人进度款支付申请后的14天内，根据计量结果和合同约定对申请内容予以核实，确认后向承包人出具进度款支付证书。若发承包双方对部分清单项目的计量结果出现争议，发包人应对无争议部分的工程计量结果向承包人出具进度款支付证书。

10）发包人应在签发进度款支付证书后的14天内，按照支付证书列明的金额向承包人支付进度款。

11）若发包人逾期未签发进度款支付证书，则视为承包人提交的进度款支付申请已被发包人认可，承包人可向发包人发出催告付款的通知。发包人应在收到通知后的14天内，按照承包人支付申请的金额向承包人支付进度款。

12）发包人未按照9）～11）条的规定支付进度款的，承包人可催告发包人支付，并有权获得延迟支付的利息；发包人在付款期满后的7天内仍未支付的，承包人可在付款期满后的第8天起暂停施工。发包人应承担由此增加的费用和延误的工期，向承包人支付合理利润，并应承担违约责任。

13）发现已签发的任何支付证书有错、漏或重复的数额，发包人有权予以修正，承包人也有权提出修正申请。经发承包双方复核同意修正的，应在本次到期的进度款中支付或扣除。

8. 合同解除的价款结算与支付

（1）发承包双方协商一致解除合同的，应按照达成的协议办理结算和支付合同价款。

（2）由于不可抗力致使合同无法履行解除合同的，发包人应向承包人支付合同解除之日前已完成工程但尚未支付的合同价款。此外，还应支付下列金额：

1）提前竣工（赶工补偿）的由发包人承担的费用；

2）已实施或部分实施的措施项目应付价款；

3）承包人为合同工程合理订购且已交付的材料和工程设备货款；

4）承包人撤离现场所需的合理费用，包括员工遣送费和临时工程拆除、施工设备运离现场的费用；

5）承包人为完成合同工程而预期开支的任何合理费用，且该项费用未包括在本款其他各项支付之内。

发承包双方办理结算合同价款时，应扣除合同解除之日前发包人应向承包人收回的价款。当发包人应扣除的金额超过了应支付的金额，承包人应在合同解除后的56天内将其差额退还给发包人。

（3）因承包人违约解除合同的，发包人应暂停向承包人支付任何价款。发包人应在合同解除后28天内核实合同解除时承包人已完成的全部合同价款以及按施工进度计划已运至现场的材料和工程设备货款，按合同约定核算承包人应支付的违约金以及造成损失的索赔金额，并将结果通知承包人。发承包双方应在28天内予以确认或提出意见，并应办理结算合同价款。如果发包人应扣除的金额超过了应支付的金额，承包人应在合同解除后的

56天内将其差额退还给发包人。发承包双方不能就解除合同后的结算达成一致的，按照合同约定的争议解决方式处理。

(4) 因发包人违约解除合同的，发包人除应按照 (2) 的规定向承包人支付各项价款外，应按合同约定核算发包人应支付的违约金以及给承包人造成损失或损害的索赔金额费用。该笔费用应由承包人提出，发包人核实后应与承包人协商确定后的7天内向承包人签发支付证书。协商不能达成一致的，应按照合同约定的争议解决方式处理。

9. 竣工结算与支付

(1) 一般规定

1) 工程完工后，发承包双方必须在合同约定时间内办理工程竣工结算。

2) 工程竣工结算应由承包人或受其委托具有相应资质的工程造价咨询人编制，并应由发包人或受其委托具有相应资质的工程造价咨询人核对。

3) 当发承包双方或一方对工程造价咨询人出具的竣工结算文件有异议时，可向工程造价管理机构投诉，申请对其进行执业质量鉴定。

4) 工程造价管理机构对投诉的竣工结算文件进行质量鉴定，宜按工程造价鉴定的相关规定进行。

5) 竣工结算办理完毕，发包人应将竣工结算文件报送工程所在地或有该工程管辖权的行业管理部门的工程造价管理机构备案，竣工结算文件应作为工程竣工验收备案、交付使用的必备文件。

(2) 编制与复核

1) 工程竣工结算应根据下列依据编制和复核：

①《建设工程工程量清单计价规范》GB 50500—2013；

②工程合同；

③发承包双方实施过程中已确认的工程量及其结算的合同价款；

④发承包双方实施过程中已确认调整后追加（减）的合同价款；

⑤建设工程设计文件及相关资料；

⑥投标文件；

⑦其他依据。

2) 分部分项工程和措施项目中的单价项目应依据发承包双方确认的工程量与已标价工程量清单的综合单价计算；发生调整的，应以发承包双方确认调整的综合单价计算。

3) 措施项目中的总价项目应依据已标价工程量清单的项目和金额计算；发生调整的，应以发承包双方确认调整的金额计算，其中安全文明施工费应按相关规定计算。

4) 其他项目应按下列规定计价：

①计日工应按发包人实际签证确认的事项计算；

②暂估价应按暂估价的规定计算；

③总承包服务费应依据已标价工程量清单金额计算；发生调整的，应以发承包双方确认调整的金额计算；

④索赔费用应依据发承包双方确认的索赔事项和金额计算；

⑤现场签证费用应依据发承包双方签证资料确认的金额计算；

⑥暂列金额应减去合同价款调整（包括索赔、现场签证）金额计算，如有余额归发

包人。

5）规费和税金应按相关规定计算。规费中的工程排污费应按工程所在地环境保护部门规定的标准缴纳后按实列入。

6）发承包双方在合同工程实施过程中已经确认的工程计量结果和合同价款，在竣工结算办理中应直接进入结算。

（3）竣工结算

1）合同工程完工后，承包人应在经发承包双方确认的合同工程期中价款结算的基础上汇总编制完成竣工结算文件，应在提交竣工验收申请的同时向发包人提交竣工结算文件。

承包人未在合同约定的时间内提交竣工结算文件，经发包人催告后14天内仍未提交或没有明确答复的，发包人有权根据已有资料编制竣工结算文件，作为办理竣工结算和支付结算款的依据，承包人应予以认可。

2）发包人应在收到承包人提交的竣工结算文件后的28天内核对。发包人经核实：认为承包人还应进一步补充资料和修改结算文件，应在上述时限内向承包人提出核实意见，承包人在收到核实意见后的28天内应按照发包人提出的合理要求补充资料，修改竣工结算文件，并应再次提交给发包人复核后批准。

3）发包人应在收到承包人再次提交的竣工结算文件后的28天内予以复核，将复核结果通知承包人，并应遵守下列规定：

①发包人、承包人对复核结果无异议的，应在7天内在竣工结算文件上签字确认，竣工结算办理完毕；

②发包人或承包人对复核结果认为有误的，无异议部分按照（1）规定办理不完全竣工结算；有异议部分由发承包双方协商解决；协商不成的，应按照合同约定的争议解决方式处理。

4）发包人在收到承包人竣工结算文件后的28天内，不核对竣工结算或未提出核对意见的，应视为承包人提交的竣工结算文件已被发包人认可，竣工结算办理完毕。

5）承包人在收到发包人提出的核实意见后的28天内，不确认也未提出异议的，应视为发包人提出的核实意见已被承包人认可，竣工结算办理完毕。

6）发包人委托工程造价咨询人核对竣工结算的，工程造价咨询人应在28天内核对完毕，核对结论与承包人竣工结算文件不一致的，应提交给承包人复核；承包人应在14天内将同意核对结论或不同意见的说明提交工程造价咨询人。工程造价咨询人收到承包人提出的异议后，应再次复核，复核无异议的，应按3）中①的规定办理，复核后仍有异议的，按3）中②的规定办理。

承包人逾期未提出书面异议的，应视为工程造价咨询人核对的竣工结算文件已经承包人认可。

7）对发包人或发包人委托的工程造价咨询人指派的专业人员与承包人指派的专业人员经核对后无异议并签名确认的竣工结算文件，除非发承包人能提出具体、详细的不同意见，发承包人都应在竣工结算文件上签名确认，如其中一方拒不签认的，按下列规定办理：

①若发包人拒不签认的，承包人可不提供竣工验收备案资料，并有权拒绝与发包人或

其上级部门委托的工程造价咨询人重新核对竣工结算文件。

②若承包人拒不签认的，发包人要求办理竣工验收备案的，承包人不得拒绝提供竣工验收资料，否则，由此造成的损失，承包人承担相应责任。

8）合同工程竣工结算核对完成，发承包双方签字确认后，发包人不得要求承包人与另一个或多个工程造价咨询人重复核对竣工结算。

9）发包人对工程质量有异议，拒绝办理工程竣工结算的，已竣工验收或已竣工未验收但实际投入使用的工程，其质量争议应按该工程保修合同执行，竣工结算应按合同约定办理；已竣工未验收且未实际投入使用的工程以及停工、停建工程的质量争议，双方应就有争议的部分委托有资质的检测鉴定机构进行检测，并应根据检测结果确定解决方案，或按工程质量监督机构的处理决定执行后办理竣工结算，无争议部分的竣工结算应按合同约定办理。

（4）结算款支付

1）承包人应根据办理的竣工结算文件向发包人提交竣工结算款支付申请。申请应包括下列内容：

①竣工结算合同价款总额；

②累计已实际支付的合同价款；

③应预留的质量保证金；

④实际应支付的竣工结算款金额。

2）发包人应在收到承包人提交竣工结算款支付申请后7天内予以核实，向承包人签发竣工结算支付证书。

3）发包人签发竣工结算支付证书后的14天内，应按照竣工结算支付证书列明的金额向承包人支付结算款。

4）发包人在收到承包人提交的竣工结算款支付申请后7天内不予核实，不向承包人签发竣工结算支付证书的，视为承包人的竣工结算款支付申请已被发包人认可；发包人应在收到承包人提交的竣工结算款支付申请7天后的14天内，按照承包人提交的竣工结算款支付申请列明的金额向承包人支付结算款。

5）发包人未按照3）、4）规定支付竣工结算款的，承包人可催告发包人支付，并有权获得延迟支付的利息。发包人在竣工结算支付证书签发后或者在收到承包人提交的竣工结算款支付申请7天后的56天内仍未支付的，除法律另有规定外，承包人可与发包人协商将该工程折价，也可直接向人民法院申请将该工程依法拍卖。承包人应就该工程折价或拍卖的价款优先受偿。

（5）最终结清

1）缺陷责任期终止后，承包人应按照合同约定向发包人提交最终结清支付申请。发包人对最终结清支付申请有异议的，有权要求承包人进行修正和提供补充资料。承包人修正后，应再次向发包人提交修正后的最终结清支付申请。

2）发包人应在收到最终结清支付申请后的14天内予以核实，并应向承包人签发最终结清支付证书。

3）发包人应在签发最终结清支付证书后的14天内，按照最终结清支付证书列明的金额向承包人支付最终结清款。

4）发包人未在约定的时间内核实，又未提出具体意见的，应视为承包人提交的最终结清支付申请已被发包人认可。

5）发包人未按期最终结清支付的，承包人可催告发包人支付，并有权获得延迟支付的利息。

6）最终结清时，承包人被预留的质量保证金不足以抵减发包人工程缺陷修复费用的，承包人应承担不足部分的补偿责任。

7）承包人对发包人支付的最终结清款有异议的，应按照合同约定的争议解决方式处理。

10. 合同价款争议的解决

（1）监理或造价工程师暂定

1）若发包人和承包人之间就工程质量、进度、价款支付与扣除、工期延期、索赔、价款调整等发生任何法律上、经济上或技术上的争议，首先应根据已签约合同的规定，提交合同约定职责范围内的总监理工程师或造价工程师解决，并应抄送另一方。总监理工程师或造价工程师在收到此提交件后14天内应将暂定结果通知发包人和承包人。发承包双方对暂定结果认可的，应以书面形式予以确认，暂定结果成为最终决定。

2）发承包双方在收到总监理工程师或造价工程师的暂定结果通知之后的14天内未对暂定结果予以确认也未提出不同意见的，应视为发承包双方已认可该暂定结果。

3）发承包双方或一方不同意暂定结果的，应以书面形式向总监理工程师或造价工程师提出，说明自己认为正确的结果，同时抄送另一方，此时该暂定结果成为争议。在暂定结果对发承包双方当事人履约不产生实质影响的前提下，发承包双方应实施该结果，直到按照发承包双方认可的争议解决办法被改变为止。

（2）管理机构的解释或认定

1）合同价款争议发生后，发承包双方可就工程计价依据的争议以书面形式提请工程造价管理机构对争议以书面文件进行解释或认定。

2）工程造价管理机构应在收到申请的10个工作日内就发承包双方提请的争议问题进行解释或认定。

3）发承包双方或一方在收到工程造价管理机构书面解释或认定后仍可按照合同约定的争议解决方式提请仲裁或诉讼。除工程造价管理机构的上级管理部门作出了不同的解释或认定，或在仲裁裁决或法院判决中不予采信的外，工程造价管理机构作出的书面解释或认定应为最终结果，并应对发承包双方均有约束力。

（3）协商和解

1）合同价款争议发生后，发承包双方任何时候都可以进行协商。协商达成一致的，双方应签订书面和解协议，和解协议对发承包双方均有约束力。

2）如果协商不能达成一致协议，发包人或承包人都可以按合同约定的其他方式解决争议。

（4）调解

1）发承包双方应在合同中约定或在合同签订后共同约定争议调解人，负责双方在合同履行过程中发生争议的调解。

2）合同履行期间，发承包双方可协议调换或终止任何调解人，但发包人或承包人都不能单独采取行动。除非双方另有协议，在最终结清支付证书生效后，调解人的任期应即终止。

3）如果发承包双方发生了争议，任何一方可将该争议以书面形式提交调解人，并将副本抄送另一方，委托调解人调解。

4）发承包双方应按照调解人提出的要求，给调解人提供所需要的资料、现场进入权及相应设施。调解人应被视为不是在进行仲裁人的工作。

5）调解人应在收到调解委托后28天内或由调解人建议并经发承包双方认可的其他期限内提出调解书，发承包双方接受调解书的，经双方签字后作为合同的补充文件，对发承包双方均具有约束力，双方都应立即遵照执行。

6）当发承包双方中任一方对调解人的调解书有异议时，应在收到调解书后28天内向另一方发出异议通知，并应说明争议的事项和理由。但除非并直到调解书在协商和解或仲裁裁决、诉讼判决中作出修改，或合同已经解除，承包人应继续按照合同实施工程。

7）当调解人已就争议事项向发承包双方提交了调解书，而任一方在收到调解书后28天内均未发出表示异议的通知时，调解书对发承包双方应均具有约束力。

（5）仲裁、诉讼

1）发承包双方的协商和解或调解均未达成一致意见，其中的一方已就此争议事项根据合同约定的仲裁协议申请仲裁，应同时通知另一方。

2）仲裁可在竣工之前或之后进行，但发包人、承包人、调解人各自的义务不得因在工程实施期间进行仲裁而有所改变。当仲裁是在仲裁机构要求停止施工的情况下进行时，承包人应对合同工程采取保护措施，由此增加的费用应由败诉方承担。

3）在上述（1）～（4）项规定的期限之内，暂定或和解协议或调解书已经有约束力的情况下，当发承包中一方未能遵守暂定或和解协议或调解书时，另一方可在不损害他可能具有的任何其他权利的情况下，将未能遵守暂定或不执行和解协议或调解书达成的事项提交仲裁。

4）发包人、承包人在履行合同时发生争议，双方不愿和解、调解或者和解、调解不成，又没有达成仲裁协议的，可依法向人民法院提起诉讼。

11. 工程造价鉴定

（1）一般规定

1）在工程合同价款纠纷案件处理中，需作工程造价司法鉴定的，应委托具有相应资质的工程造价咨询人进行。

2）工程造价咨询人接受委托时提供工程造价司法鉴定服务，应按仲裁、诉讼程序和要求进行，并应符合国家关于司法鉴定的规定。

3）工程造价咨询人进行工程造价司法鉴定时，应指派专业对口、经验丰富的注册造价工程师承担鉴定工作。

4）工程造价咨询人应在收到工程造价司法鉴定资料后10天内，根据自身专业能力和证据资料判断能否胜任该项委托；如不能，应辞去该项委托。工程造价咨询人不得在鉴定期满后以上述理由不作出鉴定结论，影响案件处理。

5）接受工程造价司法鉴定委托的工程造价咨询人或造价工程师如是鉴定项目一方当事人的近亲属或代理人、咨询人以及其他关系可能影响鉴定公正的，应当自行回避；未自行回避，鉴定项目委托人以该理由要求其回避的，必须回避。

6）工程造价咨询人应当依法出庭接受鉴定项目当事人对工程造价司法鉴定意见书的质询。如确因特殊原因无法出庭的，经审理该鉴定项目的仲裁机关或人民法院准许，可以书面形式答复当事人的质询。

（2）取证

1）工程造价咨询人进行工程造价鉴定工作时，应自行收集以下（但不限于）鉴定资料：

①适用于鉴定项目的法律、法规、规章、规范性文件以及规范、标准、定额；

②鉴定项目同时期同类型工程的技术经济指标及其各类要素价格等。

2）工程造价咨询人收集鉴定项目的鉴定依据时，应向鉴定项目委托人提出具体书面要求，其内容包括：

①与鉴定项目相关的合同、协议及其附件；

②相应的施工图纸等技术经济文件；

③施工过程中的施工组织、质量、工期和造价等工程资料；

④存在争议的事实及各方当事人的理由；

⑤其他有关资料。

3）工程造价咨询人在鉴定过程中要求鉴定项目当事人对缺陷资料进行补充的，应征得鉴定项目委托人同意，或者协调鉴定项目各方当事人共同签认。

4）根据鉴定工作需要现场勘验的，工程造价咨询人应提请鉴定项目委托人组织各方当事人对被鉴定项目所涉及的实物标的进行现场勘验。

5）勘验现场应制作勘验记录、笔录或勘验图表，记录勘验的时间、地点、勘验人、在场人、勘验经过、结果，由勘验人、在场人签名或者盖章确认。绘制的现场图应注明绘制的时间、测绘人姓名、身份等内容。必要时应采取拍照或摄像取证，留下影像资料。

6）鉴定项目当事人未对现场勘验图表或勘验笔录等签字确认的，工程造价咨询人应提请鉴定项目委托人决定处理意见，并在鉴定意见书中作出表述。

（3）鉴定

1）工程造价咨询人在鉴定项目合同有效的情况下应根据合同约定进行鉴定，不得任意改变双方合法的合意。

2）工程造价咨询人在鉴定项目合同无效或合同条款约定不明确的情况下应根据法律法规、相关国家标准和《建设工程工程量清单计价规范》GB 50500—2013 的规定，选择相应专业工程的计价依据和方法进行鉴定。

3）工程造价咨询人出具正式鉴定意见书之前，可报请鉴定项目委托人向鉴定项目各方当事人发出鉴定意见书征求意见稿，并指明应书面答复的期限及其不答复的相应法律责任。

4）工程造价咨询人收到鉴定项目各方当事人对鉴定意见书征求意见稿的书面复函后，应对不同意见认真复核，修改完善后再出具正式鉴定意见书。

5）工程造价咨询人出具的工程造价鉴定书应包括下列内容：

①鉴定项目委托人名称、委托鉴定的内容；

②委托鉴定的证据材料；

③鉴定的依据及使用的专业技术手段；

④对鉴定过程的说明；

⑤明确的鉴定结论；

⑥其他需说明的事宜；

⑦工程造价咨询人盖章及注册造价工程师签名盖执业专用章。

6）工程造价咨询人应在委托鉴定项目的鉴定期限内完成鉴定工作，如确因特殊原因不能在原定期限内完成鉴定工作时，应按照相应法规提前向鉴定项目委托人申请延长鉴定期限，并应在此期限内完成鉴定工作。

经鉴定项目委托人同意等待鉴定项目当事人提交、补充证据的，质证所用的时间不应计入鉴定期限。

7）对于已经出具的正式鉴定意见书中有部分缺陷的鉴定结论，工程造价咨询人应通过补充鉴定做出补充结论。

12. 工程计价资料与档案

（1）计价资料

1）发承包双方应当在合同中约定各自在合同工程中现场管理人员的职责范围，双方现场管理人员在职责范围内签字确认的书面文件是工程计价的有效凭证，但如有其他有效证据或经实证证明其是虚假的除外。

2）发承包双方不论在何种场合对与工程计价有关的事项所给予的批准、证明、同意、指令、商定、确定、确认、通知和请求，或表示同意、否定、提出要求和意见等，均应采用书面形式，口头指令不得作为计价凭证。

3）任何书面文件送达时，应由对方签收，通过邮寄应采用挂号、特快专递传送，或以发承包双方商定的电子传输方式发送，交付、传送或传输至指定的接收人的地址。如接收人通知了另外地址时，随后通信信息应按新地址发送。

4）发承包双方分别向对方发出的任何书面文件，均应将其抄送现场管理人员，如系复印件应加盖合同工程管理机构印章，证明与原件相同。双方现场管理人员向对方所发任何书面文件，也应将其复印件发送给发承包双方，复印件应加盖合同工程管理机构印章，证明与原件相同。

5）发承包双方均应当及时签收另一方送达其指定接收地点的来往信函，拒不签收的，送达信函的一方可以采用特快专递或者公证方式送达，所造成的费用增加（包括被迫采用特殊送达方式所发生的费用）和延误的工期由拒绝签收一方承担。

6）书面文件和通知不得扣压，一方能够提供证据证明另一方拒绝签收或已送达的，应视为对方已签收并应承担相应责任。

（2）计价档案

1）发承包双方以及工程造价咨询人对具有保存价值的各种载体的计价文件，均应收集齐全，整理立卷后归档。

2）发承包双方和工程造价咨询人应建立完善的工程计价档案管理制度，并应符合国家和有关部门发布的档案管理相关规定。

3）工程造价咨询人归档的计价文件，保存期不宜少于五年。

4）归档的工程计价成果文件应包括纸质原件和电子文件，其他归档文件及依据可为纸质原件、复印件或电子文件。

5）归档文件应经过分类整理，并应组成符合要求的案卷。

6）归档可以分阶段进行，也可以在项目竣工结算完成后进行。

7）向接受单位移交档案时，应编制移交清单，双方应签字、盖章后方可交接。

1.3　工程量清单计价费用构成与计算

1.3.1　工程量清单计价费用构成

1. 按费用构成要素划分

根据住房和城乡建设部、财政部印发的《建筑安装工程费用项目组成》建标（2013）44号，建筑安装工程费按照费用构成要素划分：由人工费、材料（包含工程设备，下同）费、施工机具使用费、企业管理费、利润、规费和税金组成。其中人工费、材料费、施工机具使用费、企业管理费和利润包含在分部分项工程费、措施项目费、其他项目费中。

（1）人工费。人工费是指按工资总额构成规定，支付给从事建筑安装工程施工的生产工人和附属生产单位工人的各项费用。内容包括：

1）计时工资或计件工资。计时工资或计件工资是指按计时工资标准和工作时间或对已做工作按计件单价支付给个人的劳动报酬。

2）奖金。奖金是指对超额劳动和增收节支支付给个人的劳动报酬。如节约奖、劳动竞赛奖等。

3）津贴补贴。津贴补贴是指为了补偿职工特殊或额外的劳动消耗和因其他特殊原因支付给个人的津贴，以及为了保证职工工资水平不受物价影响支付给个人的物价补贴。如流动施工津贴、特殊地区施工津贴、高温（寒）作业临时津贴、高空津贴等。

4）加班加点工资。加班加点工资是指按规定支付的在法定节假日工作的加班工资和在法定日工作时间外延时工作的加点工资。

5）特殊情况下支付的工资。特殊情况下支付的工资是指根据国家法律、法规和政策规定，因病、工伤、产假、计划生育假、婚丧假、事假、探亲假、定期休假、停工学习、执行国家或社会义务等原因按计时工资标准或计时工资标准的一定比例支付的工资。

（2）材料费。材料费是指施工过程中耗费的原材料、辅助材料、构配件、零件、半成品或成品、工程设备的费用。内容包括：

1）材料原价。材料原价是指材料、工程设备的出厂价格或商家供应价格。

2）运杂费。运杂费是指材料、工程设备自来源地运至工地仓库或指定堆放地点所发生的全部费用。

3）运输损耗费。运输损耗费是指材料在运输装卸过程中不可避免的损耗。

4）采购及保管费。采购及保管费是指为组织采购、供应和保管材料、工程设备的过程中所需要的各项费用。包括采购费、仓储费、工地保管费、仓储损耗。

工程设备是指构成或计划构成永久工程一部分的机电设备、金属结构设备、仪器装置及其他类似的设备和装置。

（3）施工机具使用费。施工机具使用费是指施工作业所发生的施工机械、仪器仪表使用费或其租赁费。

1）施工机械使用费。施工机械使用费以施工机械台班耗用量乘以施工机械台班单价表示，施工机械台班单价应由下列七项费用组成：

①折旧费：指施工机械在规定的使用年限内，陆续收回其原值的费用。

②大修理费：指施工机械按规定的大修理间隔台班进行必要的大修理，以恢复其正常功能所需的费用。

③经常修理费：指施工机械除大修理以外的各级保养和临时故障排除所需的费用。包括为保障机械正常运转所需替换设备与随机配备工具附具的摊销和维护费用，机械运转中日常保养所需润滑与擦拭的材料费用及机械停滞期间的维护和保养费用等。

④安拆费及场外运费：安拆费指施工机械（大型机械除外）在现场进行安装与拆卸所需的人工、材料、机械和试运转费用以及机械辅助设施的折旧、搭设、拆除等费用；场外运费指施工机械整体或分体自停放地点运至施工现场或由一施工地点运至另一施工地点的运输、装卸、辅助材料及架线等费用。

⑤人工费：指机上司机（司炉）和其他操作人员的人工费。

⑥燃料动力费：指施工机械在运转作业中所消耗的各种燃料及水、电等。

⑦税费：指施工机械按照国家规定应缴纳的车船使用税、保险费及年检费等。

2）仪器仪表使用费。仪器仪表使用费是指工程施工所需使用的仪器仪表的摊销及维修费用。

（4）企业管理费。企业管理费是指建筑安装企业组织施工生产和经营管理所需的费用。内容包括：

1）管理人员工资。管理人员工资是指按规定支付给管理人员的计时工资、奖金、津贴补贴、加班加点工资及特殊情况下支付的工资等。

2）办公费。办公费是指企业管理办公用的文具、纸张、账表、印刷、邮电、书报、办公软件、现场监控、会议、水电、烧水和集体取暖降温（包括现场临时宿舍取暖降温）等费用。

3）差旅交通费。差旅交通费是指职工因公出差、调动工作的差旅费、住勤补助费，市内交通费和误餐补助费，职工探亲路费，劳动力招募费，职工退休、退职一次性路费，工伤人员就医路费，工地转移费以及管理部门使用的交通工具的油料、燃料等费用。

4）固定资产使用费。固定资产使用费是指管理和试验部门及附属生产单位使用的属于固定资产的房屋、设备、仪器等的折旧、大修、维修或租赁费。

5）工具用具使用费。工具用具使用费是指企业施工生产和管理使用的不属于固定资产的工具、器具、家具、交通工具和检验、试验、测绘、消防用具等的购置、维修和摊销费。

6）劳动保险和职工福利费。劳动保险和职工福利费是指由企业支付的职工退职金、按规定支付给离休干部的经费，集体福利费、夏季防暑降温、冬季取暖补贴、上下班交通补贴等。

7）劳动保护费。劳动保护费是企业按规定发放的劳动保护用品的支出。如工作服、手套、防暑降温饮料以及在有碍身体健康的环境中施工的保健费用等。

8）检验试验费。检验试验费是指施工企业按照有关标准规定，对建筑以及材料、构件和建筑安装物进行一般鉴定、检查所发生的费用，包括自设试验室进行试验所耗用的材料等费用。不包括新结构、新材料的试验费，对构件做破坏性试验及其他特殊要求检验试验的费用和建设单位委托检测机构进行检测的费用，对此类检测发生的费用，由建设单位在工程建设其他费用中列支。但对施工企业提供的具有合格证明的材料进行检测不合格的，该检测费用由施工企业支付。

9）工会经费。工会经费是指企业按《工会法》规定的全部职工工资总额比例计提的工会经费。

10）职工教育经费。职工教育经费是指按职工工资总额的规定比例计提，企业为职工进行专业技术和职业技能培训，专业技术人员继续教育、职工职业技能鉴定、职业资格认定以及根据需要对职工进行各类文化教育所发生的费用。

11）财产保险费。财产保险费是指施工管理用财产、车辆等的保险费用。

12）财务费。财务费是指企业为施工生产筹集资金或提供预付款担保、履约担保、职工工资支付担保等所发生的各种费用。

13）税金。税金是指企业按规定缴纳的房产税、车船使用税、土地使用税、印花税等。

14）其他。其他包括技术转让费、技术开发费、投标费、业务招待费、绿化费、广告费、公证费、法律顾问费、审计费、咨询费、保险费等。

（5）利润。利润是指施工企业完成所承包工程获得的盈利。

（6）规费。规费是指按国家法律、法规规定，由省级政府和省级有关权力部门规定必须缴纳或计取的费用。包括：

1）社会保险费

①养老保险费：是指企业按照规定标准为职工缴纳的基本养老保险费。

②失业保险费：是指企业按照规定标准为职工缴纳的失业保险费。

③医疗保险费：是指企业按照规定标准为职工缴纳的基本医疗保险费。

④生育保险费：是指企业按照规定标准为职工缴纳的生育保险费。

⑤工伤保险费：是指企业按照规定标准为职工缴纳的工伤保险费。

2）住房公积金。住房公积金是指企业按规定标准为职工缴纳的住房公积金。

3）工程排污费。工程排污费是指按规定缴纳的施工现场工程排污费。

其他应列而未列入的规费，按实际发生计取。

（7）税金。税金是指国家税法规定的应计入建筑安装工程造价内的营业税、城市维护建设税、教育费附加以及地方教育附加。

2. 按造价形式划分

根据住房和城乡建设部、财政部印发的《建筑安装工程费用项目组成》建标（2013）44号，建筑安装工程费按照工程造价形成由分部分项工程费、措施项目费、其他项目费、规费、税金组成，分部分项工程费、措施项目费、其他项目费包含人工费、材料费、施工机具使用费、企业管理费和利润。

（1）分部分项工程费。分部分项工程费是指各专业工程的分部分项工程应予列支的各项费用。

1）专业工程。专业工程是指按现行国家计量规范划分的房屋建筑与装饰工程、仿古建筑工程、通用安装工程、市政工程、园林绿化工程、矿山工程、构筑物工程、城市轨道交通工程、爆破工程等各类工程。

2）分部分项工程。分部分项工程是指按现行国家计量规范对各专业工程划分的项目。如房屋建筑与装饰工程划分的土石方工程、地基处理与桩基工程、砌筑工程、钢筋及钢筋混凝土工程等。

各类专业工程的分部分项工程划分见现行国家或行业计量规范。

（2）措施项目费。措施项目费是指为完成建设工程施工，发生于该工程施工前和施工过程中的技术、生活、安全、环境保护等方面的费用。内容包括：

1）安全文明施工费

①环境保护费：是指施工现场为达到环保部门要求所需要的各项费用。

②文明施工费：是指施工现场文明施工所需要的各项费用。

③安全施工费：是指施工现场安全施工所需要的各项费用。

④临时设施费：是指施工企业为进行建设工程施工所必须搭设的生活和生产用的临时建筑物、构筑物和其他临时设施费用。包括临时设施的搭设、维修、拆除、清理费或摊销费等。

2）夜间施工增加费。夜间施工增加费是指因夜间施工所发生的夜班补助费、夜间施工降效、夜间施工照明设备摊销及照明用电等费用。

3）二次搬运费。二次搬运费是指因施工场地条件限制而发生的材料、构配件、半成品等一次运输不能到达堆放地点，必须进行二次或多次搬运所发生的费用。

4）冬雨期施工增加费。冬雨期施工增加费是指在冬期或雨期施工需增加的临时设施、防滑、排除雨雪，人工及施工机械效率降低等费用。

5）已完工程及设备保护费。已完工程及设备保护费是指竣工验收前，对已完工程及设备采取的必要保护措施所发生的费用。

6）工程定位复测费。工程定位复测费是指工程施工过程中进行全部施工测量放线和复测工作的费用。

7）特殊地区施工增加费。特殊地区施工增加费是指工程在沙漠或其边缘地区、高海拔、高寒、原始森林等特殊地区施工增加的费用。

8）大型机械设备进出场及安拆费。大型机械设备进出场及安拆费是指机械整体或分体自停放场地运至施工现场或由一个施工地点运至另一个施工地点，所发生的机械进出场运输及转移费用及机械在施工现场进行安装、拆卸所需的人工费、材料费、机械费、试运转费和安装所需的辅助设施的费用。

9）脚手架工程费。脚手架工程费是指施工需要的各种脚手架搭、拆、运输费用以及脚手架购置费的摊销（或租赁）费用。

措施项目及其包含的内容详见各类专业工程的现行国家或行业计量规范。

（3）其他项目费

1）暂列金额。暂列金额是指建设单位在工程量清单中暂定并包括在工程合同价款中的一笔款项。用于施工合同签订时尚未确定或者不可预见的所需材料、工程设备、服务的采购，施工中可能发生的工程变更、合同约定调整因素出现时的工程价款调整以及发生的索赔、现场签证确认等的费用。

2）计日工。计日工是指在施工过程中，施工企业完成建设单位提出的施工图纸以外的零星项目或工作所需的费用。

3）总承包服务费。总承包服务费是指总承包人为配合、协调建设单位进行的专业工程发包，对建设单位自行采购的材料、工程设备等进行保管以及施工现场管理、竣工资料汇总整理等服务所需的费用。

（4）规费。同“按费用构成要素划分”的相关内容。

（5）税金。同“按费用构成要素划分”的相关内容。

1.3.2 工程量清单计价费用计算

1. 各费用构成要素参考计算方法

（1）人工费

公式一：

$$\text{人工费}=\sum(\text{工日消耗量}\times\text{日工资单价}) \tag{1-3}$$

$$\text{日工资单价}=\frac{\text{生产工人平均月工资(计时、计件)}+\text{平均月(奖金}+\text{津贴补贴}+\text{特殊情况下支付的工资)}}{\text{年平均每月法定工作日}} \tag{1-4}$$

注：公式（1-3）、公式（1-4）主要适用于施工企业投标报价时自主确定人工费，也是工程造价管理机构编制计价定额确定定额人工单价或发布人工成本信息的参考依据。

公式二：

$$\text{人工费}=\sum(\text{工程工日消耗量}\times\text{日工资单价}) \tag{1-5}$$

其中，日工资单价是指施工企业平均技术熟练程度的生产工人在每工作日（国家法定工作时间内）按规定从事施工作业应得的日工资总额。

工程造价管理机构确定日工资单价应通过市场调查、根据工程项目的技术要求，参考实物工程量人工单价综合分析确定，最低日工资单价不得低于工程所在地人力资源和社会保障部门所发布的最低工资标准的：普工 1.3 倍、一般技工 2 倍、高级技工 3 倍。

工程计价定额不可只列一个综合工日单价，应根据工程项目技术要求和工种差别适当划分多种日人工单价，确保各分部工程人工费的合理构成。

注：公式（1-5）适用于工程造价管理机构编制计价定额时确定定额人工费，是施工企业投标报价的参考依据。

（2）材料费

1）材料费

$$\text{材料费}=\sum(\text{材料消耗量}\times\text{材料单价}) \tag{1-6}$$

$$\text{材料单价}=[(\text{材料原价}+\text{运杂费})\times[1+\text{运输损耗率}(\%)]]\times[1+\text{采购保管费率}(\%)] \tag{1-7}$$

2）工程设备费

$$\text{工程设备费}=\sum(\text{工程设备量}\times\text{工程设备单价}) \tag{1-8}$$

$$\text{工程设备单价}=(\text{设备原价}+\text{运杂费})\times[1+\text{采购保管费率}(\%)] \tag{1-9}$$

（3）施工机具使用费

1）施工机械使用费

$$施工机械使用费=\sum(施工机械台班消耗量\times机械台班单价) \quad (1\text{-}10)$$

$$机械台班单价=台班折旧费+台班大修费+台班经常修理费+台班安拆费及场外运费+台班人工费+台班燃料动力费+台班车船税费 \quad (1\text{-}11)$$

注：工程造价管理机构在确定计价定额中的施工机械使用费时，应根据《建筑施工机械台班费用计算规则》结合市场调查编制施工机械台班单价。施工企业可以参考工程造价管理机构发布的台班单价，自主确定施工机械使用费的报价，如租赁施工机械，公式为：施工机械使用费=∑(施工机械台班消耗量×机械台班租赁单价)。

2）仪器仪表使用费

$$仪器仪表使用费=工程使用的仪器仪表摊销费+维修费 \quad (1\text{-}12)$$

（4）企业管理费费率

1）以分部分项工程费为计算基础

$$企业管理费费率(\%)=\frac{生产工人年平均管理费}{年有效施工天数\times人工单价}\times人工费占分部分项工程费比例(\%) \quad (1\text{-}13)$$

2）以人工费和机械费合计为计算基础

$$企业管理费费率(\%)=\frac{生产工人年平均管理费}{年有效施工天数\times(人工单价+每一工日机械使用费)}\times100\% \quad (1\text{-}14)$$

3）以人工费为计算基础

$$企业管理费费率(\%)=\frac{生产工人年平均管理费}{年有效施工天数\times人工单价}\times100\% \quad (1\text{-}15)$$

注：上述公式适用于施工企业投标报价时自主确定管理费，是工程造价管理机构编制计价定额确定企业管理费的参考依据。

工程造价管理机构在确定计价定额中企业管理费时，应以定额人工费或（定额人工费+定额机械费）作为计算基数，其费率根据历年工程造价积累的资料，辅以调查数据确定，列入分部分项工程和措施项目中。

（5）利润

1）施工企业根据企业自身需求并结合建筑市场实际自主确定，列入报价中。

2）工程造价管理机构在确定计价定额中利润时，应以定额人工费或（定额人工费+定额机械费）作为计算基数，其费率根据历年工程造价积累的资料，并结合建筑市场实际确定，以单位（单项）工程测算，利润在税前建筑安装工程费的比重可按不低于5%且不高于7%的费率计算。利润应列入分部分项工程和措施项目中。

（6）规费

1）社会保险费和住房公积金。社会保险费和住房公积金应以定额人工费为计算基础，根据工程所在地省、自治区、直辖市或行业建设主管部门规定费率计算。

$$社会保险费和住房公积金=\sum(工程定额人工费\times社会保险费和住房公积金费率) \quad (1\text{-}16)$$

式中：社会保险费和住房公积金费率可以每万元发承包价的生产工人人工费和管理人员工资含量与工程所在地规定的缴纳标准综合分析取定。

2）工程排污费。工程排污费等其他应列而未列入的规费应按工程所在地环境保护等部门规定的标准缴纳，按实计取列入。

(7) 税金。税金计算公式：

$$税金=税前造价\times综合税率(\%) \tag{1-17}$$

综合税率：

1) 纳税地点在市区的企业：

$$综合税率(\%)=\frac{1}{1-3\%-(3\%\times7\%)-(3\%\times3\%)-(3\%\times2\%)}-1 \tag{1-18}$$

2) 纳税地点在县城、镇的企业：

$$综合税率(\%)=\frac{1}{1-3\%-(3\%\times5\%)-(3\%\times3\%)-(3\%\times2\%)}-1 \tag{1-19}$$

3) 纳税地点不在市区、县城、镇的企业：

$$综合税率(\%)=\frac{1}{1-3\%-(3\%\times1\%)-(3\%\times3\%)-(3\%\times2\%)}-1 \tag{1-20}$$

4) 实行营业税改增值税的，按纳税地点现行税率计算。

2. 建筑安装工程计价参考计算公式

(1) 分部分项工程费

$$分部分项工程费=\sum(分部分项工程量\times综合单价) \tag{1-21}$$

式中：综合单价包括人工费、材料费、施工机具使用费、企业管理费和利润以及一定范围的风险费用。

(2) 措施项目费

1) 国家计量规范规定应予计量的措施项目，其计算公式为：

$$措施项目费=\sum(措施项目工程量\times综合单价) \tag{1-22}$$

2) 国家计量规范规定不宜计量的措施项目计算方法如下：

①安全文明施工费：

$$安全文明施工费=计算基数\times安全文明施工费费率(\%) \tag{1-23}$$

计算基数应为定额基价（定额分部分项工程费＋定额中可以计量的措施项目费）、定额人工费或（定额人工费＋定额机械费），其费率由工程造价管理机构根据各专业工程的特点综合确定。

②夜间施工增加费：

$$夜间施工增加费=计算基数\times夜间施工增加费费率(\%) \tag{1-24}$$

③二次搬运费：

$$二次搬运费=计算基数\times二次搬运费费率(\%) \tag{1-25}$$

④冬雨期施工增加费：

$$冬雨期施工增加费=计算基数\times冬雨期施工增加费费率(\%) \tag{1-26}$$

⑤已完工程及设备保护费：

$$已完工程及设备保护费=计算基数\times已完工程及设备保护费费率(\%) \tag{1-27}$$

上述①～⑤项措施项目的计费基数应为定额人工费或（定额人工费＋定额机械费），其费率由工程造价管理机构根据各专业工程特点和调查资料综合分析后确定。

(3) 其他项目费

1) 暂列金额由建设单位根据工程特点，按有关计价规定估算，施工过程中由建设单位掌握使用、扣除合同价款调整后如有余额，归建设单位。

2）计日工由建设单位和施工企业按施工过程中的签证计价。

3）总承包服务费由建设单位在招标控制价中根据总包服务范围和有关计价规定编制，施工企业投标时自主报价，施工过程中按签约合同价执行。

（4）规费和税金。建设单位和施工企业均应按照省、自治区、直辖市或行业建设主管部门发布标准计算规费和税金，不得作为竞争性费用。

1.4　工程量清单计价表格及应用

工程量清单计价表格宜采用统一格式。各省、自治区、直辖市建设行政主管部门和行业建设主管部门可根据本地区、本行业的实际情况，在《建设工程工程量清单计价规范》GB 50500—2013 附录 B 至附录 L 计价表格的基础上补充完善。

工程量清单计价表格的设置应满足工程计价的需要，方便使用。投标人应按招标文件的要求，附工程量清单综合单价分析表。

工程量清单计价表格的组成及应用见表 1-2。工程量清单计价表格的应用实例见本书第 3 章。

工程量清单计价表格的组成及应用　　表 1-2

<table>
<tr><th>序号</th><th>类别</th><th>表格名称</th><th>应　用</th></tr>
<tr><td rowspan="5">1</td><td rowspan="5">封面</td><td>招标工程量清单封面：封-1</td><td>工程量清单</td></tr>
<tr><td>招标控制价封面：封-2</td><td>招标控制价</td></tr>
<tr><td>投标总价封面：封-3</td><td>投标报价</td></tr>
<tr><td>竣工结算书封面：封-4</td><td>竣工结算</td></tr>
<tr><td>工程造价鉴定意见书封面：封-5</td><td>工程造价鉴定</td></tr>
<tr><td rowspan="5">2</td><td rowspan="5">扉页</td><td>招标工程量清单扉页：扉-1</td><td>工程量清单</td></tr>
<tr><td>招标控制价扉页：扉-2</td><td>招标控制价</td></tr>
<tr><td>投标总价扉页：扉-3</td><td>投标报价</td></tr>
<tr><td>竣工结算总价扉页：扉-4</td><td>竣工结算</td></tr>
<tr><td>工程造价鉴定意见书扉页：扉-5</td><td>工程造价鉴定</td></tr>
<tr><td>3</td><td>总说明</td><td>总说明：表-01</td><td>工程量清单、招标控制价、投标报价、竣工结算、工程造价鉴定</td></tr>
<tr><td rowspan="6">4</td><td rowspan="6">工程计价汇总表</td><td>建设项目招标控制价/投标报价汇总表：表-02</td><td rowspan="3">招标控制价、投标报价</td></tr>
<tr><td>单项工程招标控制价/投标报价汇总表：表-03</td></tr>
<tr><td>单位工程招标控制价/投标报价汇总表：表-04</td></tr>
<tr><td>建设项目竣工结算汇总表：表-05</td><td rowspan="3">竣工结算、工程造价鉴定</td></tr>
<tr><td>单项工程竣工结算汇总表：表-06</td></tr>
<tr><td>单位工程竣工结算汇总表：表-07</td></tr>
</table>

续表

序号	类别	表格名称	应 用
5	分部分项工程和措施项目计价表	分部分项工程和单价措施项目清单与计价表：表-08	工程量清单、招标控制价、投标报价、竣工结算、工程造价鉴定
		综合单价分析表：表-09	招标控制价、投标报价、竣工结算、工程造价鉴定
		综合单价调整表：表-10	工程造价鉴定
		总价措施项目清单与计价表：表-11	
6	其他项目计价表	其他项目清单与计价汇总表：表-12	工程量清单、招标控制价、投标报价、竣工结算、工程造价鉴定
		暂列金额明细表：表-12-1	
		材料（工程设备）暂估单价及调整表：表-12-2	
		专业工程暂估价及结算价表：表-12-3	
		计日工表：表-12-4	
		总承包服务费计价表：表-12-5	
		索赔与现场签证计价汇总表：表-12-6	竣工结算、工程造价鉴定
		费用索赔申请（核准）表：表-12-7	
		现场签证表：表-12-8	
7	规费、税金项目计价表	规费、税金项目计价表：表-13	工程量清单、招标控制价、投标报价、竣工结算、工程造价鉴定
8	工程计量申请（核准）表	工程计量申请（核准）表：表-14	竣工结算、工程造价鉴定
9	合同价款支付申请（核准）表	预付款支付申请（核准）表：表-15	竣工结算、工程造价鉴定
		总价项目进度款支付分解表：表-16	投标报价、竣工结算、工程造价鉴定
		进度款支付申请（核准）表：表-17	竣工结算、工程造价鉴定
		竣工结算款支付申请（核准）表：表-18	
		最终结清支付申请（核准）表：表-19	
10	主要材料、工程设备一览表	发包人提供材料和工程设备一览表：表-20	工程量清单、招标控制价、投标报价、竣工结算、工程造价鉴定
		承包人提供主要材料和工程设备一览表（适用于造价信息差额调整法）：表-21	
		承包人提供主要材料和工程设备一览表（适用于价格指数差额调整法）：表-22	

2 园林工程清单工程量计算及实例

2.1 绿化工程清单工程量计算及实例

2.1.1 工程量清单计价规则

1. 绿地整理

绿地整理工程量清单项目设置及工程量计算规则见表 2-1。

绿地整理（编码：050101） **表 2-1**

项目编码	项目名称	项目特征	计量单位	工程量计算规则	工程内容
050101001	砍伐乔木	树干胸径	株	按数量计算	1. 伐树 2. 废弃物运输 3. 场地清理
050101002	挖树根（蔸）	地径			1. 挖树根 2. 废弃物运输 3. 场地清理
050101003	砍挖灌木丛及根	丛高或蓬径	1. 株 2. m^2	1. 以株计量，按数量计算 2. 以平方米计量，按面积计算	1. 砍挖 2. 废弃物运输 3. 场地清理
050101004	砍挖竹及根	根盘直径	1. 株 2. 丛	按数量计算	
050101005	砍挖芦苇（或其他水生植物）及根	根盘丛径	m^2	按面积计算	
050101006	清除草皮	草皮种类			1. 除草 2. 废弃物运输 3. 场地清理
050101007	清除地被植物	植物种类			1. 清除植物 2. 废弃物运输 3. 场地清理
050101008	屋面清理	1. 屋面做法 2. 屋面高度		按设计图示尺寸以面积计算	1. 原屋面清扫 2. 废弃物运输 3. 场地清理

续表

项目编码	项目名称	项目特征	计量单位	工程量计算规则	工程内容
050101009	种植土回（换）填	1. 回填土质要求 2. 取土运距 3. 回填厚度	1. m^3 2. 株	1. 以立方米计量，按设计图示回填面积乘以回填厚度以体积计算 2. 以株计量，按设计图示数量计算	1. 土方挖、运 2. 回填 3. 找平、找坡 4. 废弃物运输
050101010	整理绿化用地	1. 回填土质要求 2. 取土运距 3. 回填厚度 4. 找平、找坡要求 5. 弃渣运距	m^2	按设计图示尺寸以面积计算	1. 排地表水 2. 土方挖、运 3. 耙细、过筛 4. 回填 5. 找平、找坡 6. 拍实 7. 废弃物运输
050101011	绿地起坡造型	1. 回填土质要求 2. 取土运距 3. 起坡平均高度		按设计图示尺寸以体积计算	1. 排地表水 2. 土方挖、运 3. 耙细、过筛 4. 回填 5. 找平、找坡 6. 废弃物运输
050101012	屋顶花园基底处理	1. 找平层厚度、砂浆种类、强度等级 2. 防水层种类、做法 3. 排水层厚度、材质 4. 过滤层厚度、材质 5. 回填轻质土厚度、种类 6. 屋面高度 7. 垂直运输方式 8. 阻根层厚度、材质、做法		按设计图示尺寸以面积计算	1. 抹找平层 2. 防水层铺设 3. 排水层铺设 4. 过滤层铺设 5. 填轻质土壤 6. 阻根层铺设 7. 运输

2. 栽植花木

栽植花木工程量清单项目设置及工程量计算规则见表 2-2。

栽植花木（编码：050102） 表 2-2

项目编码	项目名称	项目特征	计量单位	工程量计算规则	工程内容
050102001	栽植乔木	1. 种类 2. 胸径或干径 3. 株高、冠径 4. 起挖方式 5. 养护期	株	按设计图示数量计算	1. 起挖 2. 运输 3. 栽植 4. 养护
050102002	栽植灌木	1. 种类 2. 跟盘直径 3. 冠丛高 4. 蓬径 5. 起挖方式 6. 养护期	1. 株 2. m^2	1. 以株计量，按设计图示数量计算 2. 以平方米计量，按设计图示尺寸以绿化水平投影面积计算	
050102003	栽植竹类	1. 竹种类 2. 竹胸径或根盘丛径 3. 养护期	1. 株 2. 丛	按设计图示数量计算	
050102004	栽植棕榈类	1. 种类 2. 株高、地径 3. 养护期	株		
050102005	栽植绿篱	1. 种类 2. 篱高 3. 行数、蓬径 4. 单位面积株数 5. 养护期	1. m 2. m^2	1. 以米计量，按设计图示长度以延长米计算 2. 以平方米计量，按设计图示尺寸以绿化水平投影面积计算	
050102006	栽植攀缘植物	1. 植物种类 2. 地径 3. 单位面积株数 4. 养护期	1. 株 2. m	1. 以株计量，按设计图示数量计算 2. 以米计量，按设计图示种植长度以延长米计算	
050102007	栽植色带	1. 苗木、花卉种类 2. 株高或蓬径 3. 单位面积株数 4. 养护期	m^2	按设计图示尺寸以面积计算	
050102008	栽植花卉	1. 花卉种类 2. 株高或蓬径 3. 单位面积株数 4. 养护期	1. 株（丛、缸） 2. m^2	1. 以株（丛、缸）计量，按设计图示数量计算 2. 以平方米计量，按设计图示尺寸以水平投影面积计算	
050102009	栽植水生植物	1. 植物种类 2. 株高或蓬径或芽数/株 3. 单位面积株数 4. 养护期	1. 丛 2. 缸 3. m^2		

续表

项目编码	项目名称	项目特征	计量单位	工程量计算规则	工程内容
050102010	垂直墙体绿化种植	1. 植物种类 2. 生长年数或地(干)径 3. 栽植容器材质、规格 4. 栽植基质种类、厚度 5. 养护期	1. m^2 2. m	1. 以平方米计量，按设计图示尺寸以绿化水平投影面积计算 2. 以米计量，按设计图示种植长度以延长米计算	1. 起挖 2. 运输 3. 栽植容器安装 4. 栽植 5. 养护
050102011	花卉立体布置	1. 草本花卉种类 2. 高度或蓬径 3. 单位面积株数 4. 种植形式 5. 养护期	1. 单体(处) 2. m^2	1. 以单体(处)计量，按设计图示数量计算 2. 以平方米计量，按设计图示尺寸以面积计算	1. 起挖 2. 运输 3. 栽植 4. 养护
050102012	铺种草皮	1. 草皮种类 2. 铺种方式 3. 养护期	m^2	按设计图示尺寸以绿化投影面积计算	1. 起挖 2. 运输 3. 铺底砂(土) 4. 栽植 5. 养护
050102013	喷播植草(灌木)籽	1. 基层材料种类规格 2. 草(灌木)籽种类 3. 养护期			1. 基层处理 2. 坡地细整 3. 喷播 4. 覆盖 5. 养护
050102014	植草砖内植草	1. 草坪种类 2. 养护期			1. 起挖 2. 运输 3. 覆土(砂) 4. 栽植 5. 养护
050102015	挂网	1. 种类 2. 规格	m^2	按设计图示尺寸以挂网投影面积计算	1. 制作 2. 运输 3. 安放
050102016	箱/钵栽植	1. 箱/钵体材料品种 2. 箱/钵外形尺寸 3. 栽植植物种类、规格 4. 土质要求 5. 防护材料种类 6. 养护期	个	按设计图示箱/钵数量计算	1. 制作 2. 运输 3. 安放 4. 栽植 5. 养护

3. 绿地喷灌

绿地喷灌工程量清单项目设置及工程量计算规则见表 2-3。

绿地喷灌（编码：050103） **表 2-3**

项目编码	项目名称	项目特征	计量单位	工程量计算规则	工程内容
050103001	喷灌管线安装	1. 管道品种、规格 2. 管件品种、规格 3. 管道固定方式 4. 防护材料种类 5. 油漆品种、刷漆遍数	m	按设计图示管道中心线长度以延长米计算，不扣除检查（阀门）井、阀门、管件及附件所占的长度	1. 管道铺设 2. 管道固筑 3. 水压试验 4. 刷防护材料、油漆
050103002	喷灌配件安装	1. 管道附件、阀门、喷头品种、规格 2. 管道附件、阀门、喷头固定方式 3. 防护材料种类 4. 油漆品种、刷漆遍数	个	按设计图示数量计算	1. 管道附件、阀门、喷头安装 2. 水压试验 3. 刷防护材料、油漆

2.1.2 清单相关问题及说明

1. 绿地整理

整理绿化用地项目包含厚度≤300mm 回填土，厚度＞300mm 回填土，应按现行国家标准《房屋建筑与装饰工程工程量计算规范》GB 50584—2013 相应项目编码列项。

2. 栽植花木

（1）挖土外运、借土回填、挖（凿）土（石）方应包括在相关项目内。

（2）苗木计算应符合下列规定：

1）胸径应为地表面向上 1.2m 高处树干直径。

2）冠径又称冠幅，应为苗木冠丛垂直投影面的最大直径和最小直径之间的平均值。

3）蓬径应为灌木、灌丛垂直投影面的直径。

4）地径应为地表面向上 0.1m 高处树干直径。

5）干径应为地表面向上 0.3m 高处树干直径。

6）株高应为地表面至树顶端的高度。

7）冠丛高应为地表面至乔（灌）木顶端的高度。

8）篱高应为地表面至绿篱顶端的高度。

9）养护期应为招标文件中要求苗木种植结束后承包人负责养护的时间。

（3）苗木移（假）植应按花木栽植相关项目单独编码列项。

（4）土球包裹材料、树体输液保湿及喷洒生根剂等费用包含在相应项目内。

（5）墙体绿化浇灌系统按《园林绿化工程工程量计算规范》GB 50858—2013 绿地喷灌相关项目单独编码列项。

（6）发包人如有成活率要求时，应在特征描述中加以描述。

3. 绿地喷灌

（1）挖填土石方应按现行国家标准《房屋建筑与装饰工程工程量计算规范》GB 50854—2013 附录 A 相关项目编码列项。

（2）阀门井应按现行国家标准《市政工程工程量计算规范》GB 50857—2013 相关项目编码列项。

2.1.3　工程量清单计价实例

【例 2-1】某块住宅小区绿地，如图 2-1 所示，面积为 $550m^2$，绿地中三个灌木丛占地面积为 $90m^2$，竹林面积为 $45m^2$，挖出土方量为 $35m^3$。现准备重新整修该绿地，场地需平整且以前所种物要全部更新，已知绿地内土质为普坚土，挖出土方量为 $180m^3$，种入植物后还余 $50m^3$，试计算砍伐乔木及挖树根的工程量。

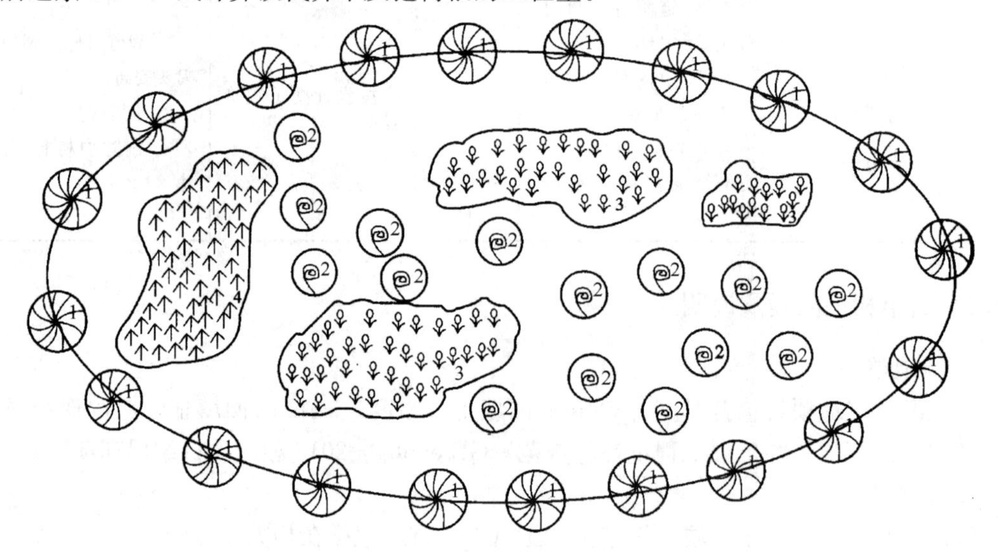

图 2-1　某小区绿地

1—法国梧桐；2—棕榈；3—月季；4—竹子

【解】

法国梧桐的工程量＝20 株

棕榈的工程量＝15 株

【例 2-2】某公园绿地准备重新整理，如图 2-2 所示，内容包括树、树根、灌木丛、竹根、芦苇根、草皮的清理，原芦苇面积大概 $30m^2$，试计算挖芦苇根的工程量。

【解】

挖芦苇根的工程量＝$30m^2$

【例 2-3】某不规则绿化用地如图 2-3 所示，各尺寸在图中已标出，试计算清单工程量（二类土）。

【解】

根据工程量计算规则可知，整理绿化用地工程量应按设计图示尺寸以面积计算：

$$S=(51+21)\times(22.5+23.5)\times\frac{1}{2}-\frac{1}{2}\times21\times23.5$$

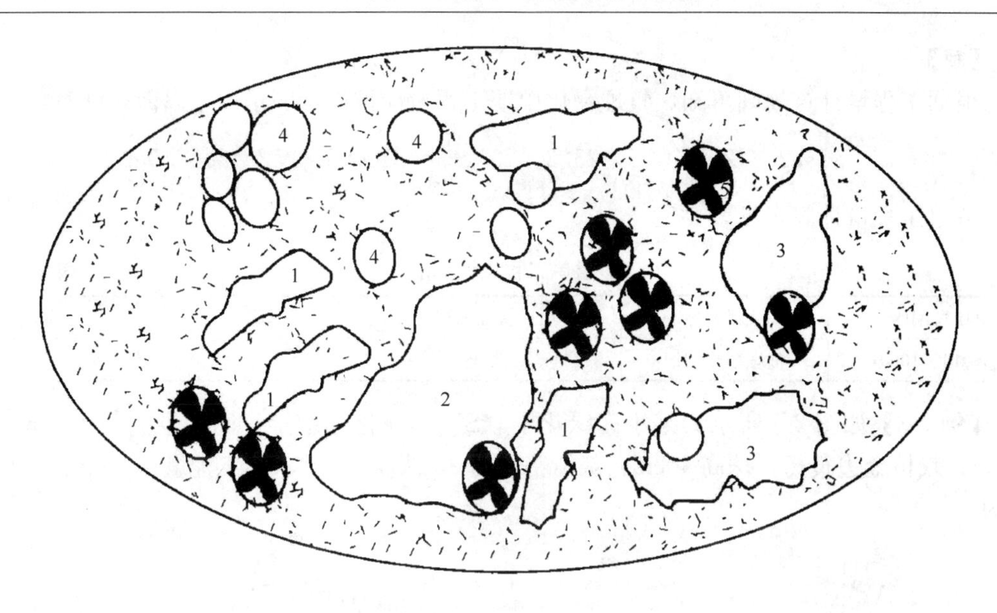

图 2-2 绿地整理局部示意图

1—丁香；2—竹子；3—芦苇；4—红叶李；5—水杉

$=72\times23-246.75$

$=1656-246.75$

$=1409.25\text{m}^2$

清单工程量计算见表 2-4。

清单工程量计算表 **表 2-4**

项目编码	项目名称	项目特征描述	计量单位	工程量
050101010001	整理绿化用地	二类土	m^2	1409.25

【例 2-4】 某公园有一块不太规则的绿化用地，外观如图 2-4 所示。已知该绿地土壤为二类土，需整理厚度为±240mm。试计算该绿地清单工程量。

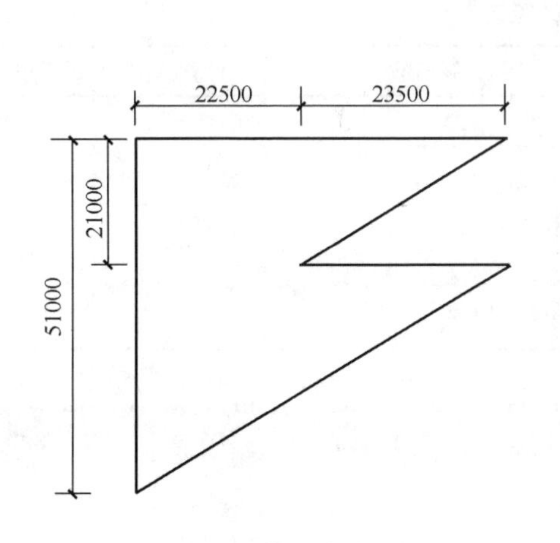

图 2-3 绿化用地示意图

注：整理厚度±20cm。

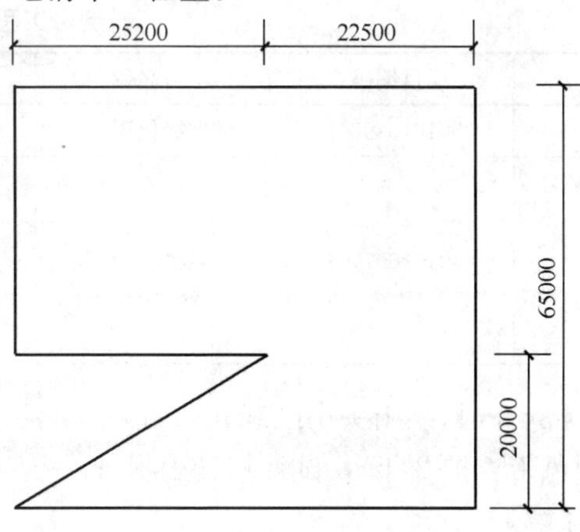

图 2-4 绿化用地示意图

【解】

根据工程量计算规则可知，整理绿化用地工程量应按设计图示尺寸以面积计算：

$$S=(25.2+22.5)\times65-25.2\times20\times\frac{1}{2}=3100.5-252=2848.5\text{m}^2$$

清单工程量计算表见表 2-5。

清单工程量计算表　　表 2-5

项目编码	项目名称	项目特征描述	计算单位	工程量
050101010001	整理绿化用地	二类土	m^2	2848.5

【例 2-5】 如图 2-5 所示为某小区绿化中“S”形绿化色带示意图，半弧长为 9m，宽 2.5m。栽植金边黄杨，株高 40cm，栽植密度为 20 株/m^2，试求其工程量（二类土，养护期为 1 年）。

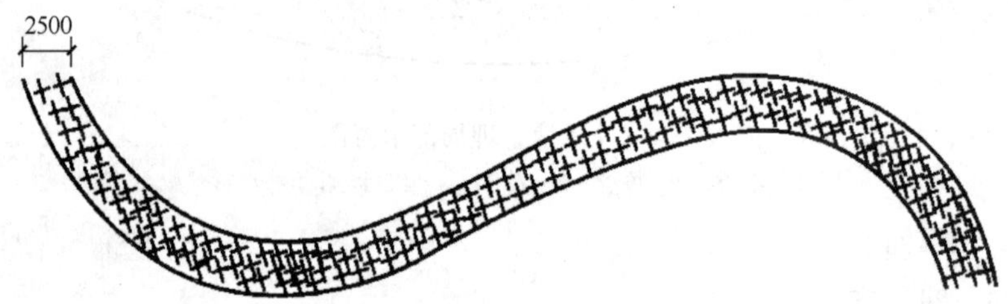

图 2-5　“S”形绿化色带示意图

【解】

(1) 平整场地

$$平整场地面积=弧长\times宽=9\times2.5\times2=45\text{m}^2$$

(2) 栽植色带

$$“S”形绿化色带面积=9\times2.5\times2=45\text{m}^2$$

清单工程量计算表见表 2-6。

清单工程量计算表　　表 2-6

序号	项目编码	项目名称	项目特征描述	计算单位	工程量
1	050101010001	整理绿化用地	二类土	m^2	45
2	050102007001	栽植色带	1. 栽植金边黄杨 2. 株高 40cm 3. 栽植密度为 20 株/m^2 4. 养护期为 1 年	m^2	45

【例 2-6】 某街头小区绿化带如图 2-6 所示，种植紫叶小檗绿化带，宽 1.25m（二类土，色带养护 2 年），试计算其工程量。

【解】

(1) 平整场地

$$S=弧长\times宽=5.64\times1.25=7.05\text{m}^2$$

(2) 栽植色带

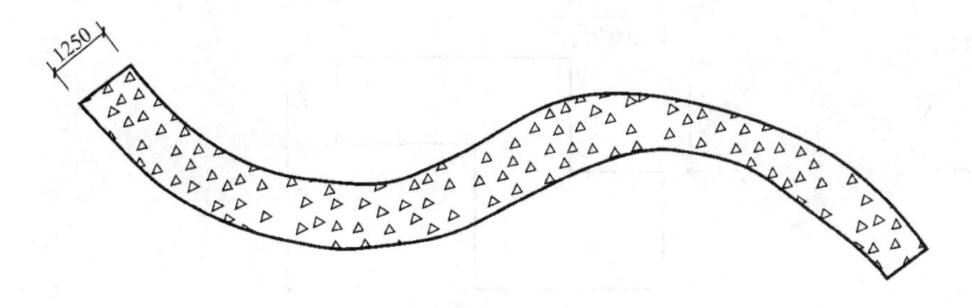

图 2-6　紫叶小檗绿化带

注：单弧长 5640mm

由图 1-1 可知，该街头小区栽植的是紫叶小檗的绿化带，弧长 5.64m，宽 1.25m。

$$S=5.64\times1.25=7.05\text{m}^2$$

清单工程量计算表见表 2-7。

清单工程量计算表　　表 2-7

序号	项目编码	项目名称	项目特征描述	计算单位	工程量
1	050101010001	整理绿化用地	二类土	m^2	7.05
2	050102007001	栽植色带	养护 2 年	m^2	7.05

【例 2-7】图 2-7 为某屋顶花园，各尺寸如图所示，试计算屋顶花园基底处理清单工程量（找平层厚 170mm，防水层厚 160mm，过滤层厚 60mm，需填轻质土壤 170mm）。

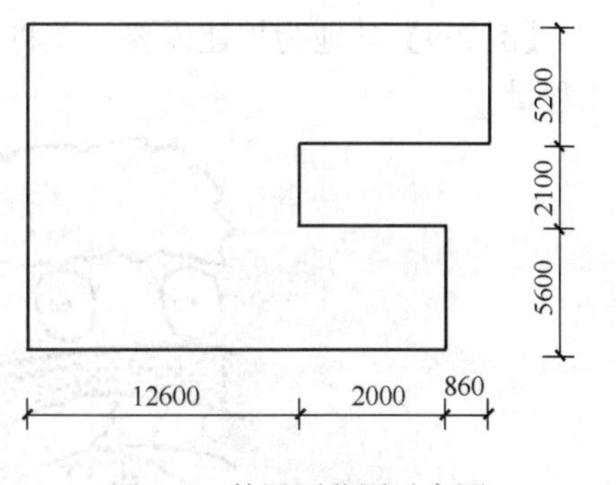

图 2-7　某屋顶花园示意图

【解】

根据工程量计算规则可知，屋顶花园基底处理工程量应按设计图示尺寸以面积计算：

$$\begin{aligned}S&=(12.6+2.0+0.86)\times5+12.6\times2.1\\&\quad+(12.6+2.0)\times5.6\\&=185.52\text{m}^2\end{aligned}$$

清单工程量计算表见表 2-8。

清单工程量计算表　　表 2-8

项目编码	项目名称	项目特征描述	计量单位	工程量
050101012001	屋顶花园基底处理	找平层厚 170mm，防水层厚 160mm，过滤层厚 60mm，需填轻质土壤 170mm	m^2	185.52

【例 2-8】如图 2-8 所示为某屋顶花园基底施工示意图，其中找平层厚 165mm，防水层厚 150mm，过滤层厚 70mm，需填轻质土壤 160mm。试计算屋顶花园基底处理工程量。

【解】

根据工程量计算规则可知，屋顶花园基底处理工程量应按设计图示尺寸以面积计算。

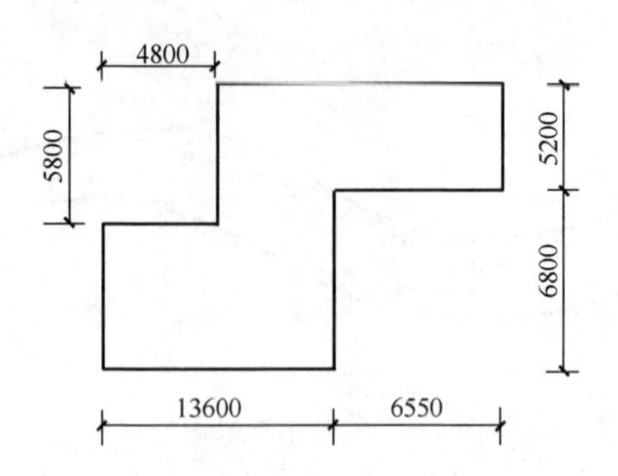

图 2-8 某屋顶花园示意图

$S=(5.2+6.8)\times(13.6+6.3)-4.8\times5.8-6.55\times6.8$

$=238.8-27.84-44.54$

$=166.42m^2$

清单工程量计算表见表 2-9。

清单工程量计算表 **表 2-9**

项目编码	项目名称	项目特征描述	计算单位	工程量
050101012001	屋顶花园基底处理	找平层厚 165mm，防水层厚 150mm，过滤层厚 70mm，需填轻质土壤 160mm	m^2	166.42

【例 2-9】某地为扩建需要，需将图 2-9 绿地上的植物进行挖掘、清除，试计算其清单工程量。

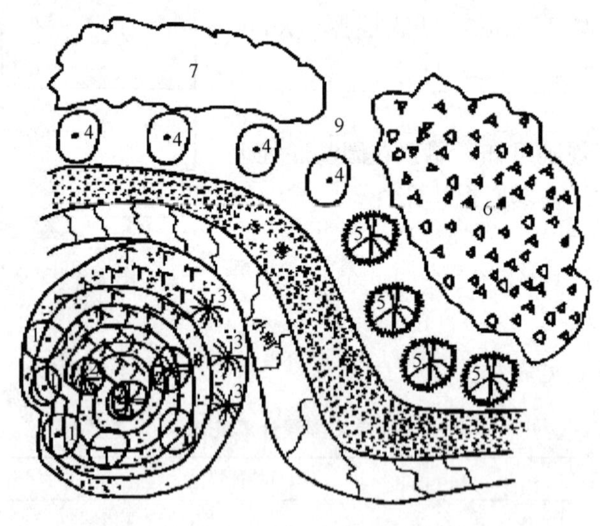

图 2-9 某绿地局部示意图

1—银杏；2—木槿；3—白玉兰；4—五角枫；5—白蜡；
6—紫叶小檗；7—大叶黄杨；8—白三叶草及缀花小草；9—竹林

【解】

(1) 砍伐乔木（树干胸径均在 30cm 以内）

银杏：5 株

五角枫：4 株

木槿：3 株

白玉兰：3 株

白蜡：4 株

以上均按估算数量计算。

工程量＝19 株

(2) 挖树根（蔸）

银杏：5 株

五角枫：4 株

白蜡：4 株

白玉兰：3 株

木槿：3 株

以上均按估算数量计算。

工程量＝19 株

(3) 砍挖灌木丛及根

紫叶小檗：480 株丛（按估算数量计算）（丛高 1.6m）

工程量＝480 株

大叶黄杨：360 株丛（按估算数量计算）（丛高 2.5m）

工程量＝360 株

(4) 砍挖竹及根

竹林：160 株丛（按估算数量计算）（根直径 10cm）

工程量＝160 株

(5) 砍挖芦苇（或其他水生植物）及根

芦苇根：$10m^2$（按估算数量计算）（从高 1.8m）

工程量＝$10m^2$

(6) 清除草皮

白三叶草及缀花小草 $120m^2$（按估算面积计算）（丛高 0.6m）

工程量＝$120m^2$

清单工程量计算见表 2-10。

清单工程量计算表 **表 2-10**

序号	项目编码	项目名称	项目特征描述	计量单位	工程量
1	050101001001	砍伐乔木	树干胸径均在 30cm 以内	株	19
2	050101002001	挖树根	地径 30cm 以内	株	19
3	050101003001	砍挖灌木丛及根	丛高 1.6m	株	480
4	050101003002	砍挖灌木丛及根	丛高 2.5m	株	360
5	050101004001	砍挖竹及根	根盘直径 10cm	株	160
6	050101005001	砍挖芦苇及根	丛高 1.8m	m^2	10.00
7	050101006001	清除草皮	丛高 0.6m	m^2	120.00

【例 2-10】某住宅小区内有一绿地如图 2-10 所示，现重新整修，需要把以前所种植物

全部更新，绿地面积为 325m²，绿地中两个灌木丛占地面积为 80m²，竹林面积为 50m²，挖出土方量为 30m³。场地需要重新平整，绿地内为普坚土，挖出土方量为 130m³，种入植物后还余 25m³，试计算其清单工程量。

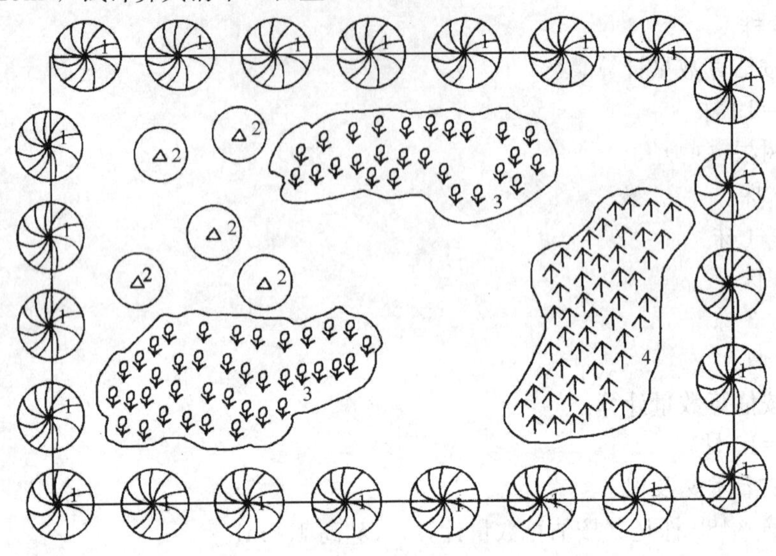

图 2-10 某小区绿地
1—毛白杨；2—红叶李；3—月季；4—竹子

【解】

（1）砍伐乔木

工程量计算规则：按数量计算

毛白杨：23 株

红叶李：5 株

（2）挖树根（蔸）

工程量计算规则：按数量计算

毛白杨：23 株

红叶李：5 株

（3）砍挖灌木丛及根

工程量计算规则：以株计量，按数量计算

月季：64 株

（3）砍挖竹及根

工程量计算规则：按数量计算

竹子：50 株

（4）草皮

草皮的面积＝总的绿化面积－灌木丛的面积－竹林的面积

即：草皮的面积＝325－80－50＝195.00m²

（5）人工整理绿化用地

人工整理绿化用地：325.00m²

挖出的土方 $V_{挖}=130.00m^3$

剩余的土方 $V_{余}=25.00m^3$

填入的土方 $V_{填}=V_{挖}-V_{余}=130-25=105.00m^3$

清单工程量计算见表 2-11。

清单工程量计算表 **表 2-11**

项目编码	项目名称	项目特征描述	计量单位	工程量
050101001001	砍伐乔木	毛白杨，离地面 20cm 处树干直径在 30cm 以内	株	23
050101001002	砍伐乔木	红叶李，离地面 20cm 处树干直径在 30cm 以内	株	5
050101002001	挖树根（蔸）	毛白杨，地径在 30cm 以内	株	23
050101002002	挖树根（蔸）	红叶李，地径在 30cm 以内	株	5
050101003001	砍挖灌木丛及根	月季，胸径 10cm 以下	株	64
050101004001	砍挖竹及根	竹子	株	50
050101006001	消除草皮	人工清除草皮	m^2	195.00
050101010001	整理绿化用地	人工整理绿化用地	m^2	325.00
010101002001	挖一般土方	普坚土	m^3	130.00
010103001001	回填方	普坚土	m^3	105.00

【例 2-11】某带状绿地长 200m，宽 18m，位于公园边缘，如图 2-11 所示，绿地两边种植中等乔木，绿地中配植了一定数量的常绿树木、花和灌木，丰富了植物色彩，计算栽植乔木的工程量。

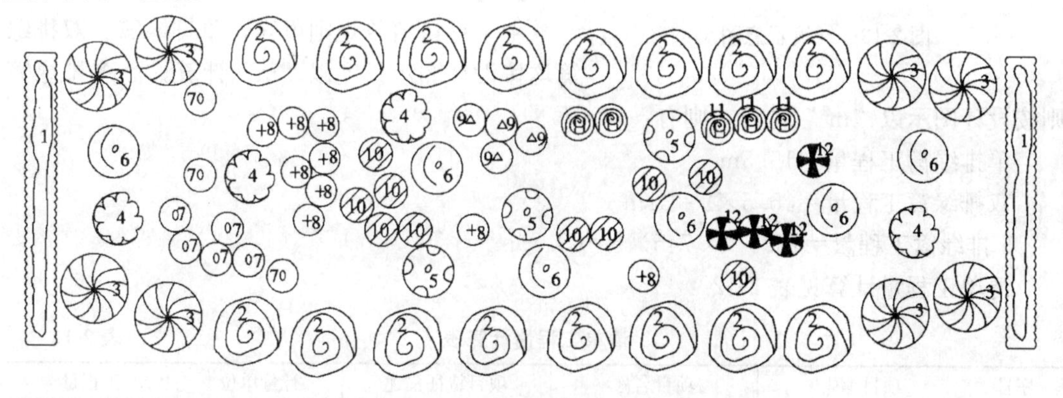

图 2-11 某带状绿地示意图

1—瓜子黄杨；2—合欢；3—广玉兰；4—樱花；5—碧桃；6—红叶李；

7—丁香；8—金钟花；9—榆叶梅；10—黄杨球，11—紫薇；12—贴梗海棠

注：带状绿地两边绿篱长 15m、宽 3m，绿篱内种植瓜子黄杨

【解】

合欢的工程量＝16 株

广玉兰的工程量＝8 株

樱花的工程量＝4 株

碧桃的工程量＝3 株

红叶李的工程量＝6 株

【**例 2-12**】如图 2-12 所示，栽植色带，紫花酢浆草，高 0.2～0.3m，色带共 2 条。试计算栽植色带的工程量。

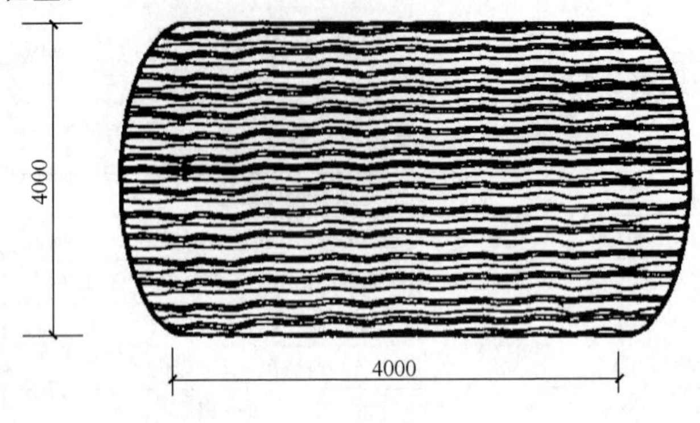

图 2-12　色带示意图

【**解**】

单条色带：$S=4\times4+\pi r^2=16+3.14\times2^2=28.56\text{m}^2$

共计：$28.56\times2=57.12\text{m}^2$

【**例 2-13**】某小区绿化中的局部绿篱如图 2-13 所示，试分别计算单排绿篱、双排绿篱及 6 排绿篱工程量。

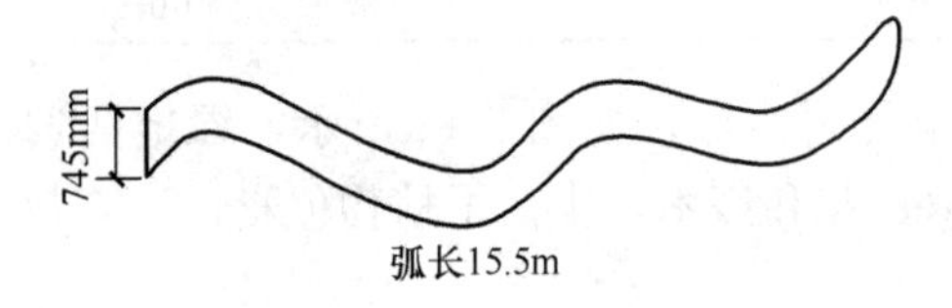

图 2-13　绿篱示意图

【**解**】

由工程量清单规则可知，单排绿篱、双排绿篱均按设计图示长度以“m”计算，而多排绿篱则按设计图示以“m^2”计算，则有：

单排绿篱工程量=15.5m

双排绿篱工程量=$15.5\times2=31\text{m}$

6 排绿篱工程量=$15.5\times0.745\times6=69.29\text{m}^2$

清单工程量计算见表 2-12。

清单工程量计算表　　**表 2-12**

序号	项目编码	项目名称	项目特征描述	计量单位	工程量
1	050102005001	栽植绿篱	单排	m	15.5
2	050102005002	栽植绿篱	双排	m	31
3	050102005003	栽植绿篱	6 排	m^2	69.29

【**例 2-14**】某园林绿化中的局部绿篱示意图如图 2-14 所示（绿篱为双行，高 0.55m），试计算其工程量。

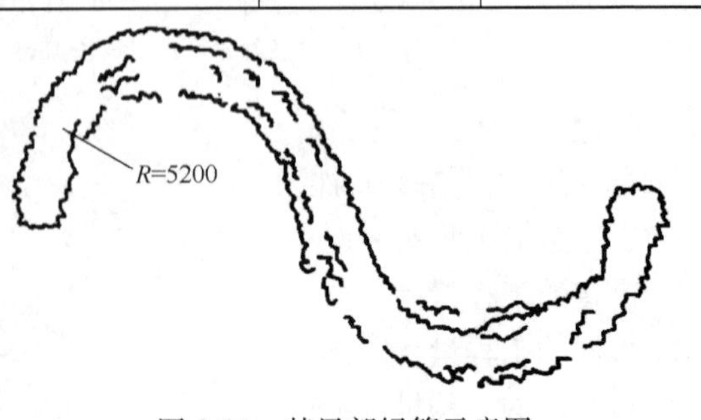

图 2-14　某局部绿篱示意图

【**解**】

$$\begin{aligned}栽植绿篱工程量&=2\pi R\times2\\&=2\times\pi\times5.2\times2\\&=65.31\text{m}\end{aligned}$$

清单工程量计算见表 2-13。

清单工程量计算表 **表 2-13**

项目编码	项目名称	项目特征描述	计量单位	工程量
05010202005001	栽植绿篱	篱高 0.55m，双行	m	65.31

【例 2-15】 某园林亭廊里栽植紫藤共 8 株，试计算其工程量。

【解】

栽植攀缘植物工程量＝8 株

清单工程量计算见表 2-14。

清单工程量计算表 **表 2-14**

项目编码	项目名称	项目特征描述	计量单位	工程量
050102006001	栽植攀缘植物	紫藤	株	8

【例 2-16】 如图 2-15 所示为某栽植工程局部示意图，图中有一花坛，长 6m，宽 2m，栽植 92 株玫瑰花。红花继木色带弧长均为 18.5m，色带宽 2m；草皮约 $268m^2$，喷播植草 $96m^2$。试计算其工程量（植物养护期为 2 年）。

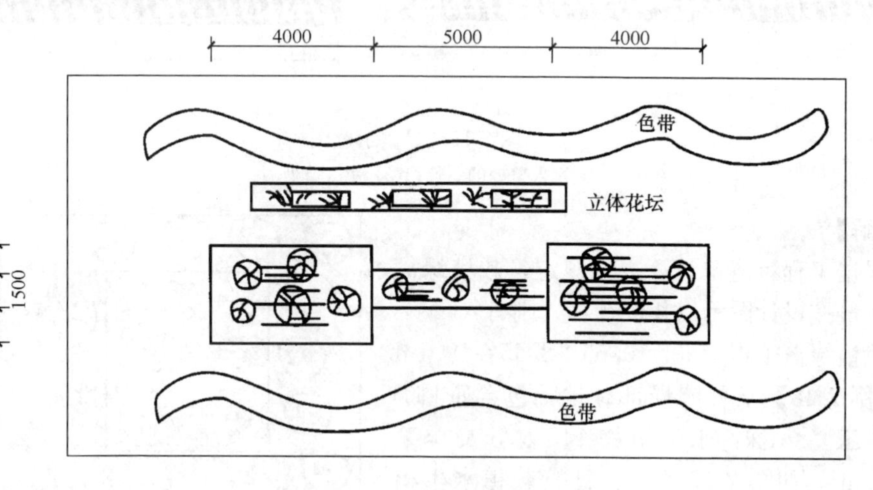

图 2-15 栽植工程局部示意图

【解】

（1）栽植色带

$$L=18.5\times2\times2=74m^2$$

（2）栽植花卉 92 株

（3）栽植水生植物 13 丛

（4）铺种草皮 $268m^2$

（5）喷播植草 $96m^2$

清单工程量计算见表 2-15。

清单工程量计算表　　　　表 2-15

序号	项目编码	项目名称	项目特征描述	计量单位	工程量
1	050102007001	栽植色带	1. 苗木种类：红花继木 2. 养护期：2 年	m^2	74
2	050102008001	栽植花卉	1. 花卉种类：玫瑰花 2. 养护期：2 年	株	92
3	050102009001	栽植水生植物	1. 植物种类：荷花 2. 养护期：2 年	丛	13
4	050102012001	铺种草皮	1. 草皮种类：冷季型草 2. 铺种方式：满铺 3. 养护期：2 年	m^2	268
5	050102013001	喷播植草（灌木）籽	1. 草籽种类：白三叶籽 2. 养护期：2 年	m^2	96

【例 2-17】 如图 2-16 所示，栽植绿篱，金叶女贞，篱高 0.5～0.6m，共两行，分别为主入口处一行，次入口处一行。试计算栽植绿篱的工程量。

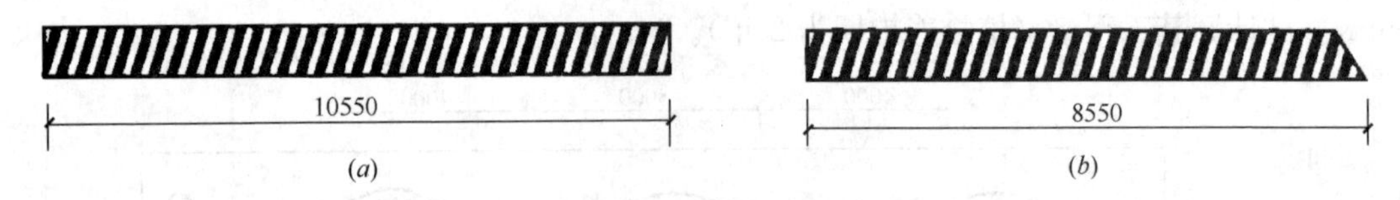

图 2-16　绿篱示意图

(a) 次入口处的一行；(b) 主入口处的一行

【解】

根据工程量清单计算规则规定，栽植绿篱的工程量按设计图示以长度计算，则有：

栽植绿篱工程量 $L=10.55+8.55=19.1$m

【例 2-18】 某公园局部绿地，包含垂柳 6 株，广玉兰 8 株，水生植物 142 丛，高羊茅 950.00m^2，如图 2-17 所示，计算栽植水生植物的工程量。

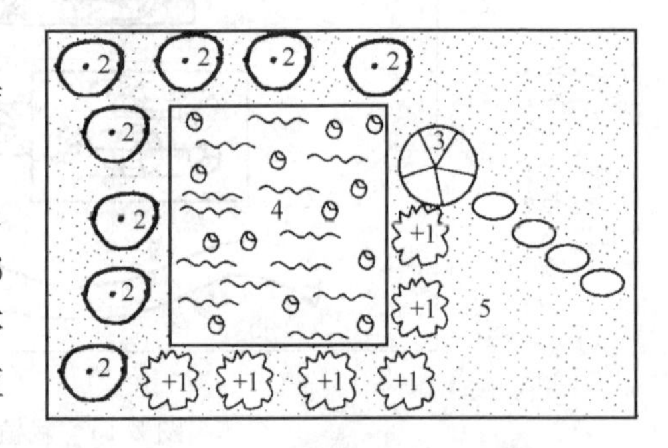

图 2-17　某绿地局部示意图

1—垂柳；2—广玉兰；3—亭子；4—水生植物；5—早熟禾

【解】

栽植水生植物的工程量＝142 丛

【例 2-19】 某城市小广场要栽植国槐 12 株，胸径 7～8cm；青扦云杉 26 株，株高 3.5m，土球直径约为 70cm。丁香 10 株，冠丛高 1.0m，紫叶小檗色带 26.5m^2，色带宽 1.0m，密度 16 株/m^2，高度 30cm，上述树木为春季种植，养护期为 1 年，原地土质不适于种植，需换土，试计算该项目的清单工程量。

【解】

国槐树的工程量＝12 株

青扦云杉的工程量＝26 株

丁香的工程量＝10 株

紫叶小檗的工程量＝26.15m^2

清单工程量计算见表 2-16。

清单工程量计算表 表 2-16

序号	项目编码	项目名称	项目特征描述	计量单位	工程量
1	050102001001	栽植乔木	1. 国槐，胸径 7～8cm 2. 养护期 1 年	株	12
2	050102001002	栽植乔木	1. 青扦云杉，株高 3.5m 2. 土球直径约为 70cm 3. 养护期 1 年	株	26
3	050102002001	栽植灌木	1. 丁香，冠丛高 1.0m 2. 养护期 1 年	株	10
4	050102007001	栽植色带	1. 紫色小檗株高 30cm 2. 密度 16 株/m^2 3. 养护期 1 年	m^2	26.5

【例 2-20】 如图 2-18 所示为某局部绿化示意图，共有 4 个入口，有 4 个一样大小的模纹花坛，试计算铺种草皮清单工程量、模纹种植清单工程量（养护期为两年）。

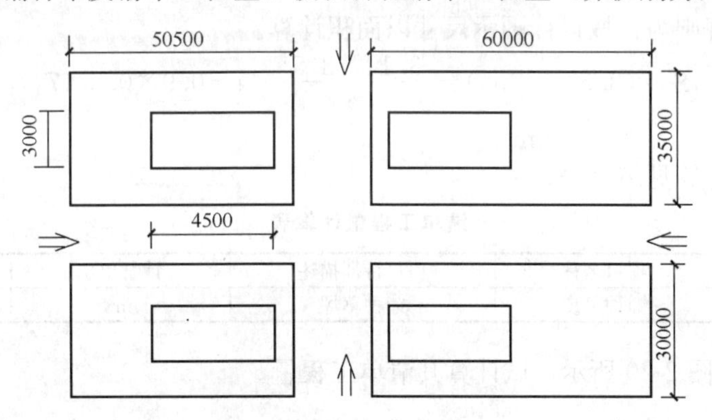

图 2-18 某局部绿化示意图（单位：mm）

【解】

按设计图示尺寸以面积计算工程量：

（1）铺种草皮清单工程量

$$S=50.5\times35+60\times35+60\times30+50.5\times30-4.5\times3\times4=7128.5\text{m}^2$$

（2）模纹种植清单工程量

$$S=4.5\times3\times4=54.00\text{m}^2$$

清单工程量计算见表 2-17。

清单工程量计算表 表 2-17

项目编码	项目名称	项目特征描述	计量单位	工程量
050102012001	铺种草皮	养护两年	m^2	7128.5
050102013001	喷播植草	养护两年	m^2	54.00

【例 2-21】 如图 2-19 所示为某公司局部绿化示意图，整体为草地及踏步，踏步厚度为 110mm，灰土厚度为 250mm，其他尺寸见图中标注，试计算铺植的草坪工程量。

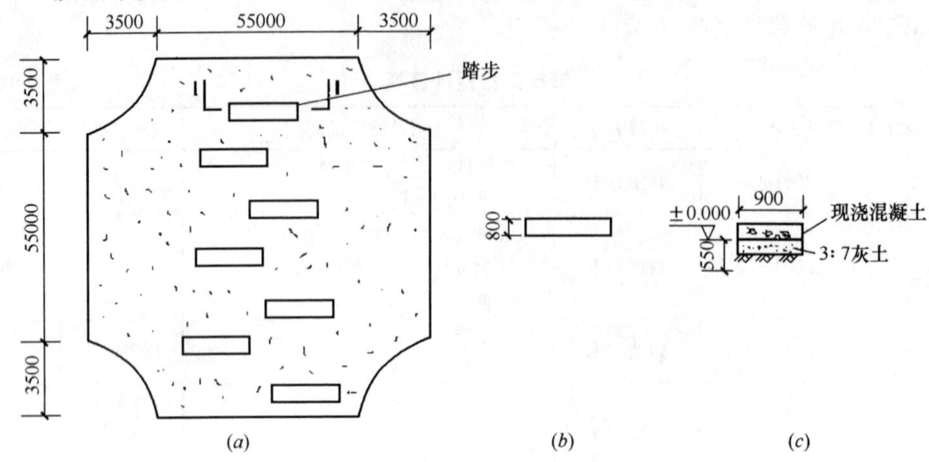

图 2-19 某公园局部绿化示意图

(a) 平面图；(b) 踏步平面图；(c) 1-1 剖面图

【解】

工程量计算规则为：按设计图示尺寸以面积计算。

$$S=(3.5\times2+55)^2-\frac{3.14\times3.5^2}{4}\times4-0.9\times0.8\times7$$

$$=3800.50\text{m}^2$$

清单工程量计算见表 2-18。

清单工程量计算表 **表 2-18**

项目编码	项目名称	项目特征描述	计量单位	工程量
050102012001	铺种草皮	铺种草坪	m^2	3800.50

【例 2-22】 如图 2-20 所示，试计算其清单工程量。

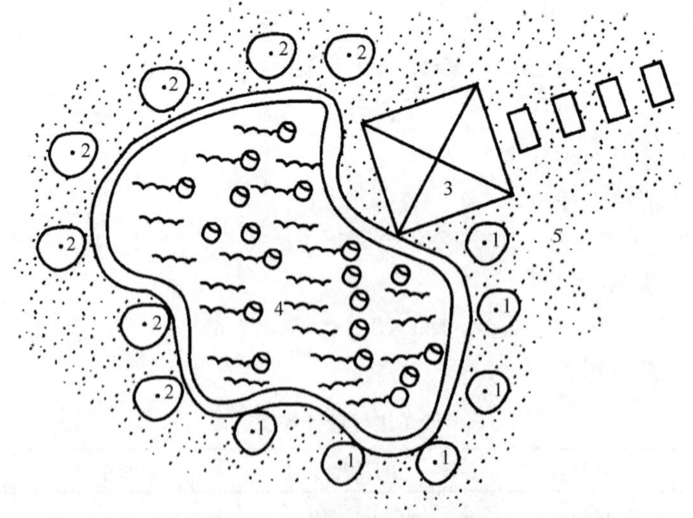

图 2-20 某绿地局部示意图

1—合欢；2—广玉兰；3—亭子；4—永生植物；5—商羊茅

注：合欢 6 株；广玉兰 7 株；水生植物 120 丛；高羊茅 1050m²

【解】

(1) 栽植乔木

合欢：6 株（按设计图示数量计算）。

广玉兰：7 株（按设计图示数量计算）。

(2) 栽植水生植物

水生植物：120 丛（按设计图示数量计算，养护 3 年）。

(3) 铺种草皮

高羊茅：1050m²（按设计图示尺寸以面积计算）。

清单工程量计算见表 2-19。

清单工程量计算表 表 2-19

序号	项目编码	项目名称	项目特征描述	计量单位	工程量
1	050102001001	栽植乔木	合欢	株	6
2	050102001002	栽植乔木	广玉兰	株	7
3	050102009001	栽植水生植物	养护 3 年	丛	120
4	050102012001	铺种草皮	高羊茅	m^2	1050

【例 2-23】如图 2-21 所示，攀缘植物紫藤，共 6 株，试计算其清单工程量。

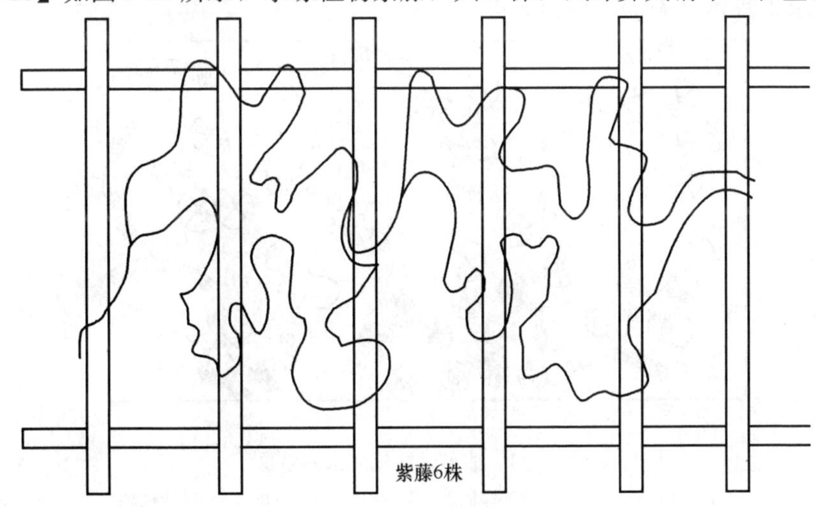

图 2-21 攀缘植物

【解】

工程量计算规则：以株计算，按设计图示数量计算。

栽植攀缘植物工程量=6 株

清单工程量计算见表 2-20。

清单工程量计算表 表 2-20

项目编码	项目名称	项目特征描述	计量单位	工程量
050102006001	栽植攀缘植物	紫藤	株	6

【例 2-24】某绿化带建双行绿篱，如图 2-22 所示，试计算其清单工程量。

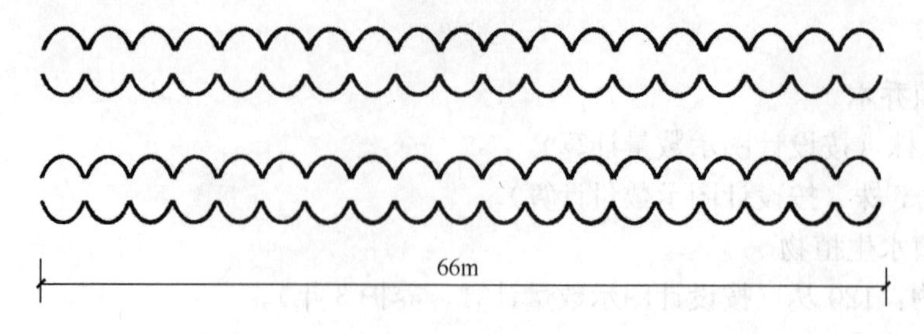

图 2-22　绿篱

【解】

工程量计算规则：按设计图示以长度或面积计算。

双行绿篱工程量＝66×2＝132m

清单工程量计算见表 2-21。

清单工程量计算表　　**表 2-21**

项目编码	项目名称	项目特征描述	计量单位	工程量
050102005001	栽植绿篱	双行绿篱	m	132

【例 2-25】 如图 2-23 所示为某小区绿化局部示意图，以栽植花木为主，各种花木已在图中标出，求工程量（养护期均为 3 年）。

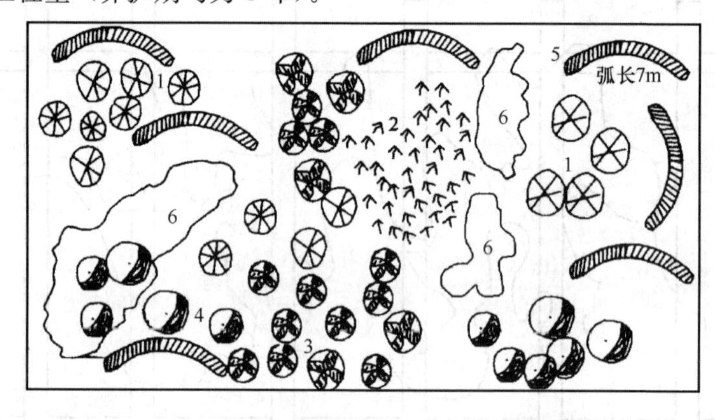

图 2-23　某小区绿化局部示意图

1—乔木；2—竹类；3—棕榈类；4—灌木；5—绿篱；6—攀缘植物

注：攀缘植物约 150 株

【解】

（1）栽植乔木 15 株。

（2）栽植竹类 1 丛。

（3）栽植棕榈类 17 株。

（4）栽植灌木 11 株。

（5）栽植绿篱 $7\times7=49m^2$。

（6）栽植攀缘植物 150 株。

清单工程量计算见表 2-22。

清单工程量计算表 表 2-22

序号	项目编码	项目名称	项目特征描述	计量单位	工程量
1	050102001001	栽植乔木	养护期3年	株	15
2	050102003001	栽植竹类	养护期3年	丛	1
3	050102004001	栽植棕榈类	养护期3年	株	17
4	050102002001	栽植灌木	养护期3年	株	11
5	050102005001	栽植绿篱	7行，养护3年	m	49
6	050102006001	栽植攀缘植物	养护3年	株	150

【例 2-26】某园林种植绿地示意图如图 2-24 所示，已知人工整理绿地面积为 2400m²，试计算其栽植花木工程量。

【解】

(1) 栽植乔木

法国梧桐＝5 株

香樟＝5 株

广玉兰＝5 株

合欢＝2 株

水杉＝5 株

龙爪槐＝6 株

(2) 栽植灌木

碧桃＝4 株

樱花＝4 株

红枫＝3 株

(3) 栽植棕榈类

棕榈＝4 株

清单工程量计算见表 2-23。

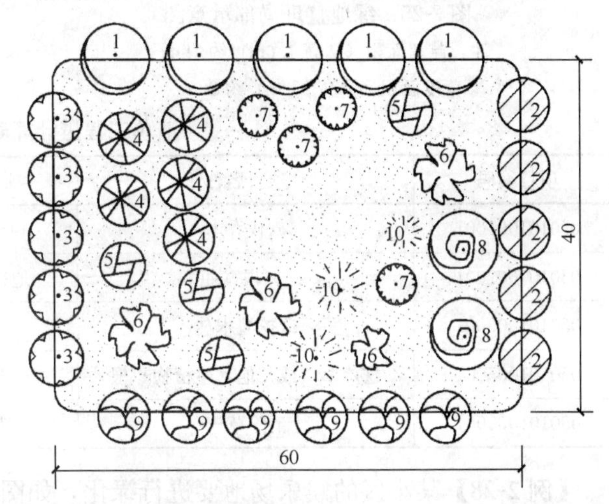

图 2-24 某园林种植绿地示意图（单位：m）

1—法国梧桐；2—香樟；3—广玉兰；4—水杉；5—碧桃；6—棕榈；7—樱花；8—合欢；9—龙爪槐；10—红枫

清单工程量计算表 表 2-23

序号	项目编码	项目名称	项目特征描述	计量单位	工程量
1	050102001001	栽植乔木	法国梧桐	株	5
2	050102001002	栽植乔木	香樟	株	5
3	050102001003	栽植乔木	广玉兰	株	5
4	050102001004	栽植乔木	合欢	株	2
5	050102001005	栽植乔木	水杉	株	5
6	050102001006	栽植乔木	龙爪槐	株	6
7	050102002001	栽植灌木	碧桃	株	4
8	050102002002	栽植灌木	樱花	株	4
9	050102002003	栽植灌木	红枫	株	3
10	050102004001	栽植棕榈类	棕榈	株	4

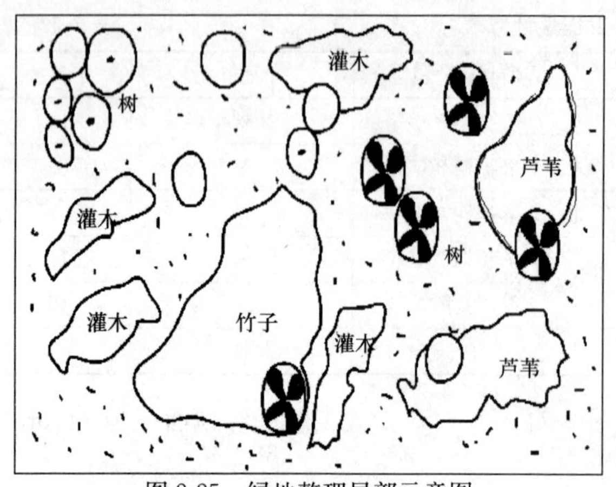

图 2-25　绿地整理局部示意图

注：芦苇面积（丛高 1.6m）约 $18m^2$，

草皮面积（丛高 25cm）约 $80m^2$

【例 2-27】 如图 2-25 所示为绿地整理的一部分，包括树、树根、灌木丛、竹根、芦苇根、草皮的清理，其中乔木 15 株（树干胸径 10cm），灌木丛 4 株（丛高 1.5m），试计算清单工程量。

【解】

砍伐乔木工程量＝15 株

挖树根工程量＝15 株

砍挖灌木丛工程量＝4 株

挖芦苇根工程量＝$18.00m^2$

清除草皮工程量＝$90.00m^2$

清单工程量计算见表 2-24。

清单工程量计算表　　**表 2-24**

项目编码	项目名称	项目特征描述	计量单位	工程量
050101001001	砍伐乔木	树干胸径 10cm	株	15
050101002001	挖树根（蔸）	地径 10cm 以内	株	15
050101003001	砍挖灌木丛	丛高 1.5m	株	4
050101005001	挖芦苇（或其他水生植物）根	丛高 1.6m	m^2	18.00
050101005001	清除草皮	丛高 25cm	m^2	80.00

【例 2-28】 某小区的娱乐场地要进行绿化，如图 2-26 所示为局部绿化带，其中月季按估算数量，约为 195 株，总占地面积为 $38m^2$；鸢尾按估算数量，约为 185 株，总占地面积为 $36m^2$；红花酢浆草按估算数量，约为 $8200.00m^2$。试计算其清单工程量。

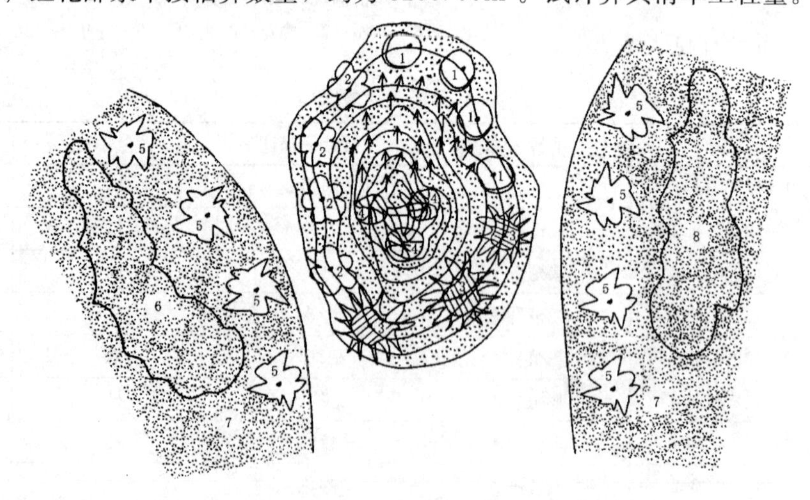

图 2-26　局部绿化带

1—银杏；2—广玉兰；3—雪松；4—紫叶李；5—蒲葵；6—月季；7—红花酢浆草；8—鸢尾

【解】

(1) 栽植灌木

工程量计算规则：按设计图示数量计算。

紫叶李：3 株

雪松：3 株

(2) 栽植棕榈类

工程量计算规则：按设计图示数量计算。

蒲葵：8 株

(3) 栽植花卉

工程量计算规则：以株（丛、缸）计量，按设计图示数量计算。

月季：195 株

鸢尾：185 株

(4) 喷播植草（灌木）籽

工程量计算规则：按设计图示尺寸以绿化投影面积计算。

红花酢浆草：8200.00m^2

清单工程量计算见表 2-25。

清单工程量计算表　　表 2-25

序号	项目编码	项目名称	项目特征描述	计量单位	工程量
1	050102002001	栽植灌木	紫叶李	株	3
2	050102002002	栽植灌木	雪松	株	3
3	050102004001	栽植棕榈类	蒲葵	株	8
4	050102008001	栽植花卉	月季	株	195
5	050102008002	栽植花卉	鸢尾	株	185
6	050102013001	喷播植草（灌木）籽	红花酢浆草	m^2	8200.00

【例 2-29】 如图 2-27 所示为一个局部绿化示意图，共有 6 种植物，在图中已有所标注，其中绿篱共有 4 排，弧长见图中标记，宽度均为 350mm，试计算绿化清单工程量（三类土）。

【解】

(1) 园槐

园槐工程量＝54 株

(2) 迎春

迎春工程量＝50 株（按 0.5m^2株计算）

(3) 竹子

竹子工程量＝68 株（按 0.5m^2株计算，竹子胸径 10cm）

(4) 绿篱

绿篱工程量＝0.35×（12＋14＋8＋6）＝14m^2

(5) 白玉兰

白玉兰工程量＝4 株

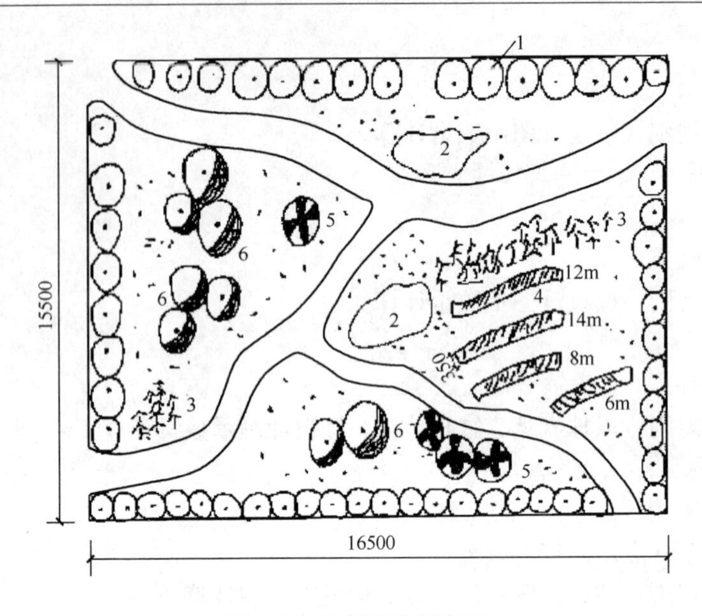

图 2-27 局部绿化示意图

1—国槐；2—迎春（约 25m²）；3—竹子（约 34m²）；4—绿篱；5—白玉兰；6—黄杨球

（6）黄杨球

黄杨球工程量＝8 株

（7）整理绿地

整理绿地工程量＝16.5×15.5＝255.75m²

清单工程计算见表 2-26。

清单工程量计算表 **表 2-26**

序号	项目编码	项目名称	项目特征描述	计量单位	工程量
1	050102001001	栽植乔木	国槐	株	54
2	050102002001	栽植灌木	迎春	株	50
3	050102003001	栽植竹类	胸径 10cm	株	68
4	050102005001	栽植绿篱	4 排	m²	14
5	050102008001	栽植花卉	白玉兰	株	4
6	050102002002	栽植灌木	黄杨球	株	8
7	050101010001	整理绿化用地	三类土	m²	255.75

【例 2-30】某公园绿地共栽植广玉兰 38 株（胸径 7～8cm），旱柳 83 株（胸径 9～10cm），如图 2-28 所示。试计算工程量，并填写分部分项工程量清单与计价表和工程量清单综合单价分析表。

【解】

（1）计算清单工程量

广玉兰（胸径 7～8cm）工程量＝38 珠

旱柳（胸径 9～10cm）工程量＝83 株

（2）编制分部分项工程和单价措施项目清单与计价表

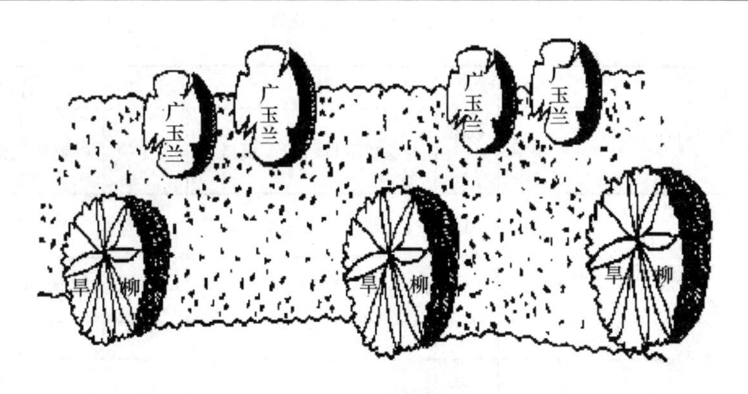

图 2-28　种植示意图

分部分项工程和单价措施项目清单与计价表见表 2-27。

分部分项工程和单价措施项目清单与计价表　　表 2-27

工程名称：公园绿地　　标段　　第　页　共　页

序号	项目编码	项目名称	项目特征描述	计量单位	工程量	金额/元		
						综合单价	合价	其中
								暂估价
1	050102001001	栽植乔木	广玉兰，胸径 7～8cm	株	38	173.6	6596.8	
2	050102001002	栽植乔木	旱柳，胸径 9～10cm	株	83	63.93	5306.19	
本页小计							11902.99	
合计							11902.99	

（3）编制综合单价分析表

编制综合单价分析表见表 2-28、表 2-29。

综合单价分析表　　表 2-28

工程名称：公园绿地　　标段　　第　页　共　页

项目编码	050102001001	项目名称	栽植乔木	计量单位	株	工程量	38

清单综合单价组成明细

定额编号	定额名称	定额单位	数量	单价			合价			
				人工费	材料费	机械费	人工费	材料费	机械费	管理费和利润
2-3	普坚土种植，胸径 10cm 以内	株	1	14.37	5.99	0.34	14.37	5.99	0.34	8.69
3-1	普坚土掘苗，胸径 10cm 以内	株	1	8.47	0.17	0.20	8.47	0.17	0.20	3.71
3-25	场外运苗，胸径 10cm 以内	株	1	5.15	0.24	7.00	5.15	0.24	7.00	5.20

续表

定额编号	定额名称	定额单位	数量	单价			合价			
				人工费	材料费	机械费	人工费	材料费	机械费	管理费和利润
4-3	裸根乔木客土（100×70），胸径10cm以内	株	1	3.76	—	0.07	3.76	—	0.07	1.61
—	阔瓣玉兰，胸径10cm以内	株	1	—	76.50	—	—	76.50	—	32.13
人工单价		小计					31.75	82.9	7.61	51.34
25元/工日		未计价材料费/元					104.50			
清单项目综合单价/元							173.6			
材料费明细	主要材料名称、规格、型号				单位	数量	单价/元	合价/元	暂估单价/元	暂估合价/元
	土				m^3	20.9	5.00	104.50	—	—
	其他材料费						—	—	—	—
	材料费小计						—	104.50	—	—

注：管理费费率采用34%，利润率采用8%。

综合单价分析表 **表2-29**

项目编码	050102001002	项目名称	栽植乔木	计量单位	株	工程量	83

清单综合单价组成明细

定额编号	定额名称	定额单位	数量	单价			合价			
				人工费	材料费	机械费	人工费	材料费	机械费	管理费和利润
2-3	普坚土种植，胸径10cm以内	株	1	14.37	5.99	0.34				
3-1	普坚土掘苗，胸径10cm以内	株	1	8.47	0.17	0.20				
3-25	场外运苗，胸径10cm以内	株	1	5.15	0.24	7.00	5.15	0.24	7.00	5.20
4-3	裸根乔木客土（100×70），胸径10cm以内	株	1	3.76	—	0.07	3.76	—	0.07	1.61
—	旱柳，胸径9～10cm以内	株	1	—	28.80	—	—	28.80	—	12.10
人工单价		小计					8.91	29.04	7.07	18.91
25元/工日		未计价材料费/元					228.25			
清单项目综合单价/元							63.93			
材料费明细	主要材料名称、规格、型号				单位	数量	单价/元	合价/元	暂估单价/元	暂估合价/元
	土				m^3	45.65	5.00	228.25	—	—
	其他材料费						—	—	—	—
	材料费小计						—	228.25	—	—

注：管理费费率采用34%，利润率采用8%。

【例 2-31】 某公园绿化工程需要安装喷灌设施，按照设计要求，需要从供水管接出 *DN*40 分管，其长度为 46m，从分管至喷头有 4 根 *DN*25 的支管，长度共计为 68m，喷头采用旋转喷头 *DN*50 共 14 个分管、支管全部采用 UPVC 塑料管，试计算其工程量。

【解】

（1）*DN*40 管道

工程量＝46m

（2）*DN*25 管道

工程量＝68m

（3）*DN*50 旋转喷头

工程量＝10 个

清单工程量计算见表 2-30。

清单工程量计算表　　　　**表 2-30**

序号	项目编码	项目名称	项目特征描述	计量单位	工程量
1	050103001001	喷灌管线安装	*DN*40，UPVC 塑料管	m	46
2	050103001002	喷灌管线安装	*DN*25，UPVC 塑料管	m	68
3	050103002001	喷灌配件安装	*DN*50，旋转喷头	个	14

【例 2-32】 如图 2-29 所示为某草地中喷灌的局部平面示意图，管道长为 127m，管道埋于地下 650mm 处。其中管道采用镀锌钢管，公称直径为 90mm，阀门为低压塑料丝扣阀门，水表采用螺纹连接，为换向摇臂喷头，微喷，管道刷红丹防锈漆两遍，试计算喷灌管线安装的清单工程量。

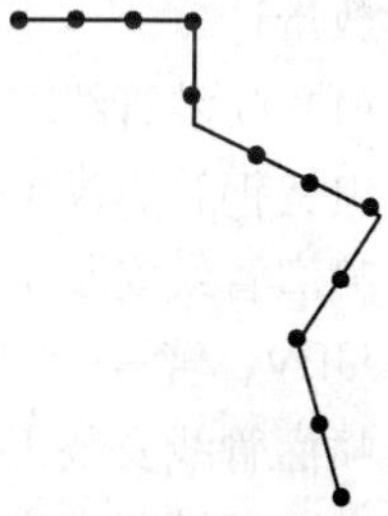

图 2-29　喷泉局部平面示意图

【解】

根据工程量计算规则可知，喷灌管线安装的清单工程量按设计图示管道中心线长度以延长米计算，不扣除检查（阀门）井、阀门、管件及附件所占的长度：

喷灌管线安装工程量 L＝127m；

喷灌配件安装工程量＝12 个。

清单工程量计算见表 2-31。

清单工程量计算表　　　　**表 2-31**

项目编码	项目名称	项目特征描述	计量单位	工程量
050103001001	喷灌管线安装	管道长为 127m，管道埋于地下 650mm 处	m	127
050103002001	喷灌配件安装	镀锌钢管，公称直径 90mm，阀门为低压塑料丝扣阀门，管道刷红丹防锈漆两遍	个	12

【例 2-33】 如图 2-30 所示为某绿地喷灌设施图，主管道为镀锌钢管 *DN*40，承压力为 1MPa，管口直径为 26mm；分支管道为 UPVC 管，承压力为 0.5MPa，管口直径为 20mm，管道上装有低压螺纹阀门，直径为 28mm。主管道每条长 65.5m，分支管道每条长 26m，管道口装有喇叭口喷头，试计算其清单工程量。

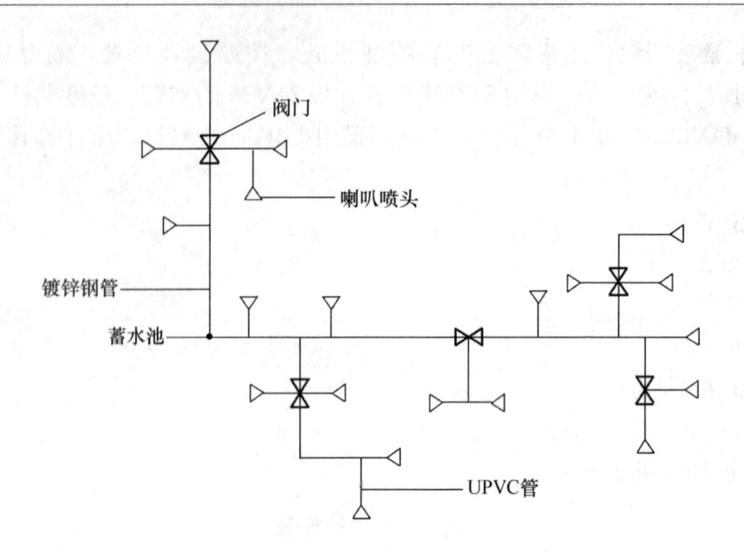

图 2-30 喷灌设施图

【解】

工程量计算规则：喷灌管线安装的清单工程量按设计图示管道中心线长度以延长米计算，不扣除检查（阀门）井、阀门、管件及附件所占的长度；喷灌配件安装工程量按设计图示数量计算。

（1）喷灌管线安装工程量

镀锌钢管 *DN*40——2 根（每根承压力为 1MPa，每根长 65.5m，管口直径为 26mm）

喷灌管线安装工程量＝65.5×2＝131m

UPVC 管——20 根（每根长 26m，管口直径为 20mm，每根承压力为 0.5MPa）

喷灌管线安装工程量＝25×20＝520m

（2）喷灌配件安装工程量

螺纹阀门——5 个

喷灌配件安装工程量＝5 个

喇叭喷头——20 个

喷灌配件安装工程量＝20 个

清单工程量计算见表 2-32。

清单工程量计算表 **表 2-32**

项目编号	项目名称	项目特征描述	计算单位	工程量
050103001001	喷灌管线安装	主管道镀锌钢管 *DN*40 低压螺纹阀门	m	131
050103001002	喷灌管线安装	分支管道 UPVC 管，每根长 26cm	m	520
050103002001	喷灌配件安装	螺纹阀门	个	5
050103002002	喷灌配件安装	喇叭口喷头	个	20

说明：（1）喷灌设施安装时，尽可能避免用铸铁管道，因为铸铁遇水容易生锈，污染水源。

（2）喷头的安装要顾及绿地的每个角落，避免出现喷水不均的现象。

（3）安装阀门时要遵循方便使用的原则，操作方便可节省人力、物力。

【例 2-34】某绿地地面下埋有喷灌设施，采用镀锌钢管，阀门为低压丝扣阀门，水表采用法兰连接（带弯通管及止回阀），喷头埋藏旋转散射，管道刷红丹防锈漆两道，管道长度 $L=84$m，厚度为 150mm。喷灌管道系统如图 2-31 所示，试计算清单工程量。

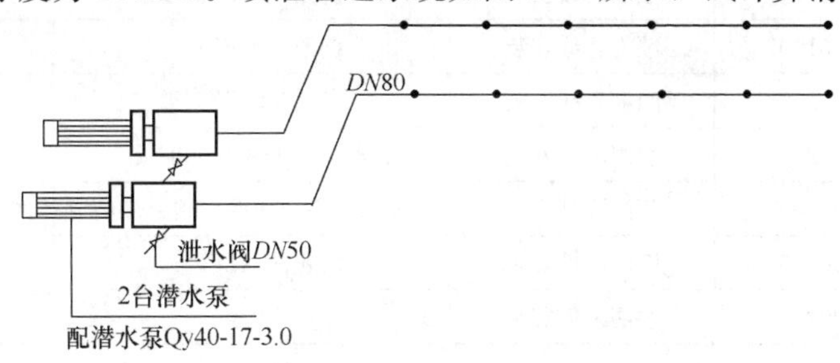

图 2-31 喷灌管道系统图

【解】

工程量计算规则：喷灌管线安装的清单工程量按设计图示管道中心线长度以延长米计算，不扣除检查（阀门）井、阀门、管件及附件所占的长度；喷灌配件安装工程量按设计图示数量计算。

管道 $L=84$m；阀门为 2 个；喷头为 12 个。

清单工程量计算见表 2-33。

清单工程量计算表 表 2-33

序号	项目编码	项目名称	项目特征描述	计量单位	工程量
1	050103001001	喷灌管线安装	采用镀锌钢管，管道刷红丹防锈漆两道	m	84
2	050103002001	喷灌配件安装	阀门为低压丝扣阀门	个	2
3	050103002002	喷灌配件安装	水表用法兰连接喷头埋藏旋转散射	个	12

【例 2-35】给水阀门井接出管线，如图 2-32 所示。主管线挖土深度 1m，支管线挖土深度 0.6m，二类土。主管直径 75UPVC 管长 106.5m，直径 40UPVC 管长 132.8m；支管直径 32UPVC 管长 526.4m。美国雨鸟喷头 5004 型 54 个，美国雨鸟快速取水阀 P33 型 10 个。截止阀（DN75）2 个。水表 1 组。试计算喷灌工程量。

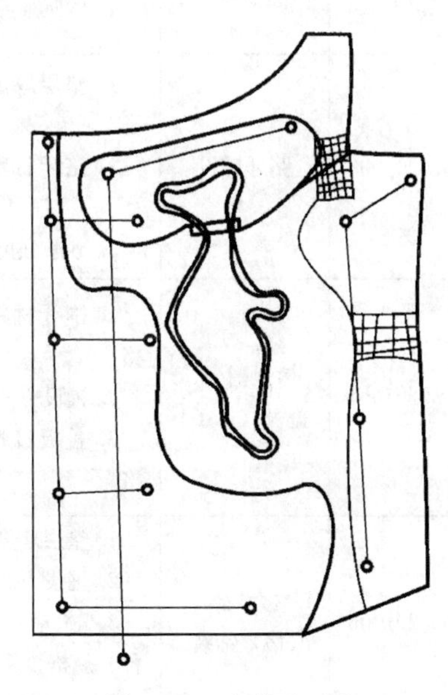

图 2-32 喷灌平面图

【解】

直径 75UPVC 管工程量：106.5m

直径 40UPVC 管工程量：132.8m

美国雨鸟喷头 5004 型工程量：54 个

美国雨鸟快速取水阀 P33 型工程量：10 个

水表工程量：1 组

截止阀（DN75）工程量：2 个。

清单工程量计算见表 2-34。

清单工程量计算表　　　　表 2-34

序号	项目编码	项目名称	项目特征描述	计量单位	工程量
1	050103001001	喷灌管线安装	直径 75UPVC 管	m	106.5
2	050103001002	喷灌管线安装	直径 40UPVC 管	m	132.8
3	050103001003	喷灌管线安装	直径 32UPVC 管	m	526.4
4	050103002001	喷灌配件安装	美国雨鸟喷头 5004 型	个	54
5	050103002002	喷灌配件安装	美国雨鸟快速取水阀 P33 型	个	10
6	050103002003	喷灌配件安装	截止阀（*DN*75）	个	2
7	050103002004	喷灌配件安装	水表	组	1

2.2 园路、园桥工程清单工程量计算及实例

2.2.1 工程量清单计价规则

1. 园路、园桥工程

园路、园桥工程工程量清单项目设置及工程量计算规则见表 2-35。

园路、园桥工程（编码：050201）　　　　表 2-35

项目编码	项目名称	项目特征	计量单位	工程量计算规则	工程内容
050201001	园路	1. 路床土石类别 2. 垫层厚度、宽度、材料种类 3. 路面厚度、宽度、材料种类 4. 砂浆强度等级	m²	按设计图示尺寸以面积计算，不包括路牙	1. 路基、路床整理 2. 垫层铺筑 3. 路面铺筑 4. 路面养护
050201002	踏（蹬）道			按设计图示尺寸以水平投影面积计算，不包括路牙	
050201003	路牙铺设	1. 垫层厚度、材料种类 2. 路牙材料种类、规格 3. 砂浆强度等级	m	按设计图示尺寸以长度计算	1. 基层清理 2. 垫层铺设 3. 路牙铺设
050201004	树池围牙、盖板（箅子）	1. 围牙材料种类、规格 2. 铺设方式 3. 盖板材料种类、规格	1. m 2. 套	1. 以米计量，按设计图示尺寸以长度计算 2. 以套计量，按设计图示数量计算	1. 清理基层 2. 围牙、盖板运输 3. 围牙、盖板铺设
050201005	嵌草砖（格）铺装	1. 垫层厚度 2. 铺设方式 3. 嵌草砖（格）品种、规格、颜色 4. 漏空部分填土要求	m²	按设计图示尺寸以面积计算	1. 原土夯实 2. 垫层铺设 3. 铺砖 4. 填土

续表

项目编码	项目名称	项目特征	计量单位	工程量计算规则	工程内容
050201006	桥基础	1. 基础类型 2. 垫层及基础材料种类、规格 3. 砂浆强度等级	m^3	按设计图示尺寸以体积计算	1. 垫层铺筑 2. 起重架搭、拆 3. 基础砌筑 4. 砌石
050201007	石桥墩、石桥台	1. 石料种类、规格 2. 勾缝要求 3. 砂浆强度等级、配合比			1. 石料加工 2. 起重架搭、拆 3. 墩、台、券石、券脸砌筑 4. 勾缝
050201008	拱券石	1. 石料种类、规格 2. 券脸雕刻要求 3. 勾缝要求 4. 砂浆强度等级、配合比			
050201009	石券脸		m^2	按设计图示尺寸以面积计算	
050201010	金刚墙砌筑		m^3	按设计图示尺寸以体积计算	1. 石料加工 2. 起重架搭、拆 3. 砌石 4. 填土夯实
050201011	石桥面铺筑	1. 石料种类、规格 2. 找平层厚度、材料种类 3. 勾缝要求 4. 混凝土强度等级 5. 砂浆强度等级	m^2	按设计图示尺寸以面积计算	1. 石材加工 2. 抹找平层 3. 起重架搭、拆 4. 桥面、桥面踏步铺设 5. 勾缝
050201012	石桥面檐板	1. 石料种类、规格 2. 勾缝要求 3. 砂浆强度等级、配合比			1. 石材加工 2. 檐板铺设 3. 铁锔、银锭安装 4. 勾缝
050201013	石汀步（步石、飞石）	1. 石料种类、规格 2. 砂浆强度等级、配合比	m^3	按设计图示尺寸以体积计算	1. 基层整理 2. 石材加工 3. 砂浆调运 4. 砌石
050201014	木制步桥	1. 桥宽度 2. 桥长度 3. 木材种类 4. 各部位截面长度 5. 防护材料种类	m^2	按桥面板设计图示尺寸以面积计算	1. 木桩加工 2. 打木桩基础 3. 木梁、木桥板、木桥栏杆、木扶手制作、安装 4. 连接铁件、螺栓安装 5. 刷防护材料
050201015	栈道	1. 栈道宽度 2. 支架材料种类 3. 面层木材种类 4. 防护材料种类		按栈道面板设计图示尺寸以面积计算	1. 凿洞 2. 安装支架 3. 铺设面板 4. 刷防护材料

2. 驳岸、护岸

驳岸、护岸工程量清单项目设置及工程量计算规则见表 2-36。

驳岸、护岸（编码：050202） **表 2-36**

项目编码	项目名称	项目特征	计量单位	工程量计算规则	工程内容
050202001	石（卵石）砌驳岸	1. 石料种类、规格 2. 驳岸截面、长度 3. 勾缝要求 4. 砂浆强度等级、配合比	1. m^3 2. t	1. 以立方米计量，按设计图示尺寸以体积计算 2. 以吨计量，按质量计算	1. 石料加工 2. 砌石（卵石） 3. 勾缝
050202002	原木桩驳岸	1. 木材种类 2. 桩直径 3. 桩单根长度 4. 防护材料种类	1. m 2. 根	1. 以米计量，按设计图示桩长（包括桩尖）计算 2. 以根计量，按设计图示数量计算	1. 木桩加工 2. 打木桩 3. 刷防护材料
050202003	满（散）铺砂卵石护岸（自然护岸）	1. 护岸平均宽度 2. 粗细砂比例 3. 卵石粒径	1. m^2 2. t	1. 以平方米计量，按设计图示尺寸以护岸展开面积计算 2. 以吨计量，按卵石使用质量计算	1. 修边坡 2. 铺卵石、点布大卵石
050202004	点（散）布大卵石	1. 大卵石粒径 2. 数量	1. 块(个) 2. t	1. 以块（个）计量，按设计图数量计算 2. 以吨计算，按卵石使用质量计算	1. 布石 2. 安砌 3. 成型
050202005	框格花木护坡	1. 展开宽度 2. 护坡材质 3. 框格种类与规格	m^2	按设计图示平均护岸宽度乘以护岸长度以面积计算	1. 修边坡 2. 安放框格

2.2.2 清单相关问题及说明

1. 园路、园桥工程

（1）园路、园桥工程的挖土方、开凿石方、回填等应按现行国家标准《市政工程工程量计算规范》GB 50857—2013 相关项目编码列项。

（2）如遇某些构配件使用钢筋混凝土或金属构件时，应按现行国家标准《房屋建筑与装饰工程工程量计算规范》GB 50854—2013 或《市政工程工程量计算规范》GB 50857—2013 相关项目编码列项。

（3）地伏石、石望柱、石栏杆、石栏板、扶手、撑鼓等应按现行国家标准《仿古建筑工程工程量计算规范》GB 50855—2013 相关项目编码列项。

（4）亲水（小）码头各分部分项项目按照园桥相应项目编码列项。

(5) 台阶项目按现行国家标准《房屋建筑与装饰工程工程量计算规范》GB 50854—2013 相关项目编码列项。

(6) 混合类构件园桥按现行国家标准《房屋建筑与装饰工程工程量计算规范》GB 50854—2013 或《通用安装工程工程量计算规范》GB 50856—2013 相关项目编码列项。

2. 驳岸、护岸

(1) 驳岸工程的挖土方、开凿石方、回填等应按现行国家标准《房屋建筑与装饰工程工程量计算规范》GB 50854—2013 相关项目编码列项。

(2) 木桩钎（梅花桩）按原木桩驳岸项目单独编码列项。

(3) 钢筋混凝土仿木桩驳岸，其钢筋混凝土及表面装饰按现行国家标准《房屋建筑与装饰工程工程量计算规范》GB 50854—2013 相关项目编码列项，若表面“塑松皮”按国家标准《园林绿化工程工程量计算规范》附录 C 园林景观工程相关项目编码列项。

(4) 框格花木护坡的铺草皮、撒草籽等应按国家标准《园林绿化工程工程量计算规范》附录 A 绿化工程相关项目编码列项。

2.2.3 工程量清单计价实例

【例 2-36】某工程需要铺装黑白点花岗岩板路面（园路），面积为 206.45m²，设计技术要求为：平整场地后铺设 150mm 厚 3∶7 灰土及 50mmC15 素混凝土垫层，宽度同面层；然后，铺 300mm 厚 1∶2.5 水泥砂浆；最后，铺设 600mm×400mm×30mm 黑白点花岗石，表面烧毛。试计算园路的清单工程量。

【解】

依据工程量计算规则，该清单项目数量为 206.45m²。

清单工程量计算见表 2-37。

清单工程量计算表 **表 2-37**

项目编码	项目名称	项目特征描述	计量单位	工程量
050201001001	园路	1. 铺设 150mm 厚 3∶7 灰土及 50mmC15 素混凝土垫层 2. 300mm 厚 1∶2.5 水泥砂浆找平层 3. 600mm×400mm×30mm 黑白点石岗石 4. 花岗石表面烧毛	m²	206.45

【例 2-37】某小游园休闲圆形小广场，图案拼花，半径为 5.32m，广场面积为 69m²，面层分别为彩色卵石，面积 18.5m²，广场砖拼花面积为 64.2m²，规格 100mm×100mm，结构层为素土夯实，250mm 厚级配砂砾，C15 混凝土垫层（砾石）150mm 厚，30mm 厚 1∶3 水泥砂浆，卵石（广场砖）面层，边石为花岗石，规格 20cm×18cm×60cm，边石垫层为 50mm 厚 C20 混凝土，试计算该项目的清单工程量。

【解】

挖土方：(5.32+0.2)×(5.32+0.2)×3.14×(0.25+0.15+0.03)=41.14m³

彩色卵石园路面积：18.5m²

广场砖拼花面积：64.2m²

清单工程量计算见表 2-38。

清单工程量计算表 表 2-38

序号	项目编码	项目名称	项目特征描述	计量单位	工程量
1	040101001001	挖一般土方	1. 土壤类别：二类土 2. 平均深度：0.45m 3. 土方运距：20m	m^2	41.14
2	050201001001	园路	1. 素土夯实，级配砂砾 250mm 厚 2. C15 混凝土 150mm 厚 3. 30mm 厚 1∶3 水泥砂浆 4. 卵石面层，彩色机制卵石	m^2	18.5
3	050201001002	园路	1. 素土夯实，级配砂砾 250mm 厚 2. C15 混凝土 150mm 厚 3. 30mm 厚 1∶3 水泥砂浆 4. 广场砖面层（拼花）规格 100mm×100mm	m^2	64.2

【例 2-38】 有一段园路，尺寸为 25m×4m，3∶7 灰土垫层 200mm 厚，C15 豆石。麻面混凝土路面 15cm 厚。试计算清单工程量。

【解】

（1）园路

工程量＝25×4＝100m^2

（2）垫层

工程量＝100×0.2＝20m^3

清单工程量计算见表 2-39。

清单工程量计算表 表 2-39

序号	项目编码	项目名称	项目特征描述	计量单位	工程量
1	050201001001	园路	C15 豆石麻面混凝土路面 15cm 厚	m^2	100
2	010404001001	垫层	3∶7 灰土垫层 200cm 厚	m^3	20

【例 2-39】 如图 2-33 所示为某个小广场平面和剖面示意图，试计算其工程量。

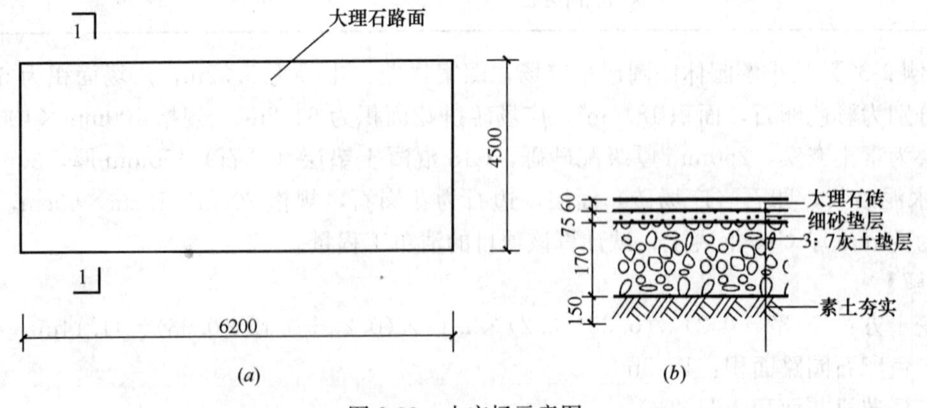

图 2-33 小广场示意图

（a）平面示意图；（b）剖面示意图

【解】

(1) 整理路面

$$S=长\times宽=62\times45=2790m^2$$

(2) 挖土方

$$V=长\times宽\times厚=62\times45\times0.245=683.55m^3$$

清单工程量计算见表 2-40。

清单工程量计算表 **表 2-40**

序号	项目编码	项目名称	项目特征描述	计量单位	工程量
1	050201001001	园路	3∶7 灰土垫层厚 170mm，细砂垫层厚 75mm，贴大理石砖面	m^2	2790
2	010101002001	挖一般土方	挖土深 0.245m	m^3	683.55

【例 2-40】 如图 2-34 所示，某一段行车道路长 208m，宽 35.2m，此道路为 25mm 厚水泥表面处理，级配碎石面层厚 90mm，碎石垫层厚 150mm 素土夯实，试计算其清单工程量。

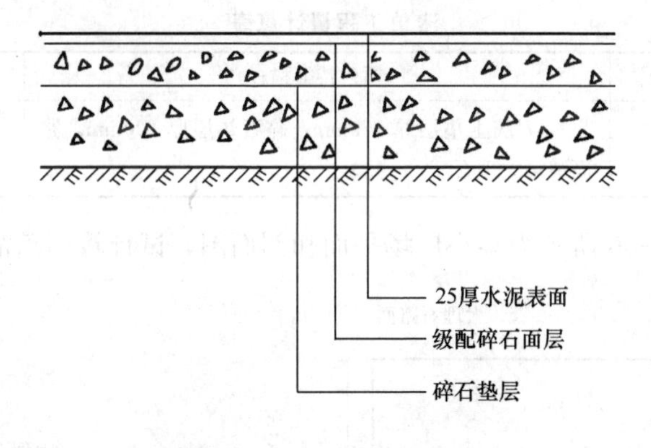

图 2-34 某行车道路剖面图

【解】

工程量计算规则：按设计图示以面积计算，不包括路牙。

$$S=长\times宽=208\times35.2=7321.6m^2$$

清单工程量计算见表 2-41。

清单工程量计算表 **表 2-41**

项目编码	项目名称	项目特征描述	计量单位	工程量
050201001001	园路	150 厚碎石垫层，级配碎面层厚 90mm，25mm 厚水泥表面处理	m^2	7321.6

【例 2-41】 如图 2-35 所示为某公园一个局部台阶，两头分别为路面，中间为四个台阶，试计算这个局部的园路清单工程量（园路不包括路牙）。

【解】

根据工程量计算规则可知，这个局部的园路清单工程量应按设计图示尺寸以面积计

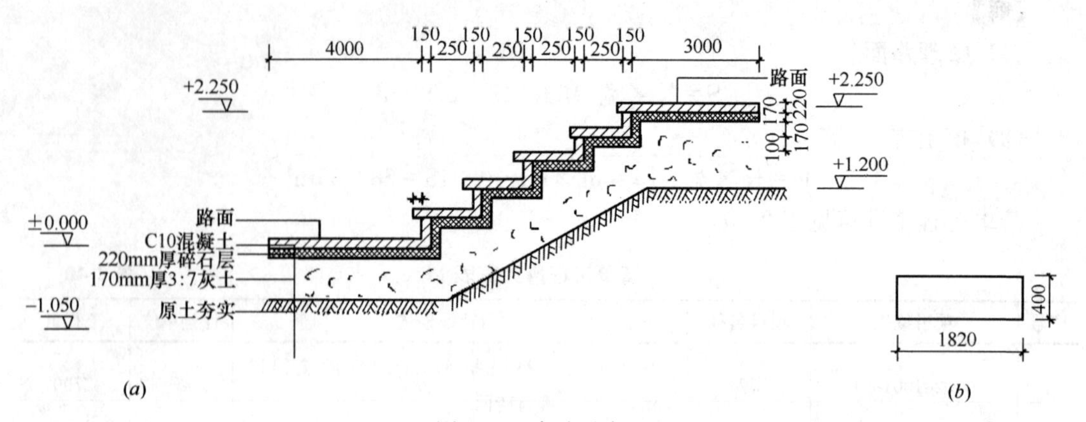

图 2-35　台阶示意图

(a) 台阶剖面图；(b) 单个台阶平面图

算，不包括路牙：

$$S=(4+0.25\times4+0.15\times5+3)\times1.82=15.93\text{m}^2$$

清单工程量计算见表 2-42。

清单工程量计算表　　表 2-42

项目编码	项目名称	项目特征描述	计量单位	工程量
050201001001	园路	3∶7 灰土垫层厚 170mm，碎石垫层厚 220mm，路面铺设大理石	m^2	15.93

【例 2-42】 如图 2-36 所示为某小广场平面和剖面图，试计算园路清单工程量。

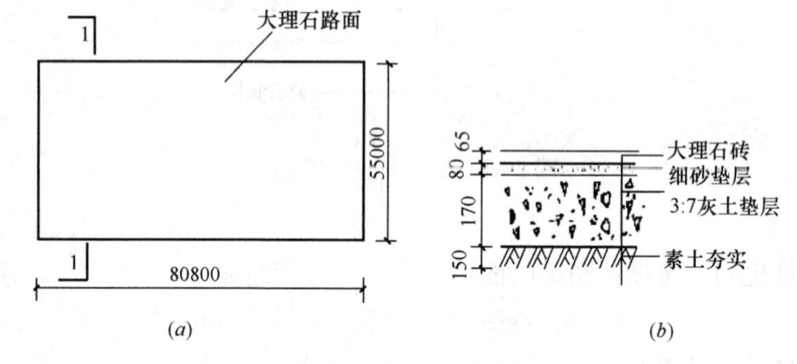

图 2-36　小广场示意图

(a) 平面图；(b) 剖面图

【解】

工程量计算规则为：按设计图示尺寸以面积计算，不包括路牙。

$$S=长\times宽=80.8\times55=4444.0\text{m}^2$$

清单工程量计算见表 2-43。

清单工程量计算表　　表 2-43

项目编码	项目名称	项目特征描述	计量单位	工程量
050201001001	园路	3∶7 灰土垫层厚 170mm，细砂垫层厚 80mm，贴大理石路面	m^2	4444.0

【例 2-43】如图 2-37 所示为某道路局部断面图，此段道路长 25.6m，道牙宽 68mm，试计算道牙清单工程量。

【解】

道牙清单工程量=25.60m

清单工程量计算见表 2-44。

清单工程量计算表 **表 2-44**

项目编码	项目名称	项目特征描述	计量单位	工程量
050201003001	路牙铺设	3∶7 灰土垫层厚 300mm	m	25.60

【例 2-44】某道路长 205m，为了使其路面与路肩在高程上起衔接作用，并能保护路面，便于排水，因此在其道路的路面两侧安置道牙，如图 2-38 所示为平道牙剖面示意图，试计算其工程量。

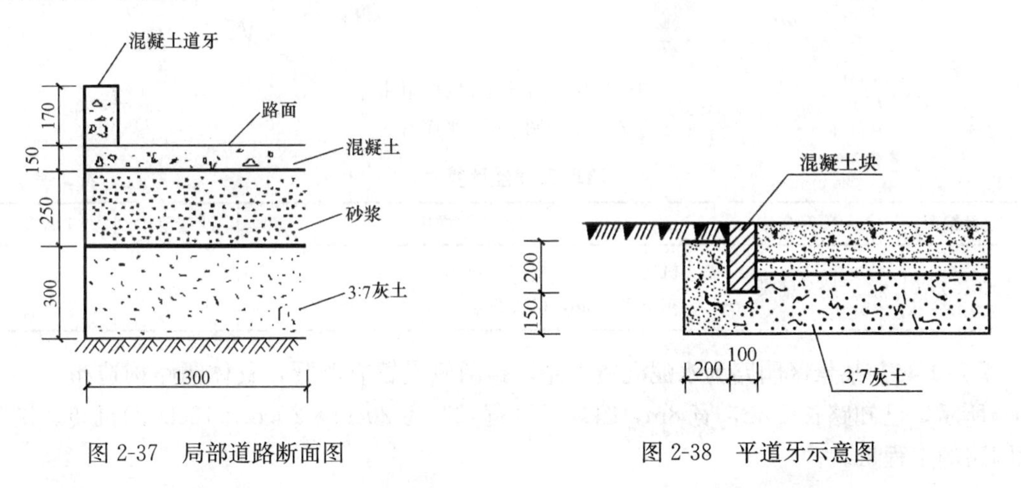

图 2-37 局部道路断面图

图 2-38 平道牙示意图

【解】

道牙：道牙的工程量计算是按设计图示尺寸以长度计算。因该道路两边均安置道牙，所以道牙的工程量为两倍的道路长，即 2×205=410m。

清单工程量计算见表 2-45。

清单工程量计算表 **表 2-45**

项目编码	项目名称	项目特征描述	计量单位	工程量
050201003001	路牙铺设	路牙铺设	m	410

【例 2-45】为了保护路面，一般会在道路的边缘铺设道牙，已知某园路长 26m，用机砖铺设道牙，具体结构如图 2-39 所示，试求道牙工程量（其中每两块道牙之间有 10mm 的水泥砂浆勾缝）。

【解】

该题路牙铺设长度 L=26×2=52m。

清单工程量计算见表 2-46。

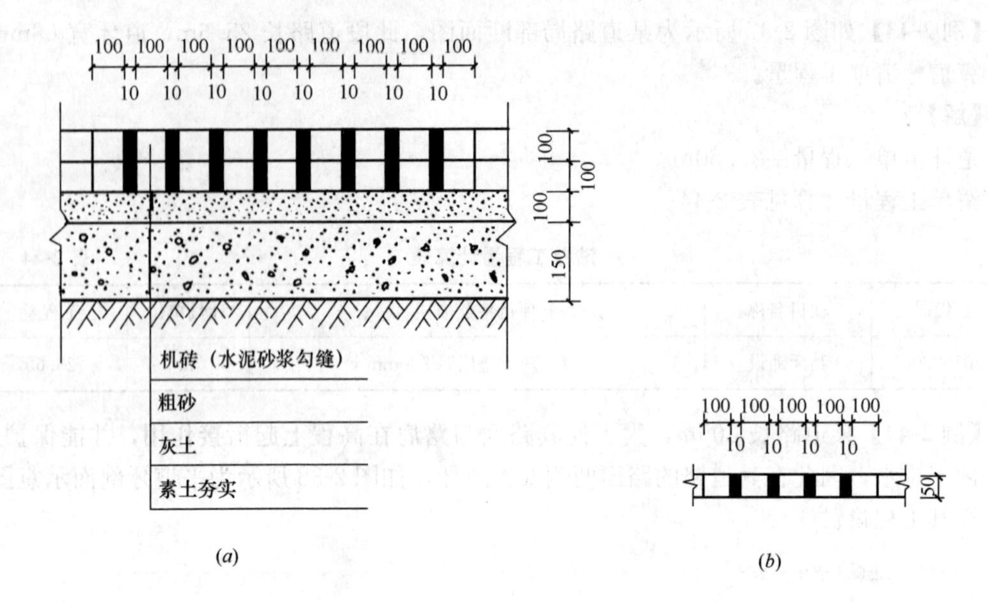

图 2-39 道牙铺设结构图

（*a*）剖面图；（*b*）平面图

清单工程量计算表 **表 2-46**

项目编码	项目名称	项目特征描述	计量单位	工程量
050201003001	路牙铺设	机砖 200mm，粗砂 100mm 灰土 150mm，机砖路牙	m	52

【例 2-46】某景区园路为水泥混凝土路，路两侧设置有路牙，具体园路构造布置如图 2-40 所示，已知路长 25m，宽 8m，路牙长×宽×厚为 20cm×20cm×10cm 的机砖。试求此园路的工程量。

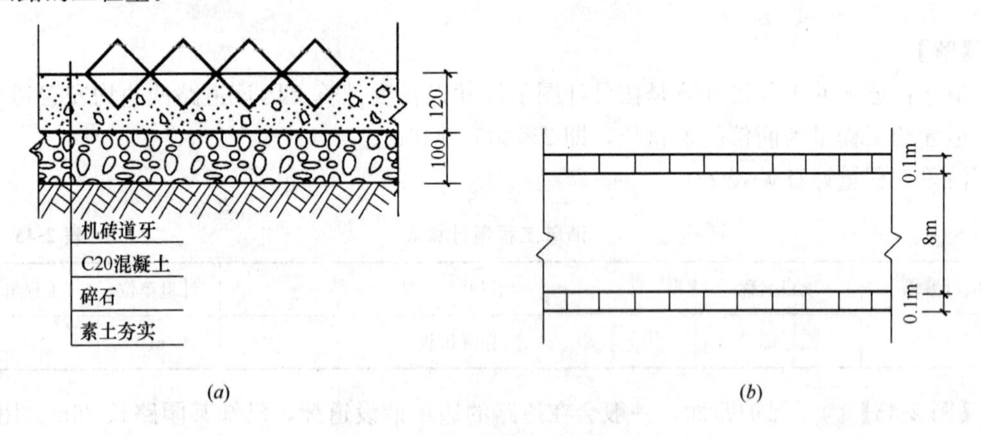

图 2-40 园路构造示意图

（*a*）剖面图；（*b*）平面图

【解】

（1）园路工程量

$$S=25\times8=200\text{m}^2$$

(2) 路牙铺设工程量

路牙长度=25×2=50m

清单工程量计算见表 2-47。

清单工程量计算表 **表 2-47**

序号	项目编码	项目名称	项目特征描述	计量单位	工程量
1	050201001001	园路	C20 混凝土 120mm，碎石 100mm	m^2	200
2	050201003001	路牙铺设	机砖 20cm×20cm×10cm	m	50

【例 2-47】 某商场外停车场为砌块嵌草路面，长 520m，宽 300m，如图 2-41 所示 120mm 厚混凝土空心砖，40mm 厚粗砂垫层，200mm 厚碎石垫层，素土夯实。路面边缘设置路牙，挖槽沟深 180mm，用 3∶7 灰土垫层，厚度为 160mm，路牙高 160mm，宽 100mm，试计算其清单工程量。

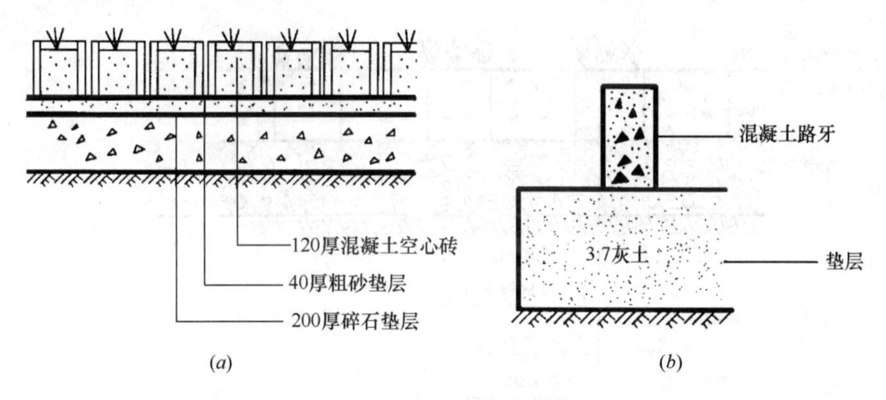

图 2-41 某停车场路面图

(a) 停车场剖面图；(b) 停车场路牙剖面图

【解】

(1) 园路

工程量计算规则：按设计图尺寸以面积计算，不包括路牙。

$$S=长\times宽=520\times300=156000m^2$$

(2) 嵌草砖（格）铺装

工程量计算规则：按设计图示尺寸以面积计算。

$$S=长\times宽=520\times300=156000m^2$$

(3) 路牙铺设

工程量计算规则：按设计图示尺寸以长度计算。

路牙长 520m

清单工程量计算见表 2-48。

清单工程量计算表 **表 2-48**

项目编码	项目名称	项目特征描述	计量单位	工程量
050201001001	园路	120mm 厚混凝土空心砖，40mm 厚粗砂垫层，200mm 厚碎石垫层，素土夯实	m^2	156000

续表

项目编码	项目名称	项目特征描述	计量单位	工程量
050201005001	嵌草砖（格）铺装	40mm 厚粗砂垫层，200mm 厚碎石垫层，混凝土空心砖	m^2	156000
050201003001	路牙铺设	160mm 厚 3：7 灰土垫层厚，路牙高 160mm，宽 100mm	m	520

说明：1. 垫层按图示尺寸"m^3"计算。园路垫层宽度：带路牙者，按路面加宽 20cm 计算；无路牙者，按路面宽度加 10cm 计算。

2. 本题中停车场为混凝土砌块嵌草铺装，使得路面特别是在边缘部分容易发生歪斜、散落。所以，设置路牙可以对路面起保护作用。

【例 2-48】某校园内有一处嵌草砖铺装场地，场地长 52m，宽 26m，其局部剖面示意图如图 2-42 所示，试计算其工程量。

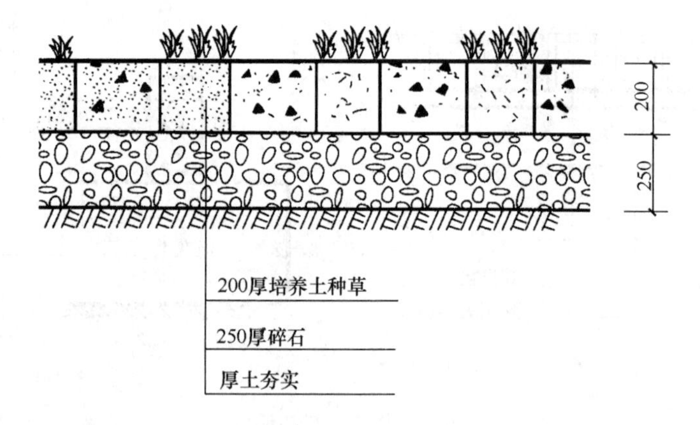

图 2-42　嵌草砖铺装

【解】

嵌草砖铺装工程量

$$S=\text{长}\times\text{宽}=52\times26=1352\text{m}^2$$

清单工程量计算见表 2-49。

清单工程量计算表　　　　**表 2-49**

项目编码	项目名称	项目特征描述	计量单位	工程量
050201005001	嵌草砖铺装	嵌草砖铺装，200 厚培养土种草，250 厚碎石	m^2	1352

【例 2-49】某园路用嵌草砖铺装，即在砖的空心部分填土种草来丰富景观。已知嵌草砖为六角形，边长是 24cm，厚度为 12cm，空心部分圆形半径为 14cm，其里面填种植土 10cm 厚，该园路所占面积约为 40.5m^2（27m×1.5m），具体铺设如图 2-43 所示，试计算其工程量。

【解】

$$\text{每块嵌草砖面积}=6\times\frac{1}{2}\times0.24\times0.11\times\sqrt{3}=0.137\text{m}^2$$

清单工程量计算见表 2-50。

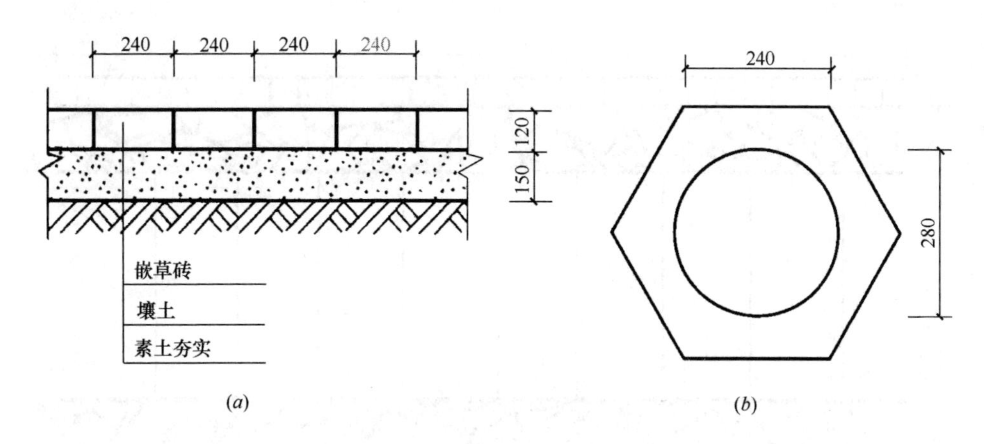

图 2-43 园路铺设示意图
(a) 剖面图；(b) 平面图

清单工程量计算表 **表 2-50**

项目编码	项目名称	项目特征描述	计量单位	工程量
050201005001	嵌草砖铺装	嵌草砖 120mm，壤土 150mm	m^2	0.137

【例 2-50】 如图 2-44 所示为嵌草砖铺装局部示意图，各尺寸如图所示，试计算工程量。

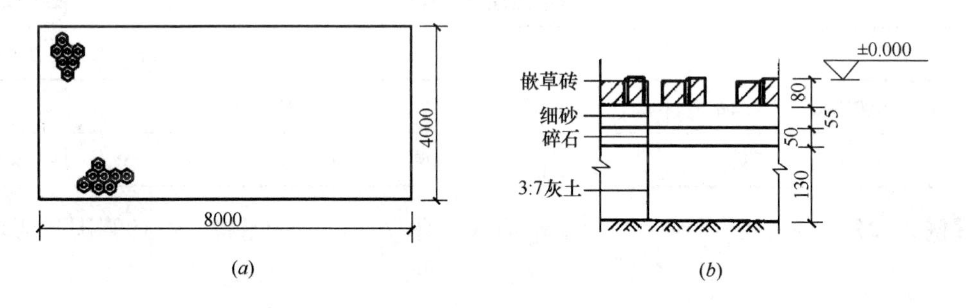

图 2-44 嵌草砖铺装示意图
(a) 平面图；(b) 局部断面图

【解】

$$S=8\times4=32m^2$$

清单工程量计算见表 2-51。

清单工程量计算表 **表 2-51**

项目编码	项目名称	项目特征描述	计量单位	工程量
050201005001	嵌草砖（格）铺装	1. 3：7 灰土垫层，厚 130mm 2. 碎石垫层，厚 50mm 3. 细砂垫层，厚 55mm	m^2	32

【例 2-51】 如图 2-45 所示，园路的尺寸为 13.5m×4m，2：8 灰土垫层 150mm 厚，C15 豆石麻面混凝土路面 15cm 厚。试计算该园路工程的清单工程量。

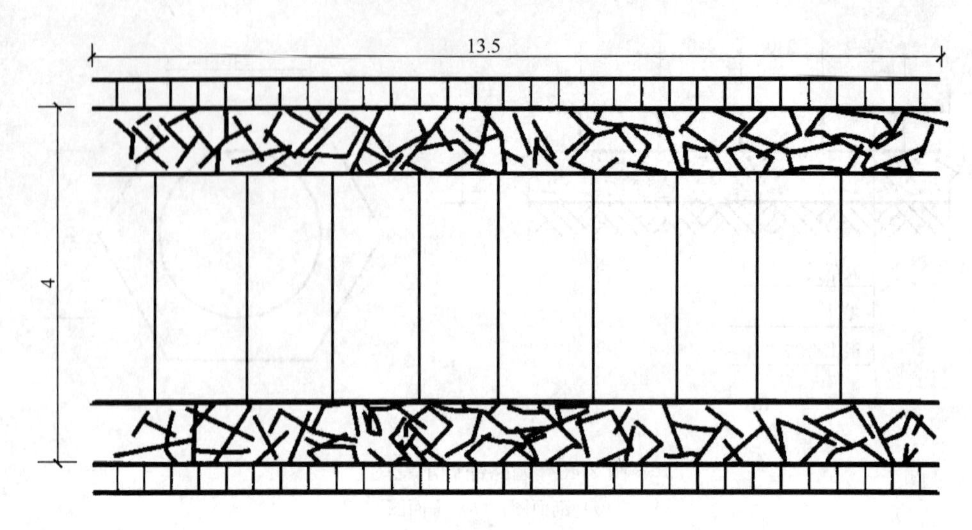

图 2-45 小园园路尺寸图（单位：m）

【解】

园路：13.5×4＝54m^2

垫层：54×0.15＝8.1m^3

清单工程量计算见表 2-52。

清单工程量计算表 **表 2-52**

序号	项目编码	项目名称	项目特征描述	计量单位	工程量
1	050201001002	园路	C15 豆石麻面混凝土路面 15cm 厚	m^2	54
2	010404001001	垫层	2∶8 灰土垫层 150mm 厚	m^3	8.1

【例 2-52】 如图 2-46 所示为某树池平面和围牙立面，围牙平铺，试计算围牙清单工程量。

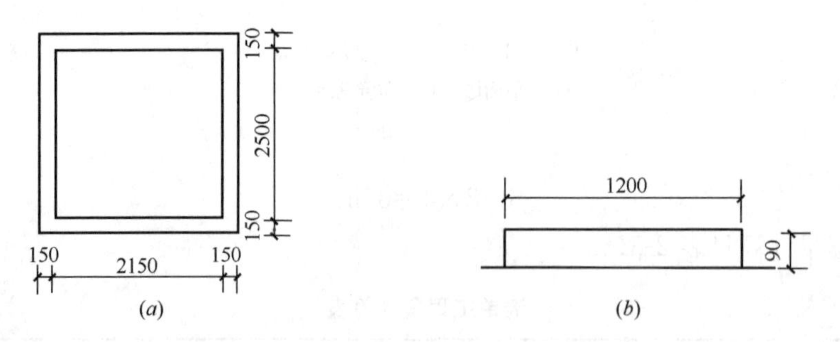

图 2-46 树池平面和围牙立面示意图

（a）树池平面图；（b）围牙立面图

【解】

围牙清单工程量为：

$$(0.15+2.15+0.15)\times 2+2.5\times 2=9.9\text{m}$$

清单工程量计算表见表 2-53。

清单工程量计算表　　　　表 2-53

项目编码	项目名称	项目特征描述	计量单位	工程量
050201004001	树池围牙	平铺围牙	m	9.9

【例 2-53】 有一正方形的树池，边长为 1.25m，其四周进行围牙处理，试计算该树池围牙的工程量。

【解】

树池围牙：$L=4\times1.25=5\text{m}$

清单工程量计算表见表 2-54。

清单工程量计算表　　　　表 2-54

项目编码	项目名称	项目特征描述	计量单位	工程量
050201004001	树池围牙	树池围牙长 5m	m	5

【例 2-54】 某绿地中有六角边的树池，树池的池壁用混凝土预制，其长×宽×厚为 100mm×80mm×120mm。为加高树池，树珥的高度为 12cm，试计算其树池围牙的工程量。

【解】

树池围牙、盖板工程量

$$L=0.12\times6=0.72\text{m}$$

清单工程量计算见表 2-55。

清单工程量计算表　　　　表 2-55

项目编码	项目名称	项目特征描述	计量单位	工程量
050201004001	树池围牙、盖板（箅子）	预制混凝土	m	0.72

【例 2-55】 某公园树池平铺花岗岩树池围牙、盖板，如图 2-47 所示为树池的各部分尺寸，试计算其工程量。

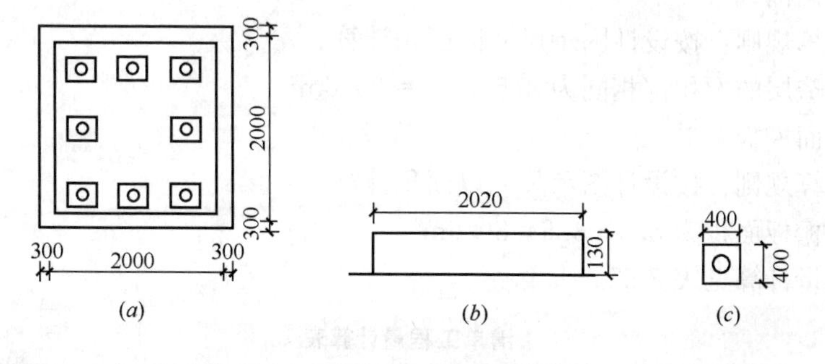

图 2-47　树池示意图

(a) 平面示意图；(b) 围牙立面示意图；(c) 盖板平面示意图

【解】

(1) 围牙

$$L = 2 \times 2 + (2 + 0.3 \times 2) \times 2 = 9.2\text{m}$$

（2）盖板

$$L = 0.4 \times 4 \times 8 = 12.8\text{m}$$

清单工程量计算见表 2-56。

清单工程量计算表　　表 2-56

序号	项目编码	项目名称	项目特征描述	计量单位	工程量
1	050201004001	树池围牙	1. 花岗石树池围牙，规格 2000mm×300mm×130mm，2020mm×300mm×130mm 2. 平铺围牙	m	9.2
2	050201004002	树池盖板	1. 花岗石盖板，规格 400mm×400mm 2. 平铺盖板	m	12.8

【例 2-56】某桥面的铺装构造如图 2-48 所示，桥面用水泥混凝土铺装厚 6cm，桥面檐板为石板铺装，厚度为 10cm，桥面的长为 8.5m、宽为 3.6m，为了便于排水，桥面设置 1.5%的横坡，试计算其清单工程量。

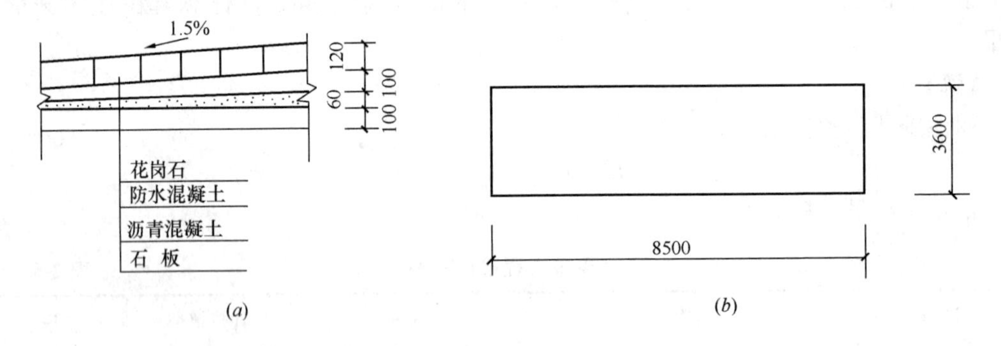

图 2-48　桥面构造示意图

（a）剖面图；（b）平面图

【解】

（1）石桥面铺筑

工程量计算规则：按设计图示尺寸以面积计算。

桥面各构造层的面积都相同为 $8.5 \times 3.6 = 30.6\text{m}^2$

（2）石桥面檐板

工程量计算规则：按设计图示尺寸以面积计算。

该园桥面檐板面积为 $8.5 \times 3.6 = 30.6\text{m}^2$

清单工程量计算见表 2-57。

清单工程量计算表　　表 2-57

序号	项目编码	项目名称	项目特征描述	计量单位	工程量
1	050201011001	石桥面铺筑	花岗石厚 120mm，防水混凝土 100mm，沥青混凝土 60mm，石板 100mm	m^2	30.6
2	050201012001	石桥面檐板	石板铺装，厚 10cm	m^2	30.6

【例 2-57】有一平桥，如图 2-49 所示，桥身长 106m，宽 24m，桥面为青白石石板铺装，石板厚 0.1m，石板下做防水层，采用 1mm 厚沥青和石棉沥青各一层作底，试计算清单工程量。

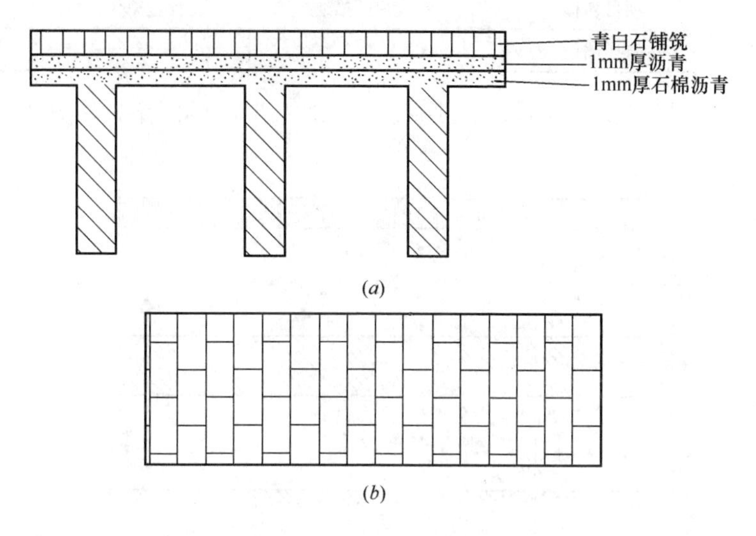

图 2-49 平桥平面图与断面图
(a) 平桥断面图；(b) 平桥平面图

【解】

铺筑面积 S＝长×宽＝106×24＝2544m^2

清单工程量计算见表 2-58。

清单工程量计算表 表 2-58

项目编码	项目名称	项目特征描述	计量单位	工程量
050201011001	石桥面铺筑	青白石石板铺装，石板厚 0.1m	m^2	2544

【例 2-58】如图 2-50 所示为某路一边的剖面图，该道路长 15.5m、宽 4m，路两边均铺有路牙。试计算其清单工程量。

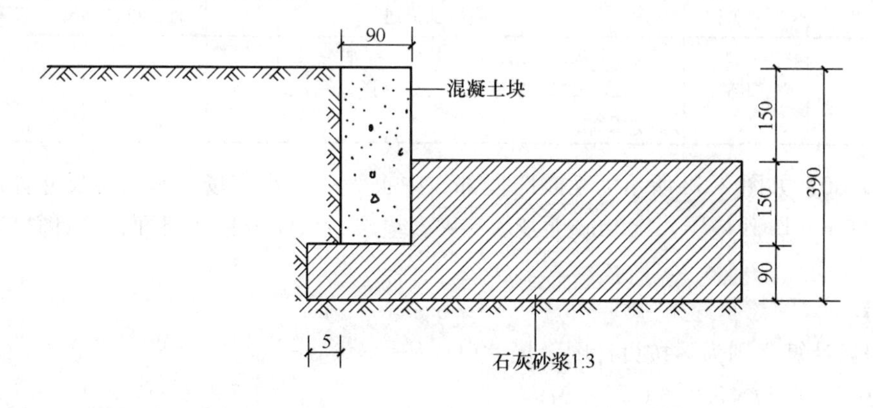

图 2-50 某道路局部剖面图

【解】

路的长度×2＝15.5×2＝31m

清单工程量计算表见表 2-59。

清单工程量计算表 **表 2-59**

项目编码	项目名称	项目特征描述	计量单位	工程量
050201003001	路牙铺设	石灰砂浆 1∶3	m	31

【例 2-59】 某广场绿化工程需要铺设一条 18m×1.35m 的园路，如图 2-51 所示，试计算其清单工程量。

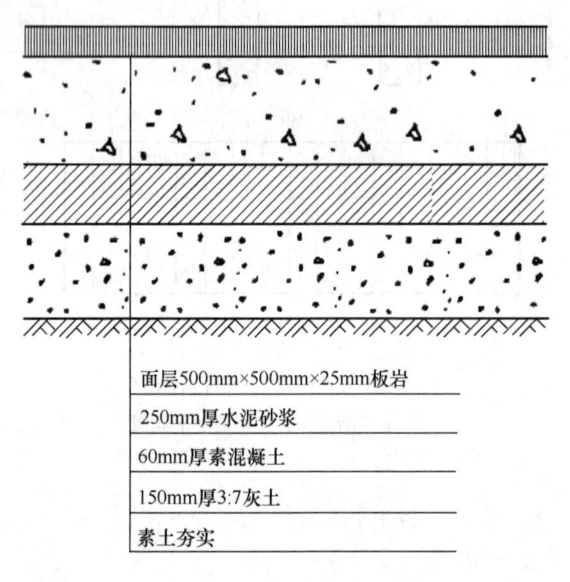

图 2-51　园路局部剖面示意图

【解】

园路面积为：$18\times1.35=24.3\text{m}^2$

清单工程量计算见表 2-60。

清单工程量计算表 **表 2-60**

项目编码	项目名称	项目特征描述	计量单位	工程量
050201001001	园路	3∶7 灰土垫层厚 0.15m，素混凝土垫层厚 0.06m，水泥砂浆厚 0.25m，面层厚 0.025m，路面宽 1.35m	m^2	24.3

【例 2-60】 如图 2-52 所示为某园路局部，中央为一个小广场，园路各尺寸如图所示，园路为 300mm 厚砂垫层，250mm 厚 3∶7 灰土垫层，水泥方格砖路面，试计算园路铺装工程量。

【解】

工程量计算规则为：按设计图示尺寸以面积计算。

$$S=\frac{(6.5+6.2)\times5.2}{2}-\frac{(3.5+5.9)\times5.2}{2}+2.5\times5.5+\frac{(4.7+2.5)\times5.9}{2}-\frac{4.7\times5.7}{2}$$

$$=33.02-24.44+13.75+21.24-13.395$$

$$=30.175\text{m}^2$$

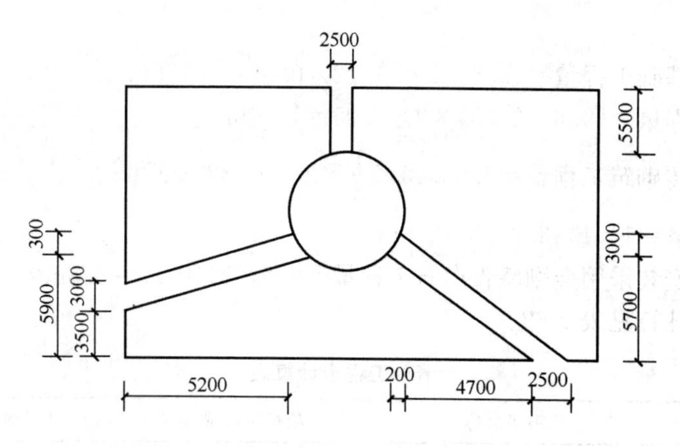

图 2-52 某园路局部示意图

清单工程量计算见表 2-61。

清单工程量计算表 **表 2-61**

项目编码	项目名称	项目特征描述	计量单位	工程量
050201001001	园路	砂垫层厚 300mm，3：7 灰土垫层厚 250mm	m^2	30.175

【例 2-61】 某园桥的形状构造如图 2-53 所示，已知桥基的细石安装采用金刚墙青白石厚 25cm，采用条形混凝土基础，桥墩有 3 个，桥面长 9.6m，宽 2.0m，试计算其工程量。

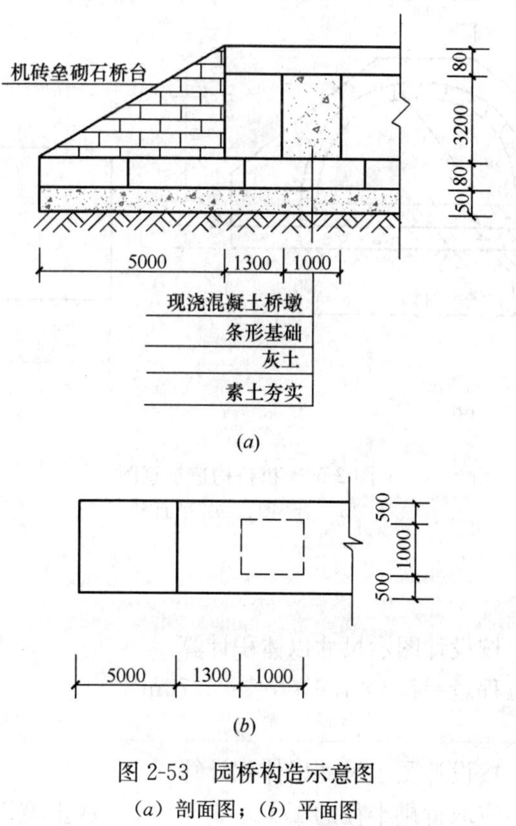

图 2-53 园桥构造示意图

(a) 剖面图；(b) 平面图

【解】

条形混凝土基础工程量＝(9.6＋2×5)×2×0.08＝3.136m^3

灰土垫层工程量＝(9.6＋2×5)×2×0.05＝1.96m^3

石桥台为机砖砌筑工程量＝3.28×5×$\frac{1}{2}$×2×2＝32.8m^3

石桥墩工程量＝1×1×3.2×3＝9.6m^3

桥基的细石安装采用金刚墙青白石工程量＝9.6×2×0.25＝4.8m^3

清单工程量计算见表 2-62。

清单工程量计算表 **表 2-62**

序号	项目编码	项目名称	项目特征描述	计量单位	工程量
1	050201006001	桥基础	条形混凝土基础	m^3	3.136
2	050201007001	石桥墩、石桥台	现浇混凝土桥墩	m^3	9.6
3	050201007002	石桥墩、石桥台	石桥台	m^3	32.8
4	050201010001	金刚墙砌筑	桥基细石安装采用	m^3	4.8
5	010404001001	桥基础垫层	金刚墙青白石厚 25cm	m^3	1.96

【例 2-62】 有一拱桥，采用花岗石制作安装拱券石，石券脸的制作、安装采用青白石，桥洞底板为钢筋混凝土处理，桥基细石安装用金刚墙青白石，厚 20cm，具体拱桥的构造如图 2-54 所示。试计算其清单工程量。

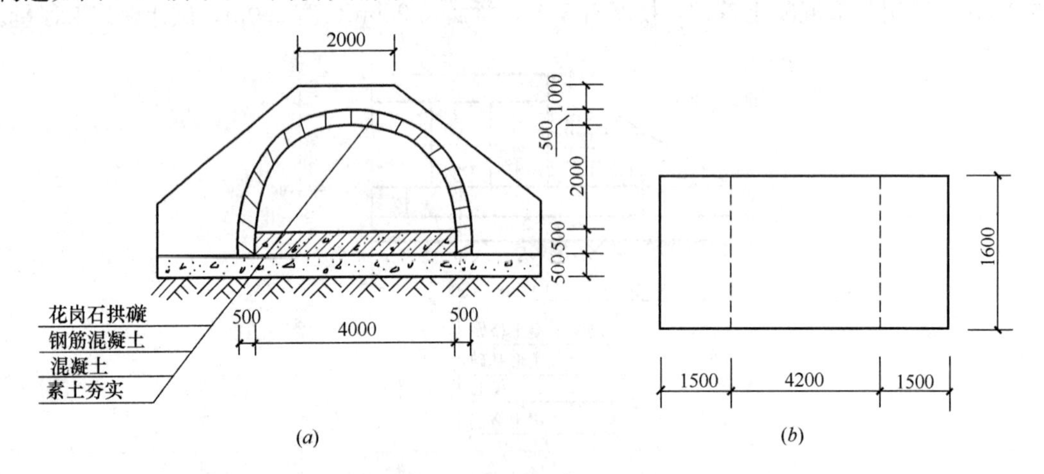

图 2-54 拱桥构造示意图

(a) 剖面图；(b) 平面图

【解】

(1) 桥基础

工程量计算规则：按设计图示尺寸以体积计算。

混凝土石桥基础工程量＝7.2×1.6×0.5＝5.76m^3

(2) 拱券石

工程量计算规则：按设计图示尺寸以体积计算。

拱圈石层的厚度，应取桥拱半径的 1/12～1/6，加工成上宽下窄的楔形石块，石块一侧做有榫头，另一侧做有榫眼，拱券时相互扣合。

其工程量$=\frac{1}{2}\times3.14\times(2.5^2-2.0^2)\times1.6=5.65m^3$

（3）石券脸

工程量计算规则：按设计图示尺寸以面积计算。

石券脸的工程量$=\frac{1}{2}\times3.14\times(2.5^2-2.0^2)\times2=7.07m^2$

石券脸计算时要注意桥的两面工程量都要计算，所以要乘以 2 来计算。

（4）金刚墙砌筑

工程量计算规则：按设计图示尺寸以体积计算。

金刚墙采用青白石处理，其工程量$=7.2\times1.6\times0.2=2.30m^3$

清单工程量计算见表 2-63。

清单工程量计算表 **表 2-63**

项目编码	项目名称	项目特征描述	计量单位	工程量
050201006001	桥基础	混凝土石桥基础青白石	m^3	5.76
050201008001	拱券石	混凝土石桥基础青白石	m^3	5.65
050201009001	石券脸	青白石	m^3	7.07
050201010001	金刚墙砌筑	青白石	m^3	2.30

【例 2-63】 已知某园桥的石桥墩如图 2-55 所示，石料采用金刚墙青白石，试求该桥墩的工程量，该园桥有 8 个桥墩。

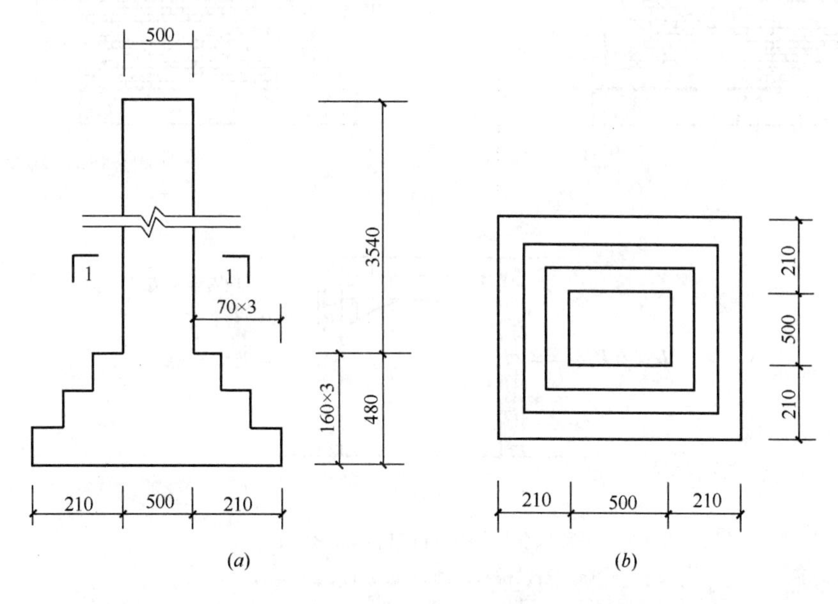

图 2-55 石桥墩示意图

（*a*）立面图；（*b*）剖面图

【解】

（1）大放脚体积

$0.16\times(0.5+0.21+0.21)^2+0.16\times[0.5+(0.07\times2)\times2]^2+0.16\times(0.5+0.07\times2)^2$
$=0.298m^3$

(2) 柱身体积

$$0.5\times0.5\times3.54=0.885m^3$$

(3) 整个桥墩体积

$$0.298+0.885=1.183m^3$$

总工程量：$1.183\times8=9.46m^3$

清单工程量计算见表 2-64。

清单工程量计算表 **表 2-64**

项目编码	项目名称	项目特征描述	计量单位	工程量
050201007001	石桥墩、石桥台	金刚墙青白石	m^3	9.46

【例 2-64】 某公园石拱桥构造形式，如图 2-56 所示，已知该桥长 18m，宽 5m，高 6m，桥底为 80mm 厚清水碎石垫层，拱圈材料为花岗石，厚 0.2m，花岗石后为青白石金刚墙砌筑，每块厚 0.1m，拱桥两侧装有青白石碹脸，其长 0.3m，宽 0.35m，厚 0.2m，共有 28 个，计算花岗石的工程量。

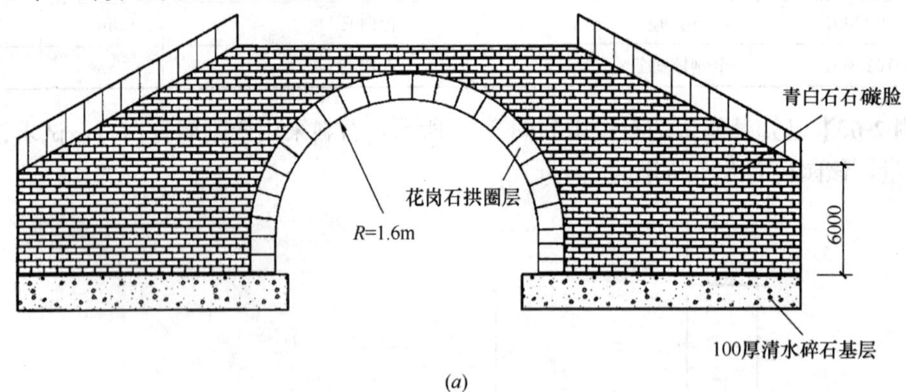

(a)

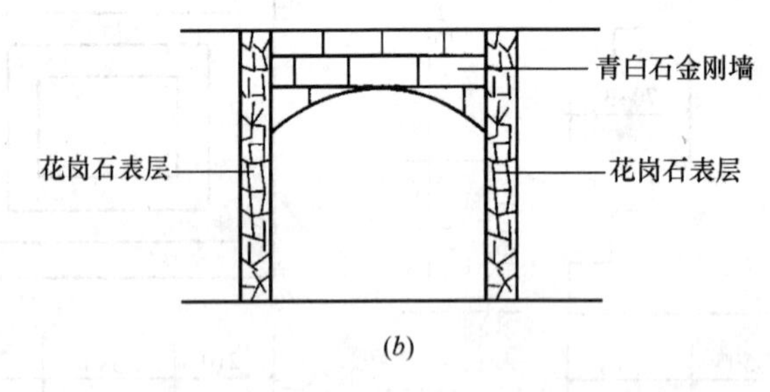

(b)

图 2-56 石拱桥示意图

(a) 石拱桥立面图；(b) 石拱桥断面图

【解】

$$V_1=\frac{1}{2}\times S_1\times 高=\frac{1}{2}\pi r_1^2\times 高$$

$$=\frac{1}{2}\times3.14\times(1.6+0.2)^2\times6=30.52m^3$$

$$V_1 = \frac{1}{2} \times S_2 \times 高 = \frac{1}{2}\pi r_2^2 \times 高$$
$$= \frac{1}{2} \times 3.14 \times 1.6^2 \times 6 = 24.12\text{m}^3$$

拱券石的工程量$=V_1-V_2=30.52-24.12=6.4\text{m}^3$

【例 2-65】 根据设计要求某园桥桥基的细石安装采用金刚墙青白石，厚 25cm，已知该园桥桥长 6.8m，宽 2.8m，试计算金刚墙砌筑工程量。

【解】

金刚墙砌筑工程量$=6.8\times2.8\times0.25=4.76\text{m}^3$

清单工程量计算见表 2-65。

清单工程量计算表 **表 2-65**

项目编码	项目名称	项目特征描述	计量单位	工程量
050201010001	金刚墙砌筑	金刚墙青白石厚 25cm	m³	4.76

【例 2-66】 某园桥的桥面为了游人安全以及更好地起到装饰效果，安装了钢筋混凝土制作的雕刻栏杆，采用青白石罗汉板，有扶手（厚 8cm）并银锭扣固定，在栏杆端头用抱鼓石对罗汉板封头，具体结构布置如图 2-57 所示，该园桥长 10.6m，宽 3m，试计算其清单工程量。

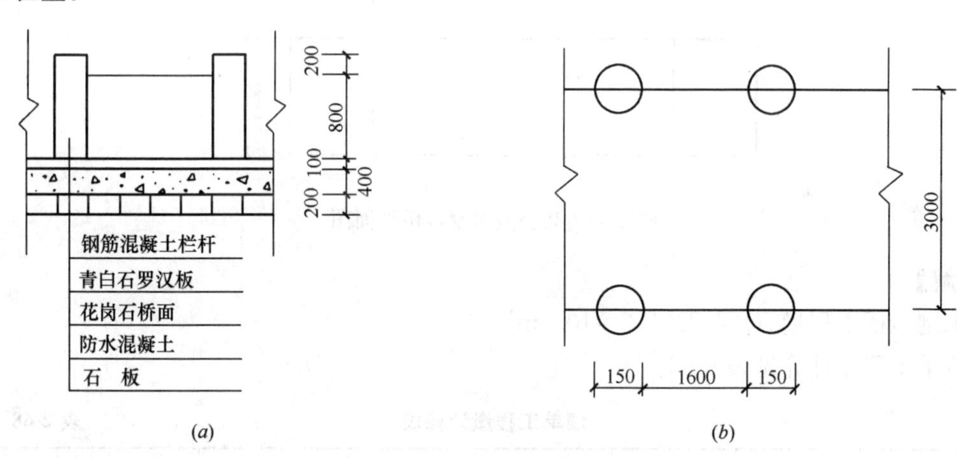

图 2-57　园桥结构布置示意图

(a) 剖面图；(b) 平面图

【解】

工程量计算规则：按设计图示尺寸以面积计算。

花岗石桥面的工程量：$10.6\times3=31.8\text{m}^2$。

清单工程量计算见表 2-66。

清单工程量计算表 **表 2-66**

项目编码	项目名称	项目特征描述	计量单位	工程量
050201011001	石桥面铺筑	花岗石	m²	31.8

【例 2-67】如图 2-58 所示为某园林中的一座平桥，按照设计要求，桥面为青白石石板铺装，石板厚 0.1m，石板下做防水层，采用 1mm 厚沥青和石棉沥青各一层做底，试计算其工程量。

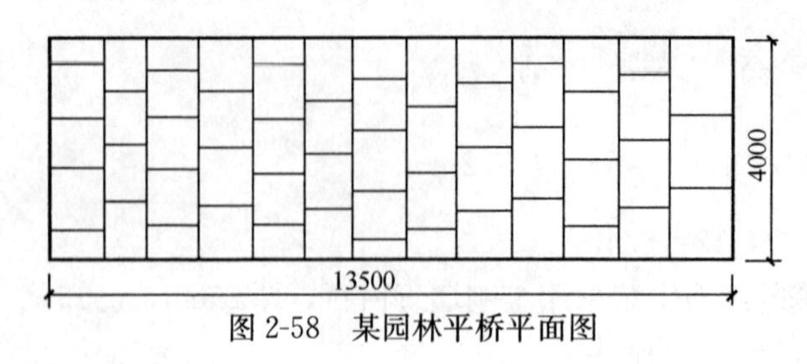

图 2-58　某园林平桥平面图

【解】

石桥面铺筑工程量 $S=13.5\times4=54\text{m}^2$

清单工程量计算见表 2-67。

清单工程量计算表　　**表 2-67**

项目编码	项目名称	项目特征描述	计量单位	工程量
050201011001	石桥面铺筑	青白石石板，长 13.5m，宽 4m	m^2	54

【例 2-68】如图 2-59 所示为某公园步桥平面图，以天然木材为材料，试计算其工程量。

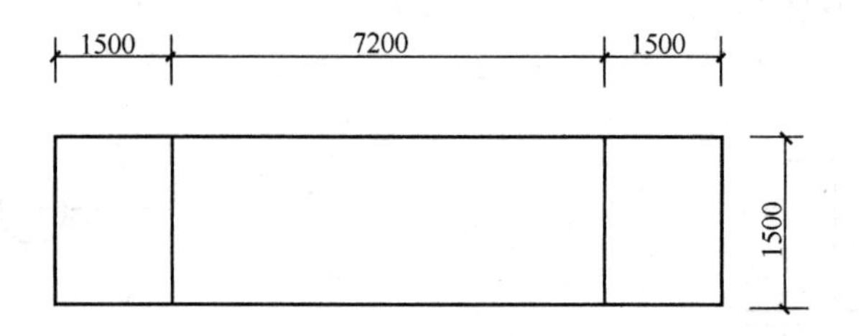

图 2-59　某公园木制步桥平面图

【解】

木制步桥工程量 $S=7.2\times1.5=10.8\text{m}^2$

清单工程量计算见表 2-68。

清单工程量计算表　　**表 2-68**

项目编码	项目名称	项目特征描述	计量单位	工程量
050201014001	木制步桥	天然木材，长 7.2m，宽 1.5m	m^2	10.8

【例 2-69】某处有一个石桥，有 8 个桥墩，如图 2-60 所示，试计算其清单工程量。

【解】

工程量计算规则：按设计图示尺寸以体积计算。

C15 混凝土基础（石桥基础）

$$V=\text{长}\times\text{宽}\times\text{C15 混凝土基础的厚度}\times\text{数量}$$

$$=(0.15+0.15+0.62)\times(0.15+0.15+0.62)\times0.25\times8=1.69\text{m}^3$$

清单工程量计算见表 2-69。

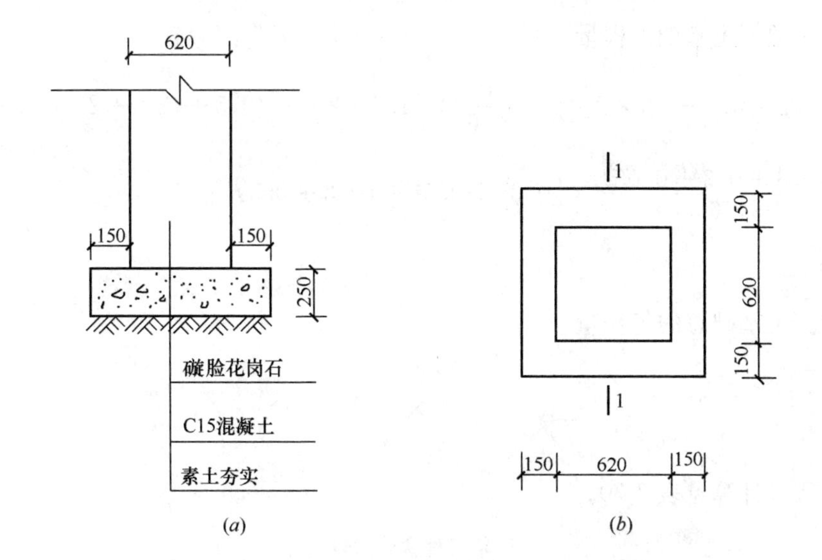

图 2-60 石桥基础示意图

(a) 1-1 剖面图；(b) 平面图

清单工程量计算表 表 2-69

项目编码	项目名称	项目特征描述	计量单位	工程量
050201006001	桥基础	石桥基础	m^3	1.69

【例 2-70】 某公园有一石桥，具体基础构造如图 2-61 所示，桥的造型形式为平桥，已知桥长为 10m、宽为 2m，试求园桥的基础工程量（该园桥基础为杯形基础，共有 3 个）。

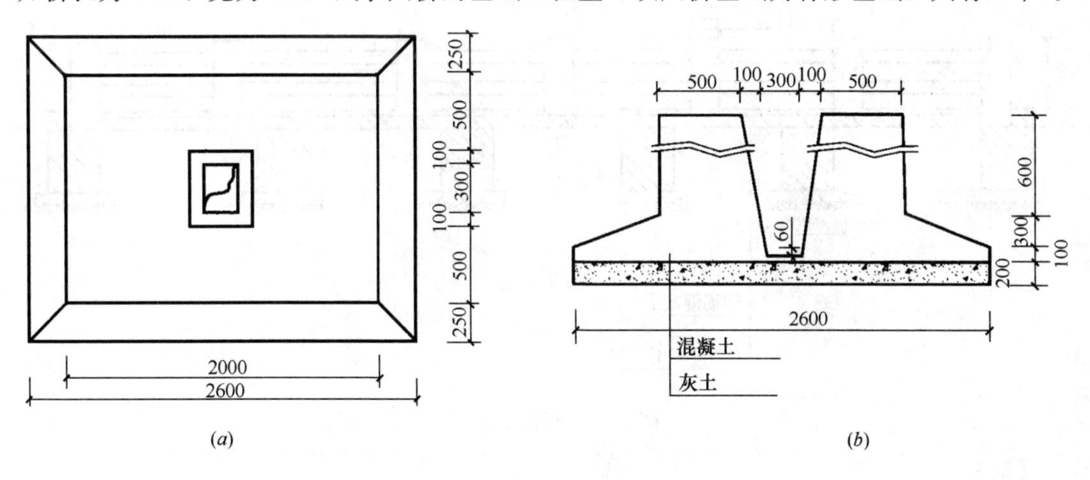

图 2-61 石桥基础构造图

(a) 平面图；(b) 剖面图

【解】

(1) 灰土垫层工程量

$$V_1 = 3 \times 2.6 \times 2 \times 0.2$$
$$= 3.12m^3$$

（2）单个混凝土基础工程量

$$V_2=2.6\times2\times0.1+1.5\times2\times0.6+\frac{0.3}{6}\times[2.6\times2+2\times1.5+(2.6+2)\times(2+1.5)]$$

$$-\frac{(0.6+0.3+0.05)}{6}\times[0.3^2+0.5^2+(0.3+0.5)^2]$$

$$=3.38\text{m}^3$$

（3）混凝土基础总的工程量

$$V=3\times V_2$$
$$=3\times3.38$$
$$=10.14\text{m}^3$$

清单工程量计算见表 2-70。

清单工程量计算表 表 2-70

项目编码	项目名称	项目特征描述	计量单位	工程量
050201006001	桥基础	1. 基础类型：杯形基础 2. 垫层及基础材料种类、规格：灰土垫层、混凝土基础	m^3	10.14

【例 2-71】 如图 2-62 所示为某石桥示意图，桥长 10m，宽 6m，共有桥墩 6 个，求石桥基础工程量。

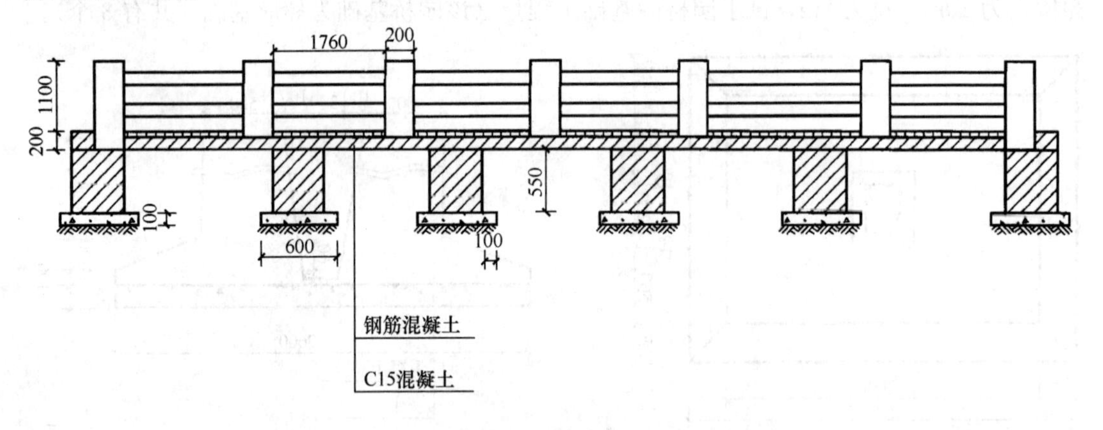

图 2-62 石桥示意图

【解】

石桥基础层工程量为：

$$V=\text{长}\times\text{宽}\times\text{厚}=0.6\times(6+0.1\times2)\times0.1\times6=2.23$$

清单工程量计算见表 2-71。

清单工程量计算表 表 2-71

项目编码	项目名称	项目特征描述	计量单位	工程量
050201006001	桥基础	矩形基础	m^3	2.23

【例 2-72】某木桥如图 2-63、图 2-64 所示。木桥有微拱，拱高 100mm，桥宽 1200mm，长 4380mm，采用 100mm×300mm×1080mm 白松刨光板；此木桥采用 L 形木梁 2 根，高 200mm，上截面宽 60mm，下截面宽 150mm，长 4380mm，高 200mm，略带拱，拱高 100mm。木材均选用经干燥与防腐后的国产木材。试计算清单工程量。

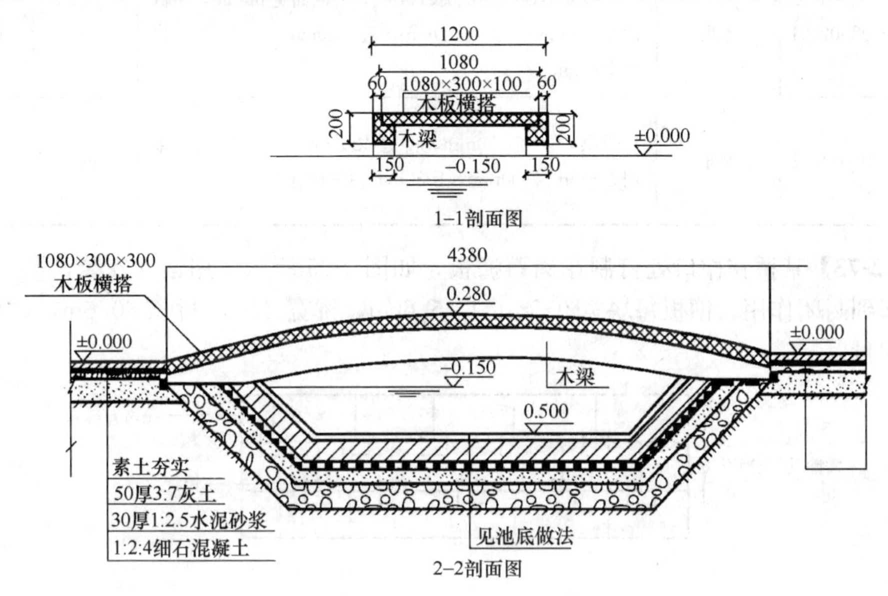

图 2-63 剖面图

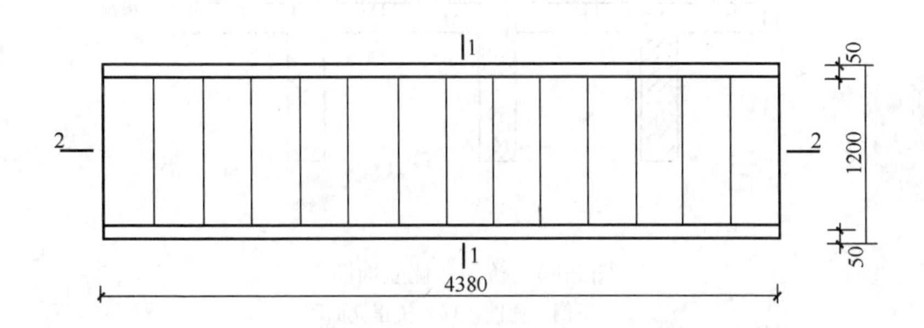

图 2-64 木桥平面图

【解】

(1) 平整场地、放线

$$S=4.38\times1.2=5.256\text{m}^2$$

(2) 木梁

$$4.38\times0.15\times0.2-4.38\times0.09\times0.1=0.092\text{m}^3$$

木梁总工程量：$0.092\times2=0.184\text{m}^3$

木板模搭板面（14 块）

$$1.08\times0.1\times4.38=0.47\text{m}^2$$

清单工程量计算见表 2-72。

清单工程量计算表　　表 2-72

序号	项目编码	项目名称	项目特征描述	计量单位	工程量
1	010101001001	平整场地	场地平整，放线	m^2	5.256
2	010702002001	木梁	L形木梁，2根，高200mm，上截面宽60mm，下截面宽150mm，长4380mm，高200mm，略带拱，拱高100mm	m^3	0.184
3	050201014001	木制步桥	微拱，拱高100mm，桥宽1200mm，长4380m，采用100mm×300mm×1080mm白松刨光板	m^2	0.47

【例 2-73】某桥在檐口处钉制花岗石檐板，如图 2-65 所示，用银锭安装，共用 50 个银锭，起到封闭作用。檐板每块宽 0.5m，厚 5.6cm，桥宽 20m，桥长 80.6m，试计算其清单工程量。

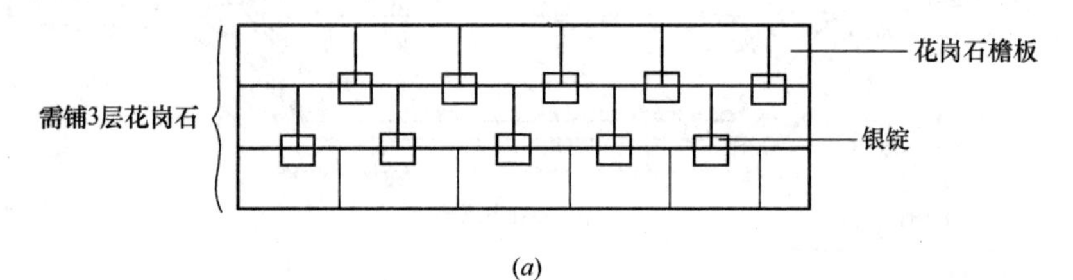

(*a*)

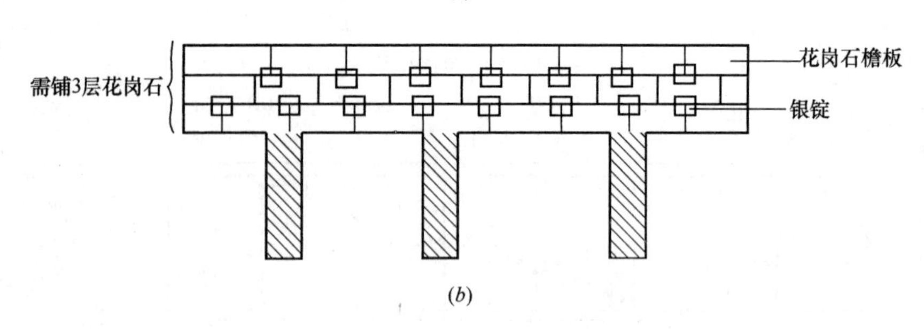

(*b*)

图 2-65　桥正、侧立面图

(*a*) 桥侧立面图；(*b*) 桥正立面图

【解】

工程量计算规则：按设计图示尺寸以面积计算。

花岗石檐板表面积：

S_1＝长×宽＝20×0.5×3＝30.00m^2

S_2＝长×宽＝80.6×0.5×3＝120.9m^2

S＝2S_1＋2S_2＝2×30＋2×120.9＝301.8m^2

清单工程量计算见表 2-73。

清单工程量计算表　　表 2-73

项目编码	项目名称	项目特征描述	计量单位	工程量
050201012001	石桥面檐板	花岗石檐板，每块宽 0.5m，厚 5.6cm，桥宽 20m，桥长 80m	m^2	301.8

【例 2-74】如图 2-66 所示为某石桥的局部基础断面图，尺寸在图上已标注，求工程量。

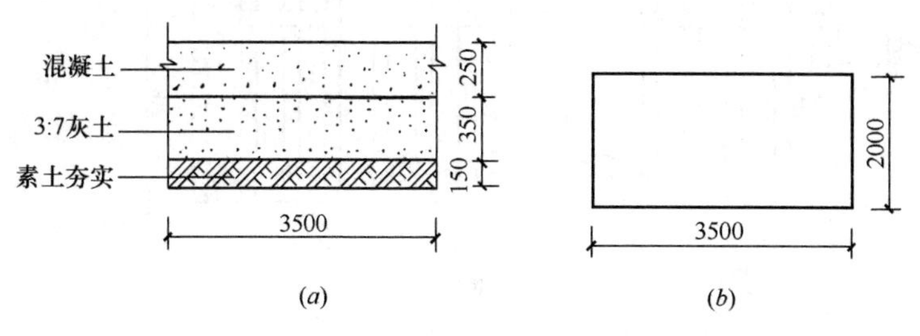

图 2-66 石桥基础局部示意图

(a) 断面示意图；(b) 平面示意图

【解】

$$V = 3.5 \times 2 \times (0.35 + 0.25) = 4.2\text{m}^3$$

清单工程量计算见表 2-74。

清单工程量计算表 **表 2-74**

项目编码	项目名称	项目特征描述	计量单位	工程量
050201006001	桥基础	1. 石桥 2. 矩形基础	m^3	4.2

【例 2-75】如图 2-67 所示为一个木桥示意图，各尺寸在图中已标出，求工程量。

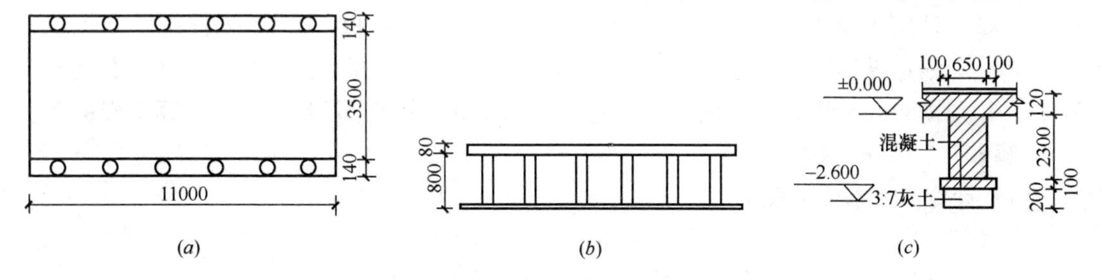

图 2-67 某大桥示意图

(a) 平面示意图；(b) 立面示意图；(c) 单个桥墩剖面示意图

注：共 4 个桥墩

【解】

$$S = 11 \times (3.5 + 0.14 \times 2) = 41.58\text{m}^2$$

清单工程量计算见表 2-75。

清单工程量计算表 **表 2-75**

项目编码	项目名称	项目特征描述	计量单位	工程量
050201014001	木制步桥	1. 桥宽 3.58m 2. 桥长 11m	m^2	41.58

【例 2-76】某木桥桥面构造形式如图 2-68 所示，计算木制步桥的工程量。

【解】

木制步桥的工程量 $8.5 \times 2 = 17\text{m}^2$

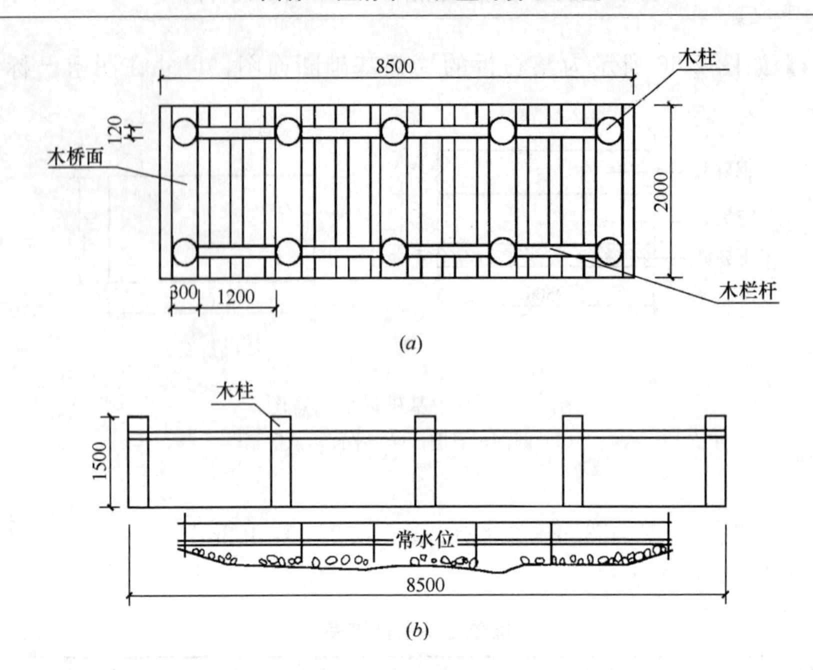

图 2-68 木桥桥面示意图

（*a*）木桥平面图；（*b*）木桥立面图

注：桥面铺装为 2400mm×240mm×50mm 木板，螺栓固定

【例 2-77】 某公园步行木桥，桥面总长为 8m、宽为 1.5m，桥板厚度为 25mm，满铺平口对缝，采用木桩基础；原木梢径 ϕ80、长 5m，共 16 根；横梁原木梢径 ϕ80、长 1.8m，共 9 根；纵梁原木梢径 ϕ100、长 5.6m，共 5 根。栏杆、栏杆柱、扶手、扫地杆、斜撑采用枋木 80mm×80mm（刨光），栏杆高 900mm。全部采用杉木。试计算工程量。

【解】

（1）计算步行木桥工程量

$$S=8\times1.5=12\text{m}^2$$

（2）分部分项工程和单价措施项目清单与计价表见表 2-76。

分部分项工程和单价措施项目清单与计价表　　　　表 2-76

工程名称：某生态园区园林绿化工程　　　标段：　　　　　　　第　页　共　页

序号	项目编码	项目名称	项目特征描述	计量单位	工程量	金额（元）		
						综合单价	合价	其中 暂估价
1	050201014001	木制步桥	1. 桥面长 6m、宽 1.5m、桥板厚 0.025m 2. 原木桩基础、梢径 ϕ80、长 5m、16 根 3. 原木横梁，梢径 ϕ80、长 1.8m、9 根 4. 原木纵梁，梢径 ϕ100、长 5.6m、5 根 5. 栏杆、扶手、扫地杆、斜撑枋木 80mm×80mm（刨光），栏高 900mm 6. 全部采用杉木	m^2	12	877.02	10524.24	
合计							10524.24	

(3) 工程量清单综合单价分析表见表2-77。

综合单价分析表 **表2-77**

工程名称：某生态园区园林绿化工程　　标段：　　第　页　共　页

项目编码	050201014001	项目名称	木制步桥			计量单位		m^2	工程量	9	
综合单价组成明细											
定额编号	定额名称	定额单位	数量	单价（元）				合价（元）			
				人工费	材料费	机械费	管理费和利润	人工费	材料费	机械费	管理费和利润
—	原木桩基础	m^3	0.071	128	800	—	306.24	9.09	56.8	—	21.74
—	原木梁	m^3	0.052	85.44	800	—	292.20	4.44	41.6	—	15.19
—	桥板	m^3	0.369	57.34	1200	—	414.92	21.16	442.8	—	153.11
—	栏杆、扶手、斜撑	m^3	0.027	77.12	1200	—	421.45	2.08	32.4	—	11.38
人工单价		小计						36.77	573.6	—	201.42
25元/工日		未计价材料费						65.23			
清单项目综合单价								877.02			
材料费明细	主要材料名称、规格、型号					单位	数量	单价（元）	合价（元）	暂估价（元）	暂估合价（元）
	扒钉					kg	1.72	3.2	5.5		
	铁钉					kg	2.33	2.5	5.83		
	铁材					kg	0.71	3.2	2.27		
	其他材料费							—	51.63	—	
	材料费小计							—	65.23	—	

【例2-78】 某公园有一木制步桥，是以天然木材为材料，桥长6.85m，宽1.65m，桥洞底板用现浇钢筋混凝土处理，木梁梁宽20cm，栏杆为井字纹花栏杆，栏杆为圆形，直径为10cm，都用螺栓进行加固处理，共用2kg左右，制作安装完成后用油漆处理表面，具体结构布置如图2-69所示，试计算其工程量。

【解】

现浇钢筋混凝土桥洞底板工程量 $=(6.85+1.5+1.5)\times1.65\times0.2=3.25\text{m}^3$

混凝土层的工程量 $=(6.85+1.5+1.5)\times1.65\times0.4=6.5\text{m}^3$

园桥所用青白石桥台的工程量 $=\left(\frac{1}{2}\times3\times1.5\times1.5\right)\times2=6.75\text{m}^3$

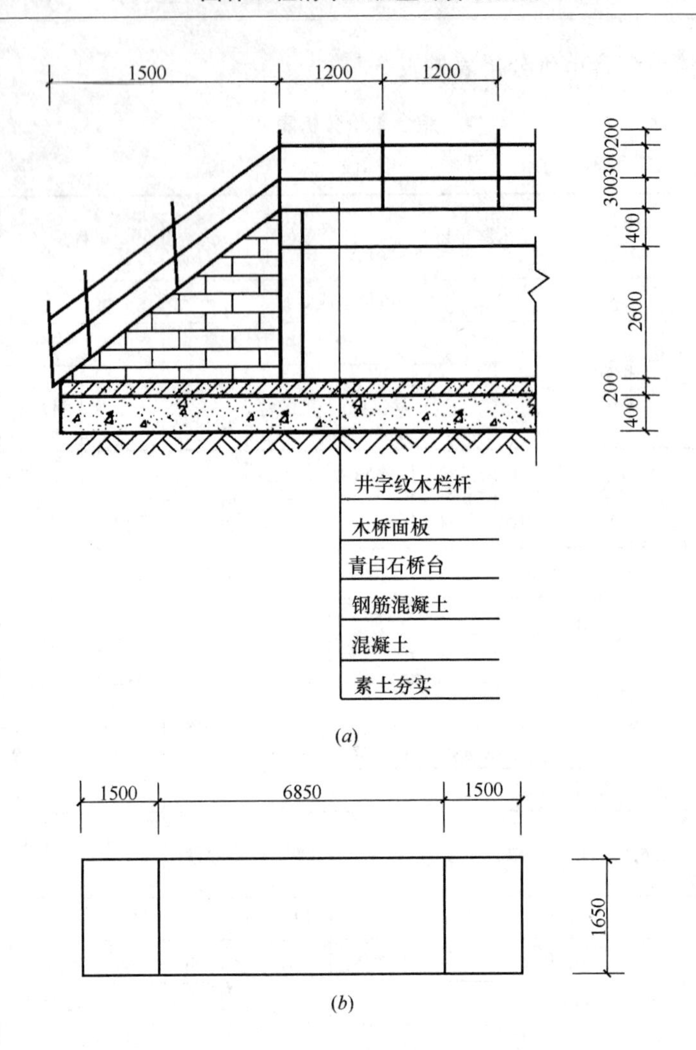

图 2-69 步桥结构示意图

(a) 剖面图；(b) 平面图

木制步桥的工程量＝6.85×1.65＝11.3m^2

清单工程量计算见表 2-78。

清单工程量计算表 **表 2-78**

序号	项目编码	项目名称	项目特征描述	计量单位	工程量
1	050201006001	桥基础	混凝土	m^3	6.50
2	050201007001	石桥墩、石桥台	青白石	m^3	6.75
3	050201014001	木制步桥	天然木材	m^2	11.30
4	040406002001	混凝土底板	现浇钢筋混凝土	m^3	3.25

【例 2-79】某一石拱桥如图 2-70 所示，桥拱半径为 1m，拱券层用料为花岗石，厚 0.15m，花岗石后为青白石金刚墙砌筑，每块厚 0.2m，桥高 6.5m，长 18m，宽 5.5m，桥底为 60mm 厚清水碎石垫层，拱桥两侧装有青白石券脸（长 0.6m，宽 0.4m，厚 0.15m）共 22 个，试计算工程量。

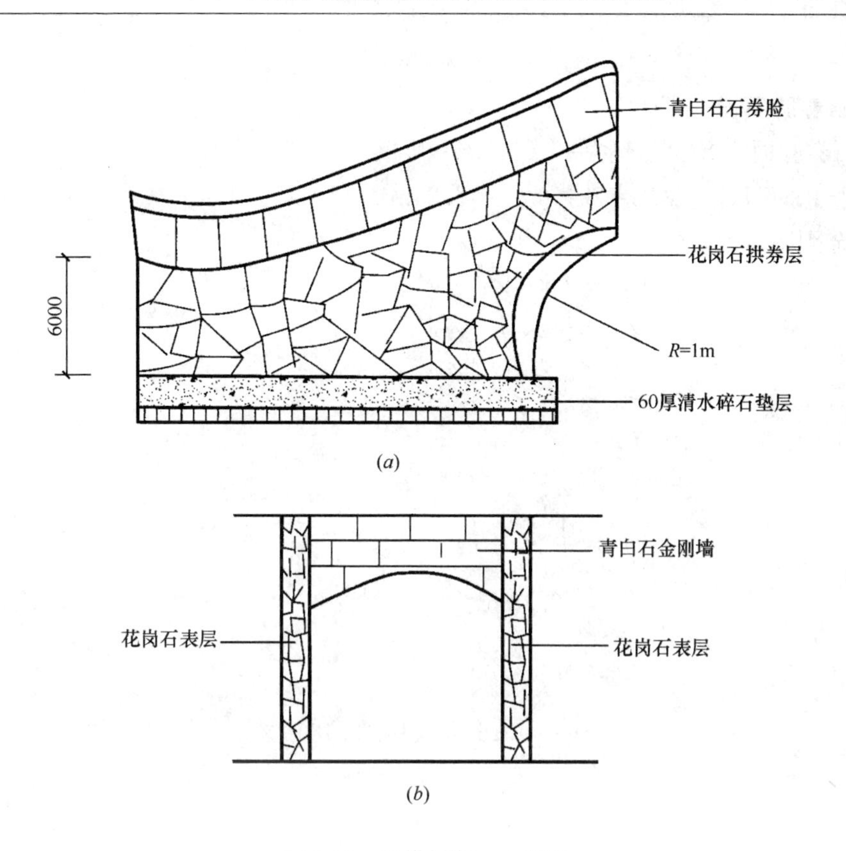

图 2-70　石拱桥断、立面图

(a) 石拱桥立面图；(b) 石拱桥断面图

【解】

(1) 拱券石体积

花岗石拱券层体积：$V_{总}=V_1-V_2$

$$V_1=\frac{1}{2}\times S\times 高$$

$$=\frac{1}{2}\pi r^2\times 高$$

$$=\frac{1}{2}\times 3.14\times(1+0.15)^2\times 5.5$$

$$=11.42\text{m}^3$$

$$V_1=\frac{1}{2}\times S\times 高$$

$$=\frac{1}{2}\pi r^2\times 高$$

$$=\frac{1}{2}\times 3.14\times 1^2\times 5.5$$

$$=8.64\text{m}^3$$

$$V_{总}=V_1-V_2$$

$$=11.42-8.64$$

$=2.78m^3$

(2) 石券脸面积

1个石券脸面积 $S=$长$\times$宽$=0.6\times0.4=0.24m^2$

石券脸总面积 $S_{总}=26S=26\times0.24=6.24m^2$

(3) 金刚墙体积

$$V_{总}=2\times(V'_1+V'_2)-V_3$$

$$V'_1=\text{长}\times\text{宽}\times\text{高}$$
$$=9\times6\times5.5$$
$$=297m^2$$

$$V'_2=\frac{1}{2}\times S\times\text{高}$$
$$=\frac{1}{2}\times0.5\times5.5\times9$$
$$=12.38m^3$$

$$V_3=\frac{1}{2}\pi r^2\times\text{高}$$
$$=\frac{1}{2}\times3.14\times(1+0.15)^2\times5.5$$
$$=11.42m^3$$

$$V_{总}=2\times(V'_1+V'_2)-V_3$$
$$=2\times(297+12.38)-11.42$$
$$=607.34m^3$$

清单工程量计算见表2-79。

清单工程量计算表 **表2-79**

序号	项目编码	项目名称	项目特征描述	计量单位	工程量
1	050201008001	拱券石	花岗石拱券层，厚0.15m	m^3	2.78
2	050201009001	石券脸	青白石石券脸长0.6m，宽0.6m，厚0.15m	m^3	6.24
3	050201010001	金刚墙砌筑	青白石金刚墙，每块厚0.2m	m^2	607.34

【例2-80】某人工湖驳岸为石砌垂直型驳岸如图2-71所示，高2.2m，长505m，厚0.5m，驳岸底层深入湖底80cm，驳岸结构为15mm厚覆土层，50mm厚块石层，15mm厚碎石垫层，素土夯实。驳岸顶有条石压顶，条石厚25cm，长60cm，宽35cm，试计算其清单工程量。

说明：基础宽度要求在驳岸高度的0.6～0.8倍范围内，基础层宽度为1.2m。

【解】

石方砌驳岸应按设计图示尺寸以体积计算。

驳岸工程量：$V=$长$\times$宽$\times$高$=505\times0.5\times2.2=555.5m^3$

清单工程量计算见表2-80。

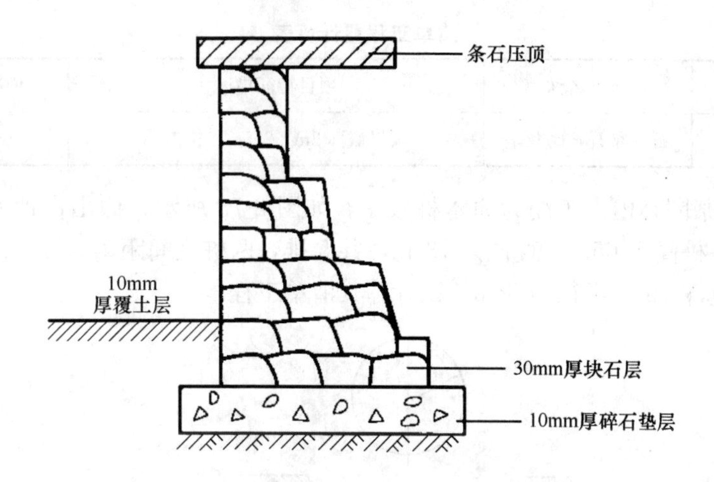

图 2-71　驳岸结构示意图

清单工程量计算表　　　　**表 2-80**

项目编码	项目名称	项目特征描述	计量单位	工程量
050202001001	石（卵石）砌驳岸	高 2.0m，长 500m，厚 0.35m	m^3	555.5

【例 2-81】 如图 2-72 所示为动物园驳岸的局部，该部分驳岸长 12.8m，宽 3m，试计算该部分驳岸的清单工程量。

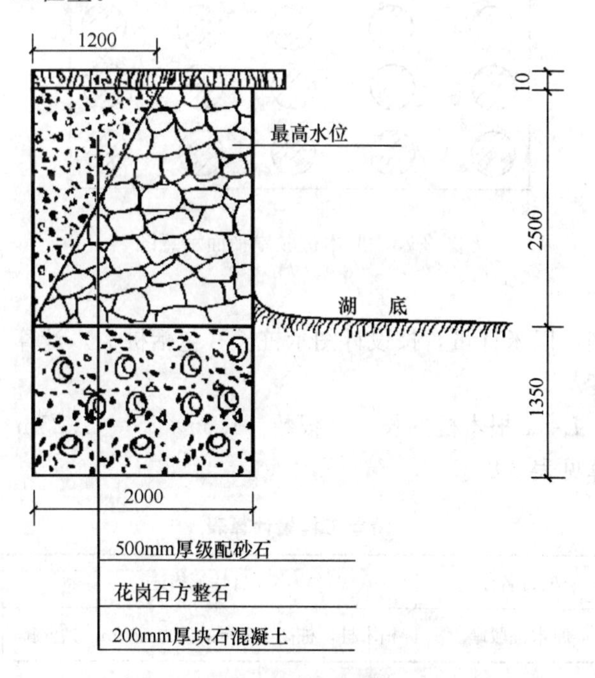

图 2-72　动物园驳岸局部剖面图

【解】

根据工程量计算规则，以立方米计量，按设计图示尺寸以体积计算：

工程量＝长×宽×高＝12.8×3×(1.35＋2.5)＝147.84m^3

清单工程量计算见表 2-81。

清单工程量计算表 **表 2-81**

项目编码	项目名称	项目特征描述	计量单位	工程量
050202001001	石（卵石）砌驳岸	驳岸截面 2m×2.5m，长 10m	m^3	147.84

【例 2-82】某园林内人工湖为原木桩驳岸，如图 2-73 所示，假山占地面积为 $150m^2$，木桩为柏木桩，桩高 1.65m，直径为 13cm，共 5 排，两桩之间距离为 20cm，打木桩时挖圆形地坑，地坑深 1m，半径为 8cm，试计算其清单工程量。

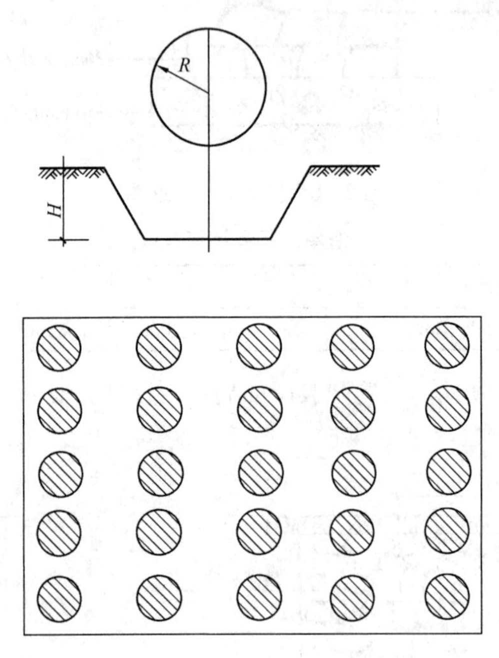

图 2-73 原木桩驳岸平面示意图

【解】

工程量计算规则：以米计量，按设计图示桩长（包括桩尖）计算。

原木桩驳岸长度：

$$L=1\text{ 根木桩的长度}\times\text{根数}=1.65\times25=41.25\text{m}$$

清单工程量计算见表 2-82。

清单工程量计算表 **表 2-82**

项目编码	项目名称	项目特征描述	计量单位	工程量
050202002001	原木桩驳岸	柏木桩，桩高 1.65m，直径 13cm，共 5 排	m	41.25

【例 2-83】某河流堤岸为散铺卵石护岸，如图 2-74 所示，护岸长 102.5m，平均宽 15.5m，护岸表面铺卵石，70mm 厚混凝土栽卵石，卵石层下为 45mm 厚 M2.5 混合砂浆，200mm 厚碎砖三合土，80mm 厚粗砂垫层，素土夯实，试计算其清单工程量。

【解】

工程量计算规则：以平方米计量，按设计图示平均护岸宽度乘以护岸长度以面积

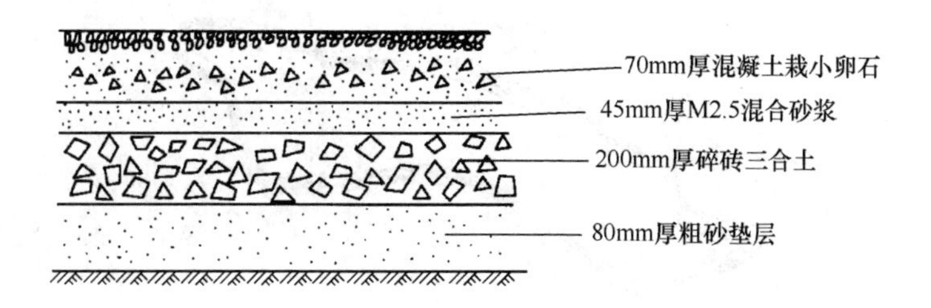

图 2-74 护岸剖面图

计算。

护岸工程量 S=长×护岸平均宽=102.5×15.5=1588.75m²

清单工程量计算见表 2-83。

清单工程量计算表 **表 2-83**

项目编码	项目名称	项目特征描述	计量单位	工程量
050202003001	满（散）铺砂卵石护岸（自然护岸）	平均宽度 15.5m	m²	1588.75

【例 2-84】某水景岸坡散铺砂卵石来保证岸坡稳定，该水池长 12m，宽 8m，岸坡宽 3.5m，如图 2-75 所示，试计算护岸工程量。

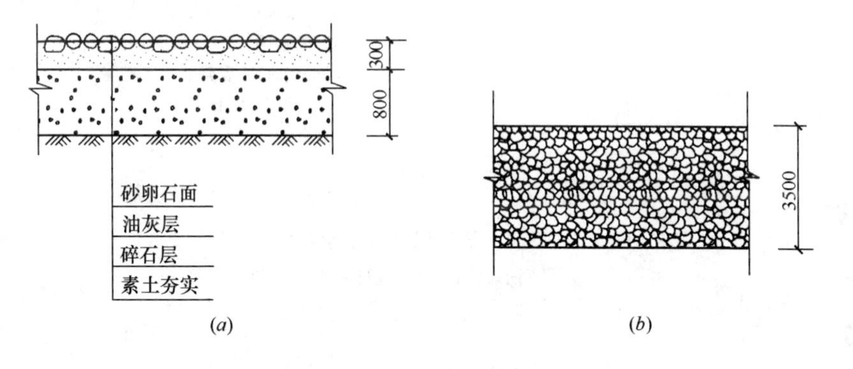

图 2-75 砂卵石护岸构造示意图

(a) 剖面图；(b) 平面图

【解】

$$护岸工程量\ S=(12+8)\times 2\times 3.5=140\text{m}^2$$

清单工程量计算见表 2-84。

清单工程量计算表 **表 2-84**

项目编码	项目名称	项目特征描述	计量单位	工程量
050202003001	满（散）铺砂卵石护岸（自然护岸）	池长 12m，宽 8m，岸坡宽 3.5m	m²	140

【例 2-85】如图 2-76 所示为某湖局部驳岸示意图，已知驳岸长 300m，宽约 1.8m，卵石均厚 0.22m，同时水泥砂浆、防水层、钢筋混凝土等的均高为 31mm。试根据已知条件求该驳岸的工程量。

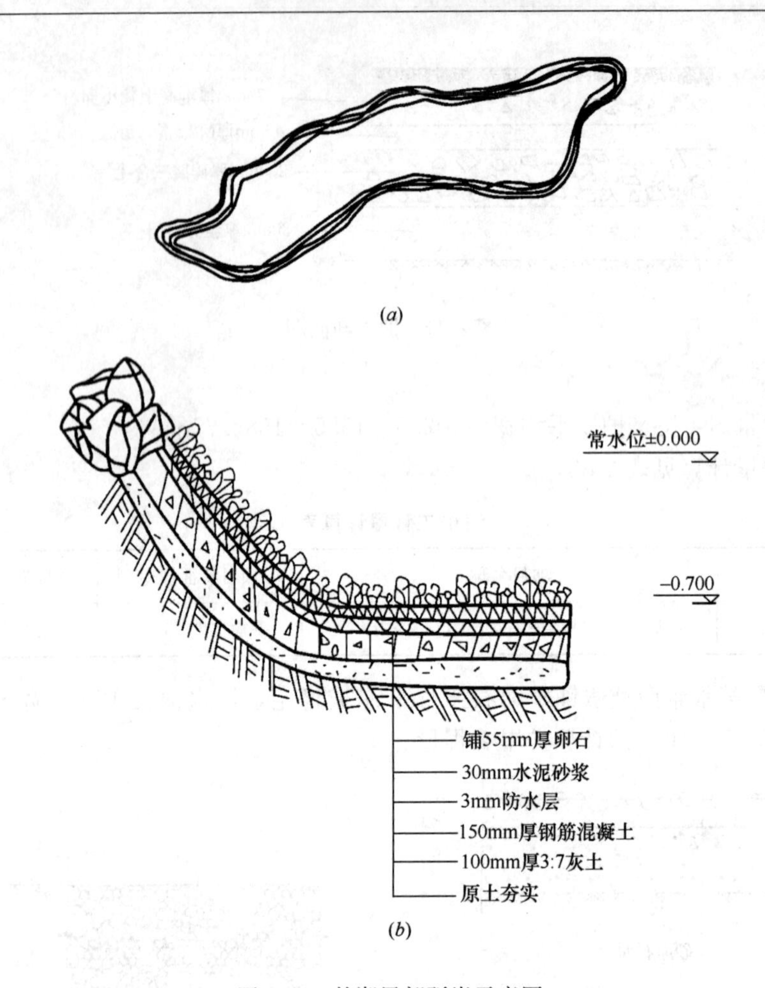

图 2-76 某湖局部驳岸示意图

(a) 平面示意图；(b) 局部剖面示意图

【解】

$$S = 1.8 \times 300$$
$$= 540\text{m}^2$$

清单工程量计算见表 2-85。

清单工程量计算表 表 2-85

项目编码	项目名称	项目特征描述	计量单位	工程量
050202003001	满（散）铺砂卵石护岸（自然护岸）	护岸平均宽度：1.8m	m^2	540

【例 2-86】某大型广场园路总面积为 200m²，混凝土垫层宽 3.2m，厚 150mm；水泥砖路面宽 3.2m；C20 混凝土垫层，M5 混合砂浆结合层。试计算工程量，并填写分部分项工程量清单与计价表和工程量清单综合单价分析表。

【解】

(1) 园路地基（按 280mm 厚计算）

整理路床工程量为：

$$200 \times 0.28 = 56\text{m}^3$$

1）人工费：6.18×56=346.08 元

2）机械费：0.74×56=41.44 元

3）合计：346.08+41.44=387.52 元

（2）基础垫层（混凝土）工程量

$$200 \times 0.15 = 30\text{m}^3$$

1）人工费：38.13×30=1143.9 元

2）材料费：126.48×30=3794.4 元

3）机械使用费：11.56×30=346.8 元

4）合计：1143.9+3794.4+346.8=5285.1 元

（3）预制水泥方格砖面层（浆垫）工程量为 200m^2

1）人工费：3.35×200=670 元

2）材料费：35.59×200=7118 元

3）机械使用费：0.07×200=14 元

4）合计：670+7118+14=7802 元

（4）综合

1）直接费用合计：387.52+5285.1+7802=13474.62 元

2）管理费：13474.62×34%=4581.37 元

3）利润：13474.62×8%=1077.97 元

4）合价：13474.62+4581.37+1077.97=19133.96 元

5）综合单价：19133.96÷200=95.67 元

分部分项工程和单价措施项目清单与计价表见表 2-86。

分部分项工程和单价措施项目清单与计价表 **表 2-86**

工程名称：某生态园区园林绿化工程　　标段：　　第　页　共　页

序号	项目编码	项目名称	项目特征描述	计量单位	工程量	金额（元）		
						综合单价	合价	其中：暂估价
1	050201001001	园路	1. 垫层厚度、宽度、材料种类：混凝土垫层宽 3.2m，厚 130mm 2. 路面宽度、材料种类：水泥砖路面宽 3.2m 3. 混凝土强度等级、砂浆强度等级：C20 混凝土垫层，M5 混合砂浆结合层	m^2	200	95.67	19133.96	
			合计				19133.96	

编制综合单价分析表见表 2-87。

综合单价分析表 **表 2-87**

工程名称：某生态园区园林绿化工程　　　标段：　　　　　第　页　共　页

项目编码	050201001001	项目名称	园路			计量单位		m^2	工程量		200
综合单价组成明细											
定额编号	定额名称	定额单位	数量	单价（元）				合价（元）			
				人工费	材料费	机械费	管理费和利润	人工费	材料费	机械费	管理费和利润
1-20	人工回填土，夯填	m^3	0.28	6.18	—	0.74	2.91	1.73	—	0.21	0.81
2-5	垫层素混凝土	m^3	0.15	38.13	126.48	11.56	73.99	5.72	18.97	1.73	11.10
2-11	水泥方格砖路面	m^3	1	3.35	35.59	0.07	16.38	3.35	35.59	0.07	16.38
人工单价		小计						10.80	35.59	2.01	28.29
25 元/工日		未计价材料费						18.98			
清单项目综合单价								95.67			
材料费明细	主要材料名称、规格、型号					单位	数量	单价（元）	合价（元）	暂估价（元）	暂估合价（元）
	水泥方格砖（50mm×250mm×250mm）					块	12	1.581	18.98		
	其他材料费							—		—	
	材料费小计							—	18.98	—	

2.3 园林景观工程清单工程量计算及实例

2.3.1 工程量清单计价规则

1. 堆塑假山

堆塑假山工程量清单项目设置及工程量计算规则见表 2-88。

堆塑假山（编码：050301） **表 2-88**

项目编码	项目名称	项目特征	计量单位	工程量计算规则	工程内容
050301001	堆筑土山丘	1. 土丘高度 2. 土丘坡度要求 3. 土丘底外接矩形面积	m^3	按设计图示山丘水平投影外接矩形面积乘以高度的 1/3 以体积计算	1. 取土、运土 2. 堆砌、夯实 3. 修整

续表

项目编码	项目名称	项目特征	计量单位	工程量计算规则	工程内容
050301002	堆砌石假山	1. 堆砌高度 2. 石料种类、单块重量 3. 混凝土强度等级 4. 砂浆强度等级、配合比	t	按设计图示尺寸以质量计算	1. 选料 2. 起重机搭、拆 3. 堆砌、修整
050301003	塑假山	1. 假山高度 2. 骨架材料种类、规格 3. 山皮料种类 4. 混凝土强度等级 5. 砂浆强度等级、配合比 6. 防护材料种类	m^2	按设计图示尺寸以展开面积计算	1. 骨架制作 2. 假山胎模制作 3. 塑假山 4. 山皮料安装 5. 刷防护材料
050301004	石笋	1. 石笋高度 2. 石笋材料种类 3. 砂浆强度等级、配合比	支	1. 以块（支、个）计量，按设计图示数量计算 2. 以吨计量，按设计图示石料质量计算	1. 选石料 2. 石笋安装
050301005	点风景石	1. 石料种类 2. 石料规格、重量 3. 砂浆配合比	1. 块 2. t		1. 选石料 2. 起重架搭、拆 3. 点石
050301006	池石、盆景山	1. 底盘种类 2. 山石高度 3. 山石种类 4. 混凝土砂浆强度等级 5. 砂浆强度等级、配合比	1. 座（个） 2. 个		1. 底盘制作、安装 2. 池、盆景山石安装、砌筑
050301007	山（卵）石护角	1. 石料种类、规格 2. 砂浆配合比	m^3	按设计图示尺寸以体积计算	1. 石料加工 2. 砌石
050301008	山坡（卵）石台阶	1. 石料种类、规格 2. 台阶坡度 3. 砂浆强度等级	m^2	按设计图示尺寸以水平投影面积计算	1. 选石料 2. 台阶砌筑

2. 原木、竹构件

原木、竹构件工程量清单项目设置及工程量计算规则见表 2-89。

原木、竹构件（编码：050302）　　**表 2-89**

<table>
<tr><th>项目编码</th><th>项目名称</th><th>项目特征</th><th>计量单位</th><th>工程量计算规则</th><th>工程内容</th></tr>
<tr><td>050302001</td><td>原木（带树皮）柱、梁、檩、椽</td><td rowspan="3">1. 原木种类
2. 原木（稍）径（不含树皮厚度）
3. 墙龙骨材料种类、规格
4. 墙底层材料种类、规格
5. 构件联结方式
6. 防护材料种类</td><td>m</td><td>按设计图示尺寸以长度计算（包括榫长）</td><td rowspan="6">1. 构件制作
2. 构件安装
3. 刷防护材料</td></tr>
<tr><td>050302002</td><td>原木（带树皮）墙</td><td rowspan="2">m^2</td><td>按设计图示尺寸以面积计算（不包括柱、梁）</td></tr>
<tr><td>050302003</td><td>树枝吊挂楣子</td><td>按设计图示尺寸以框外围面积计算</td></tr>
<tr><td>050302004</td><td>竹柱、梁、檩、椽</td><td>1. 竹种类
2. 竹（直）梢径
3. 连接方式
4. 防护材料种类</td><td>m</td><td>按设计图示尺寸以长度计算</td></tr>
<tr><td>050302005</td><td>竹编墙</td><td>1. 竹种类
2. 墙龙骨材料种类、规格
3. 墙底层材料种类、规格
4. 防护材料种类</td><td rowspan="2">m^2</td><td>按设计图示尺寸以面积计算（不包括柱、梁）</td></tr>
<tr><td>050302006</td><td>竹吊挂楣子</td><td>1. 竹种类
2. 竹梢径
3. 防护材料种类</td><td>按设计图示尺寸以框外围面积计算</td></tr>
</table>

3. 亭廊屋面

亭廊屋面工程量清单项目设置及工程量计算规则见表 2-90。

亭廊屋面（编码：050303）　　**表 2-90**

<table>
<tr><th>项目编码</th><th>项目名称</th><th>项目特征</th><th>计量单位</th><th>工程量计算规则</th><th>工程内容</th></tr>
<tr><td>050303001</td><td>草屋面</td><td rowspan="3">1. 屋面坡度
2. 铺草种类
3. 竹材种类
4. 防护材料种类</td><td rowspan="4">m^2</td><td>按设计图示尺寸以斜面计算</td><td rowspan="3">1. 整理、选料
2. 屋面铺设
3. 刷防护材料</td></tr>
<tr><td>050303002</td><td>竹屋面</td><td>按设计图示尺寸以实铺面积计算(不包括柱、梁)</td></tr>
<tr><td>050303003</td><td>树皮屋面</td><td>按设计图示尺寸以屋面结构外围面积计算</td></tr>
<tr><td>050303004</td><td>油毡瓦屋面</td><td>1. 冷底子油品种
2. 冷底子油涂刷遍数
3. 油毡瓦颜色规格</td><td>按设计图示尺寸以斜面计算</td><td>1. 清理基层
2. 材料裁接
3. 刷油
4. 铺设</td></tr>
</table>

续表

项目编码	项目名称	项目特征	计量单位	工程量计算规则	工程内容
050303005	预制混凝土穹顶	1. 穹顶弧长、直径 2. 肋截面尺寸 3. 板厚 4. 混凝土强度等级 5. 拉杆材质、规格	m^3	按设计图示尺寸以体积计算。混凝土脊和穹顶芽的肋、基梁并入屋面体积	1. 模板制作、运输、安装、拆除、保养 2. 混凝土制作、运输、浇筑、振捣、养护 3. 构件运输、安装 4. 砂浆制作、运输 5. 接头灌缝、养护
050303006	彩色压型钢板（夹芯板）攒尖亭屋面板	1. 屋面坡度 2. 穹顶弧长、直径 3. 彩色压型钢板（夹芯）板品种、规格 4. 拉杆材质、规格 5. 嵌缝材料种类 6. 防护材料种类	m^2	按设计图示尺寸以实铺面积计算	1. 压型板安装 2. 护角、包角、泛水安装 3. 嵌缝 4. 刷防护材料
050303007	彩色压型钢板（夹芯板）穹顶				
050303008	玻璃屋面	1. 屋面坡度 2. 龙骨材质、规格 3. 玻璃材质、规格 4. 防护材料种类			1. 制作 2. 运输 3. 安装
050303009	支（防腐木）屋面	1. 木（防腐木）种类 2. 防护层处理			1. 制作 2. 运输 3. 安装

4. 花架

花架工程量清单项目设置及工程量计算规则见表 2-91。

花架（编码：050304） **表 2-91**

项目编码	项目名称	项目特征	计量单位	工程量计算规则	工程内容
050304001	现浇混凝土花架柱、梁	1. 柱截面、高度、根数 2. 盖梁截面、高度、根数 3. 连系梁截面、高度、根数 4. 混凝土强度等级 5. 模板计量方式	m^3	按设计图示尺寸以体积计算	1. 模板制作、运输、安装、拆除、保养 2. 混凝土制作、运输、浇筑、振捣、养护
050304002	预制混凝土花架柱、梁	1. 柱截面、高度、根数 2. 盖梁截面、高度、根数 3. 连系梁截面、高度、根数 4. 混凝土强度等级 5. 砂浆配合比			1. 构件安装 2. 砂浆制作、运输 3. 接头灌缝、养护

续表

项目编码	项目名称	项目特征	计量单位	工程量计算规则	工程内容
050304003	金属花架柱、梁	1. 钢材品种、规格 2. 柱、梁截面 3. 油漆品种、刷漆遍数	t	按设计图示以质量计算	1. 制作、运输 2. 安装 3. 油漆
050304004	木花架柱、梁	1. 木材种类 2. 柱、梁截面 3. 连接方式 4. 防护材料种类	m^3	按设计图示截面乘长度（包括榫长）以体积计算	1. 构件制作、运输、安装 2. 刷防护材料、油漆
050304005	竹花架柱、梁	1. 竹种类 2. 竹胸径 3. 油漆品种、刷漆遍数	1. m 2. 根	1. 以长度计量，按设计图示花架构件尺寸以延长米计算 2. 以根计量，按设计图示花架柱、梁数量计算	1. 制作 2. 运输 3. 安装 4. 油漆

5. 园林桌椅

园林桌椅工程量清单项目设置及工程量计算规则见表 2-92。

园林桌椅（编码：050305） **表 2-92**

项目编码	项目名称	项目特征	计量单位	工程量计算规则	工程内容
050305001	预制钢筋混凝土飞来椅	1. 座凳面厚度、宽度 2. 靠背扶手截面 3. 靠背截面 4. 座凳楣子形状、尺寸 5. 混凝土强度等级 6. 砂浆配合比	m	按设计图示尺寸以座凳面中心线长度计算	1. 模板制作、运输、安装、拆除、保养 2. 混凝土制作、运输、浇筑、振捣、养护 3. 构件运输、安装 4. 砂浆制作、运输、抹面、养护 5. 接头灌缝、养护
050305002	水磨石飞来椅	1. 座凳面厚度、宽度 2. 靠背扶手截面 3. 靠背截面 4. 座凳楣子形状、尺寸 5. 砂浆配合比			1. 砂浆制作、运输 2. 制作 3. 运输 4. 安装
050305003	竹制飞来椅	1. 竹材种类 2. 座凳面厚度、宽度 3. 靠背扶手截面 4. 靠背截面 5. 座凳楣子形状 6. 铁件尺寸、厚度 7. 防护材料种类			1. 座凳面、靠背扶手、靠背、楣子制作、安装 2. 铁件安装 3. 刷防护材料

续表

项目编码	项目名称	项目特征	计量单位	工程量计算规则	工程内容
050305004	现浇混凝土桌凳	1. 桌凳形状 2. 基础尺寸、埋设深度 3. 桌面尺寸、支墩高度 4. 凳面尺寸、支墩高度 5. 混凝土强度等级、砂浆配合比	个	按设计图示数量计算	1. 模板制作、运输、安装、拆除、保养 2. 混凝土制作、运输、浇筑、振捣、养护 3. 砂浆制作、运输
050305005	预制混凝土桌凳	1. 桌凳形状 2. 基础形状、尺寸、埋设深度 3. 桌面形状、尺寸、支墩高度 4. 凳面尺寸、支墩高度 5. 混凝土强度等级 6. 砂浆配合比			1. 模板制作、运输、安装、拆除、保养 2. 混凝土制作、运输、浇筑、振捣、养护 3. 构件运输、安装 4. 砂浆制作、运输 5. 接头灌缝、养护
050305006	石桌石凳	1. 石材种类 2. 基础形状、尺寸、埋设深度 3. 桌面形状、尺寸、支墩高度 4. 凳面尺寸、支墩高度 5. 混凝土强度等级 6. 砂浆配合比	个	按设计图示数量计算	1. 土方挖运 2. 桌凳制作 3. 桌凳运输 4. 桌凳安装 5. 砂浆制作、运输
050305007	水磨石桌凳	1. 基础形状、尺寸、埋设深度 2. 桌面形状、尺寸、支墩高度 3. 凳面尺寸、支墩高度 4. 混凝土强度等级 5. 砂浆配合比			1. 桌凳制作 2. 桌凳运输 3. 桌凳安装 4. 砂浆制作、运输
050305008	塑树根桌凳	1. 桌凳直径 2. 桌凳高度 3. 砖石种类 4. 砂浆强度等级、配合比 5. 颜料品种、颜色			1. 砂浆制作、运输 2. 砖石砌筑 3. 塑树皮 4. 绘制木纹
050305009	塑树节椅				
050305010	塑料、铁艺、金属椅	1. 木座板面截面 2. 座椅规格、颜色 3. 混凝土强度等级 4. 防护材料种类			1. 制作 2. 安装 3. 刷防护材料

6. 喷泉安装

喷泉安装工程量清单项目设置及工程量计算规则见表 2-93。

喷泉安装（编码：050306） **表 2-93**

<table>
<tr><th>项目编码</th><th>项目名称</th><th>项目特征</th><th>计量单位</th><th>工程量计算规则</th><th>工程内容</th></tr>
<tr><td>050306001</td><td>喷泉管道</td><td>1. 管材、管件、阀门、喷头品种
2. 管道固定方式
3. 防护材料种类</td><td rowspan="2">m</td><td>按设计图示管道中心线长度以延长米计算，不扣除检查（阀门）井、阀门、管件及附件所占的长度</td><td>1. 土（石）方挖运
2. 管材、管件、阀门、喷头安装
3. 刷防护材料
4. 回填</td></tr>
<tr><td>050306002</td><td>喷泉电缆</td><td>1. 保护管品种、规格
2. 电缆品种、规格</td><td>按设计图示单根电缆长度以延长米计算</td><td>1. 土（石）方挖运
2. 电缆保护管安装
3. 电缆敷设
4. 回填</td></tr>
<tr><td>050306003</td><td>水下艺术装饰灯具</td><td>1. 灯具品种、规格
2. 灯光颜色</td><td>套</td><td rowspan="3">按设计图示数量计算</td><td>1. 灯具安装
2. 支架制作、运输、安装</td></tr>
<tr><td>050306004</td><td>电气控制柜</td><td>1. 规格、型号
2. 安装方式</td><td rowspan="2">台</td><td>1. 电气控制柜（箱）安装
2. 系统调试</td></tr>
<tr><td>050306005</td><td>喷泉设备</td><td>1. 设备品种
2. 设备规格、型号
3. 防护网品种、规格</td><td>1. 设备安装
2. 系统调试
3. 防护网安装</td></tr>
</table>

7. 杂项

杂项清单工程量计算规则见表 2-94。

杂项（编码：050307） **表 2-94**

<table>
<tr><th>项目编码</th><th>项目名称</th><th>项目特征</th><th>计量单位</th><th>工程量计算规则</th><th>工程内容</th></tr>
<tr><td>050307001</td><td>石灯</td><td>1. 石料种类
2. 石灯最大截面
3. 石灯高度
4. 砂浆配合比</td><td rowspan="3">个</td><td rowspan="3">按设计图示数量计算</td><td rowspan="2">1. 制作
2. 安装</td></tr>
<tr><td>050307002</td><td>石球</td><td>1. 石料种类
2. 球体直径
3. 砂浆配合比</td></tr>
<tr><td>050307003</td><td>塑仿石音箱</td><td>1. 音箱石内空尺寸
2. 铁丝型号
3. 砂浆配合比
4. 水泥漆颜色</td><td>1. 胎模制作、安装
2. 铁丝网制作、安装
3. 砂浆制作、运输
4. 喷水泥漆
5. 埋置仿石音箱</td></tr>
</table>

续表

<table>
<tr><th>项目编码</th><th>项目名称</th><th>项目特征</th><th>计量单位</th><th>工程量计算规则</th><th>工程内容</th></tr>
<tr><td>050307004</td><td>塑树皮梁、柱</td><td rowspan="2">1. 塑树种类
2. 塑竹种类
3. 砂浆配合比
4. 喷字规格、颜色
5. 油漆品种、颜色</td><td rowspan="2">1. m^2
2. m</td><td rowspan="2">1. 以平方米计量，按设计图示尺寸以梁柱外表面积计算
2. 以米计量，按设计图示尺寸以构件长度计算</td><td rowspan="2">1. 灰塑
2. 刷涂颜料</td></tr>
<tr><td>050307005</td><td>塑竹梁、柱</td></tr>
<tr><td>050307006</td><td>铁艺栏杆</td><td>1. 铁艺栏杆高度
2. 铁艺栏杆单位长度重量
3. 防护材料种类</td><td rowspan="2">m</td><td rowspan="2">按设计图示尺寸以长度计算</td><td>1. 铁艺栏杆安装
2. 刷防护材料</td></tr>
<tr><td>050307007</td><td>塑料栏杆</td><td>1. 栏杆高度
2. 塑料种类</td><td>1. 下料
2. 安装
3. 校正</td></tr>
<tr><td>050307008</td><td>钢筋混凝土艺术围栏</td><td>1. 围栏高度
2. 混凝土强度等级
3. 表面涂敷材料种类</td><td>1. m^2
2. m</td><td>1. 以平方米计量，按设计图示尺寸以面积计算
2. 以米计量，按设计图示尺寸以延长米计算</td><td>1. 制作
2. 运输
3. 安装
4. 砂浆制作、运输
5. 接头灌缝、养护</td></tr>
<tr><td>050307009</td><td>标志牌</td><td>1. 材料种类、规格
2. 镌字规格、种类
3. 喷字规格、颜色
4. 油漆品种、颜色</td><td>个</td><td>按设计图示数量计算</td><td>1. 选料
2. 标志牌制作
3. 雕凿
4. 镌字、喷字
5. 运输、安装
6. 刷油漆</td></tr>
<tr><td>050307010</td><td>景墙</td><td>1. 土质类别
2. 垫层材料种类
3. 基础材料种类、规格
4. 墙体材料种类、规格
5. 墙体厚度
6. 混凝土、砂浆强度等级、配合比
7. 饰面材料种类</td><td>1. m^3
2. 段</td><td>1. 以立方米计量，按设计图示尺寸以体积计算
2. 以段计量，按设计图示尺寸以数量计算</td><td>1. 土（石）方挖运
2. 垫层、基础铺设
3. 墙体砌筑
4. 面层铺贴</td></tr>
</table>

续表

<table>
<tr><th>项目编码</th><th>项目名称</th><th>项目特征</th><th>计量单位</th><th>工程量计算规则</th><th>工程内容</th></tr>
<tr><td>050307011</td><td>景窗</td><td>1. 景窗材料品种、规格
2. 混凝土强度等级
3. 砂浆强度等级、配合比
4. 涂刷材料品种</td><td rowspan="2">m^2</td><td rowspan="2">按设计图示尺寸以面积计算</td><td rowspan="2">1. 制作
2. 运输
3. 砌筑安放
4. 勾缝
5. 表面涂刷</td></tr>
<tr><td>050307012</td><td>花饰</td><td>1. 花饰材料品种、规格
2. 砂浆配合比
3. 涂刷材料品种</td></tr>
<tr><td>050307013</td><td>博古架</td><td>1. 博古架材料品种、规格
2. 混凝土强度等级
3. 砂浆配合比
4. 涂刷材料品种</td><td>1. m^2
2. m
3. 个</td><td>1. 以平方米计量，按设计图示尺寸以面积计算
2. 以米计量，按设计图示尺寸以延长米计算
3. 以个计量，按设计图示数量计算</td><td>1. 制作
2. 运输
3. 砌筑安放
4. 勾缝
5. 表面涂刷</td></tr>
<tr><td>050307014</td><td>花盆（坛、箱）</td><td>1. 花盆（坛）的材质及类型
2. 规格尺寸
3. 混凝土强度等级
4. 砂浆配合比</td><td>个</td><td>按设计图示尺寸以数量计算</td><td>1. 制作
2. 运输
3. 安放</td></tr>
<tr><td>050307015</td><td>摆花</td><td>1. 花盆（钵）的材质及类型
2. 花卉品种与规格</td><td>1. m^2
2. 个</td><td>1. 以平方米计量，按设计图示尺寸以水平投影面积计算
2. 以个计量，按设计图示数量计算</td><td>1. 搬运
2. 安放
3. 养护
4. 撤收</td></tr>
<tr><td>050307016</td><td>花池</td><td>1. 土质类别
2. 池壁材料种类、规格
3. 混凝土、砂浆强度等级、配合比
4. 饰面材料种类</td><td>1. m^3
2. m
3. 个</td><td>1. 以立方米计量，按设计图示尺寸以体积计算
2. 以米计量，按设计图示尺寸以池壁中心线处延长米计算
3. 以个计量，按设计图示数量计算</td><td>1. 垫层铺设
2. 基础砌（浇）筑
3. 墙体砌（浇）筑
4. 面层铺贴</td></tr>
</table>

续表

项目编码	项目名称	项目特征	计量单位	工程量计算规则	工程内容
050307017	垃圾箱	1. 垃圾箱材质 2. 规格尺寸 3. 混凝土强度等级 4. 砂浆配合比	个	按设计图示尺寸以数量计算	1. 制作 2. 运输 3. 安放
050307018	砖石砌小摆设	1. 砖种类、规格 2. 石种类、规格 3. 砂浆强度等级、配合比 4. 石表面加工要求 5. 勾缝要求	1. m^3 2. 个	1. 以立方米计量，按设计图示尺寸以体积计算 2. 以个计量，按设计图示尺寸以数量计算	1. 砂浆制作、运输 2. 砌砖、石 3. 抹面、养护 4. 勾缝 5. 石表面加工
050307019	其他景观小摆设	1. 名称及材质 2. 规格尺寸	个	按设计图示尺寸以数量计算	1. 制作 2. 运输 3. 安装
050307020	柔性水池	1. 水池深度 2. 防水（漏）材料品种	m^2	按设计图示尺寸以水平投影面积计算	1. 清理基层 2. 材料裁接 3. 铺设

2.3.2　清单相关问题及说明

1. 堆塑假山

（1）假山（堆筑土山丘除外）工程的挖土方、开凿石方、回填等应按现行国家标准《房屋建筑与装饰工程工程量计算规范》GB 50854—2013 相关项目编码列项。

（2）如遇某些构配件使用钢筋混凝土或金属构件时，应按现行国家标准《房屋建筑与装饰工程工程量计算规范》GB 50854—2013 或《市政工程工程量计算规范》GB 50857—2013 相关项目编码列项。

（3）散铺河滩石按点风景石项目单独编码列项。

（4）堆筑土山丘，适用于夯填、堆筑而成。

2. 原木、竹构件

（1）木构件连接方式应包括：开榫连接、铁件连接、扒钉连接、铁钉连接。

（2）竹构件连接方式应包括：竹钉固定、竹篾绑扎、铁丝连接。

3. 亭廊屋面

（1）柱顶石（磉蹬石）、钢筋混凝土屋面板、钢筋混凝土亭屋面板、木柱、木屋架、钢柱、钢屋架、屋面木基层和防水层等，应按现行国家标准《房屋建筑与装饰工程工程量计算规范》GB 50854—2013 中相关项目编码列项。

（2）膜结构的亭、廊，应按现行国家标准《仿古建筑工程工程量计算规范》GB 50855—2013 及《房屋建筑与装饰工程工程量计算规范》GB 50854—2013 中相关项目编码列项。

（3）竹构件连接方式应包括：竹钉固定、竹篾绑扎、铁丝连接。

4. 花架

花架基础、玻璃天棚、表面装饰及涂料项目应按现行国家标准《房屋建筑与装饰工程工程量计算规范》GB 50854—2013 中相关项目编码列项。

5. 园林桌椅

木制飞来椅按现行国家标准《仿古建筑工程工程量计算规范》GB 50855—2013 相关项目编码列项。

6. 喷泉安装

（1）喷泉水池应按现行国家标准《房屋建筑与装饰工程工程量计算规范》GB 50854—2013 中相关项目编码列项。

（2）管架项目按现行国家标准《房屋建筑与装饰工程工程量计算规范》GB 50854—2013 中钢支架项目单独编码列项。

7. 杂项

砌筑果皮箱，放置盆景的须弥座等，应按砖石砌小摆设项目编码列项。

2.3.3 工程量清单计价实例

【例 2-87】某植物园竹林旁边以石笋石作点缀，其石笋石采用白果笋，具体布置造型尺寸如图 2-77 所示，试计算其清单工程量。

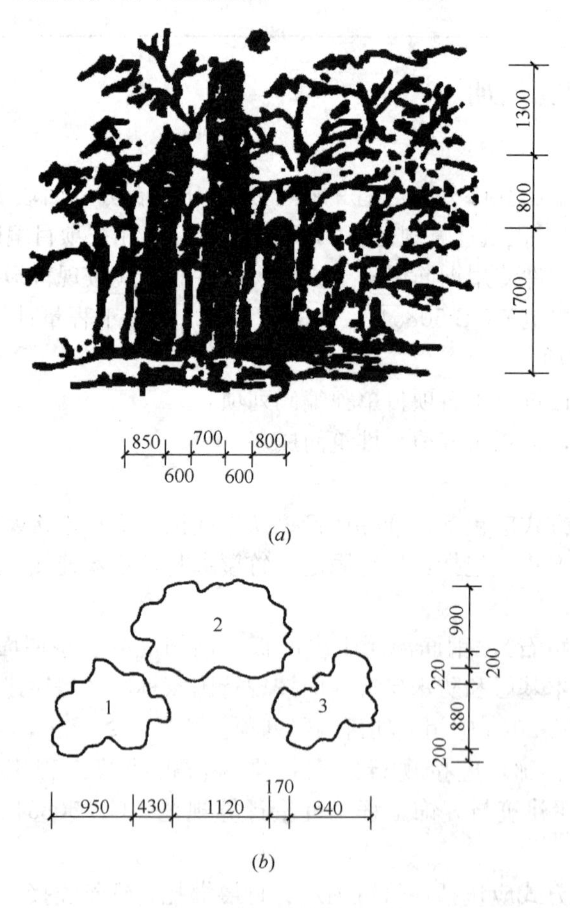

图 2-77 白果笋示意图

(a) 立面图；(b) 平面图

【解】

石笋清单工程量以块（支、个）计量，按设计图示数量计算。

该景区共布置有 3 支白果笋。

清单工程量计算见表 2-95。

清单工程量计算表 **表 2-95**

序号	项目编码	项目名称	项目特征描述	计量单位	工程量
1	050301004001	石笋	白果笋，高 2.5m	支	1
2	050301004002	石笋	白果笋，高 3.8m	支	1
3	050301004003	石笋	白果笋，高 1.7m	支	1

【例 2-88】 某人工塑假山如图 2-78 所示，采用钢骨架，山高 9.2m，占地 23.6m^2，假山地基为混凝土基础，35mm 厚砂石垫层，C10 混凝土厚 100mm，素土夯实。假山上有人工安置白果笋 1 支，高 2m，点风景石 3 块，平均长 2.2m，宽 1m，高 1.5m，零星点布石 5 块，平均长 1m，宽 0.6m，高 0.7m，风景石和零星点布石为黄石。假山山皮料为小块英德石，每块高 2m，宽 1.5m 共 60 块，需要人工运送 60m 远，试计算其清单工程量。

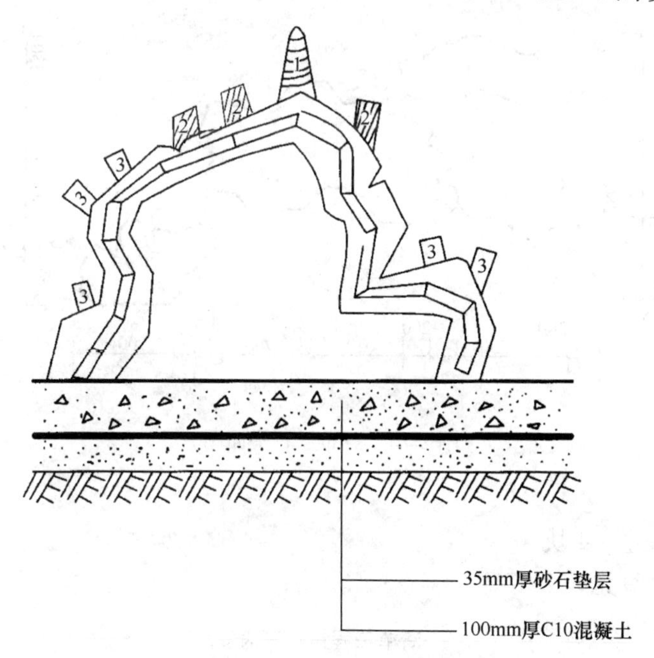

图 2-78 人工塑假山剖面图

1—白果笋；2—景石；3—零星点布石

【解】

（1）塑假山

工程量计算规则：按设计图示尺寸以展开面积计算。

塑假山工程量＝23.6m^2

（2）石笋

工程量计算规则：以块（支、个）计量，按设计图示数量计算。

石笋工程量＝1 支

（3）点风景石

工程量计算规则：以块（支、个）计量，按设计图示数量计算。

点风景石工程量＝3 块

清单工程量计算见表 2-96。

清单工程量计算表　　　　**表 2-96**

序号	项目编码	项目名称	项目特征描述	计量单位	工程量
1	050301003001	塑假山	人工塑假山，钢骨架，山高 9.2m，假山地基为混凝土基础，山皮料为小块英德石	m^2	23.6
2	050301004001	石笋	高 2m	支	1
3	050301005001	点风景石	平均长 2.2m，宽 1m，高 1.5m	块	3

【例 2-89】某公园草地上零星点布 4 块风景石，其平面布置如图 2-79 所示，石材选用太湖石，试计算其工程量。

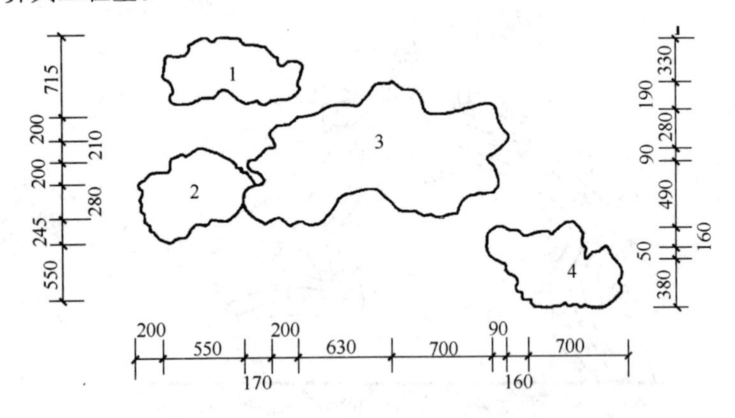

图 2-79　点布景石平面图

【解】

点风景石工程量＝4 块

清单工程量计算见表 2-97。

清单工程量计算表　　　　**表 2-97**

项目编码	项目名称	项目特征描述	计量单位	工程量
050301005001	点风景石	太湖石	块	4

【例 2-90】某景区人工湖中有一单峰石石景，其材料构成为黄石，底盘为正方形混凝土，底盘高度为 5m，水平投影面积为 $18m^2$，试计算其工程量。

【解】

池石工程量＝1 座

清单工程量计算见表 2-98。

清单工程量计算表 表 2-98

项目编码	项目名称	项目特征描述	计量单位	工程量
050301006001	池、盆景置石	混凝土底盘、山高 5m，水平投影面积为 $18m^2$，黄石结构，单峰石石景	座	1

【例 2-91】某人造假山置于一定的位置来点缀风景，具体构造尺寸如图 2-80 所示，石材主要为太湖石，石块间用水泥砂浆勾缝堆砌，试计算其清单工程量。

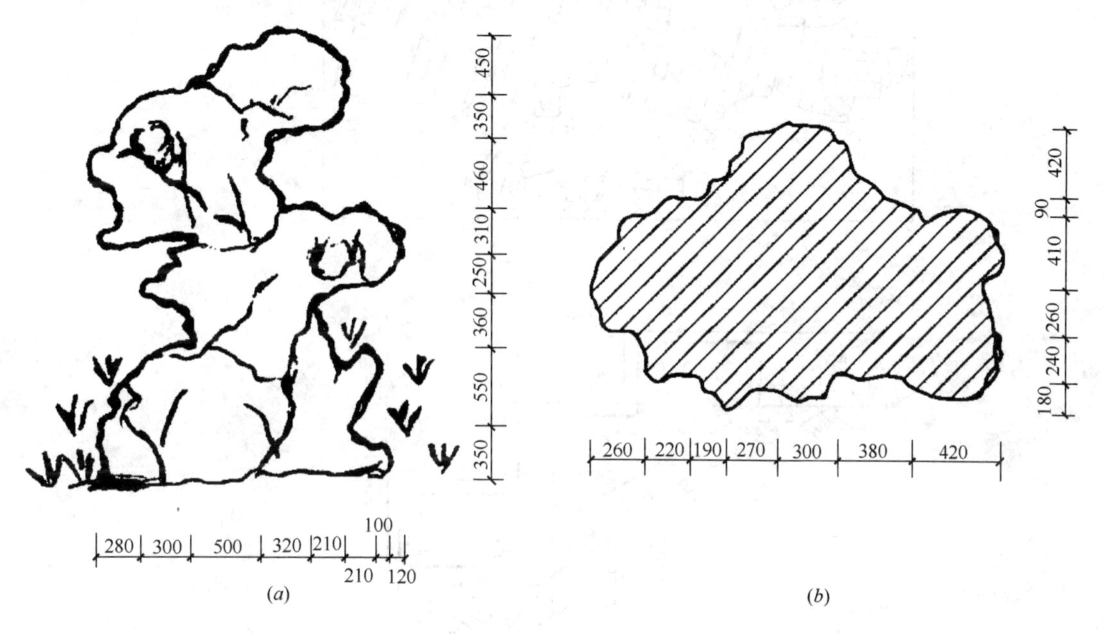

图 2-80 人造假山示意图
(a) 立面图；(b) 平面图

【解】

(1) 堆砌石假山

清单工程量应按设计图示尺寸以估算质量计算。

该假山高 3.08m，K_n＝0.54，蠹石的密度为 $2.2t/m^3$，所以：

假山工程量＝2.04×1.6×3.08×2.2×0.54＝17.80t

(2) 点缀风景石

清单工程量应按设计图示数量计算。

由于该风景石只有一块，所以其工程量为 1 块。

清单工程量计算见表 2-99。

清单工程量计算表 表 2-99

序号	项目编码	项目名称	项目特征描述	计量单位	工程量
1	050301002001	堆砌石假山	假山高 3.08m，石材为太湖石	t	17.80
2	050301005001	点风景石	太湖石	块	1

【例 2-92】有一带土假山为了保护山体而在假山的拐角处设置山石护角，如图 2-81 所

示，每块石长 1.2m，宽 0.5m，高 0.6m。假山中修有山石台阶，每个台阶长 0.5m，宽 0.3m，高 0.15m，共 13 级，台阶为 C10 混凝土结构，表面是水泥抹面，C10 混凝土厚 130mm，1∶3∶6 三合土垫层厚 80mm，素土夯实，所有山石材料均为黄石。试计算其清单工程量。

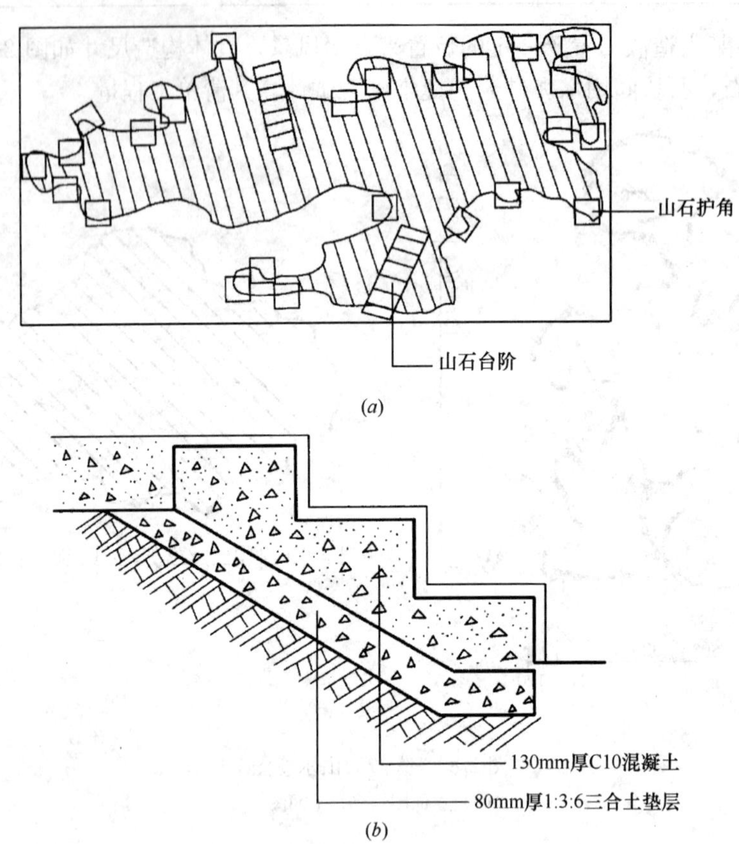

图 2-81　假山示意图

(*a*) 假山平面图；(*b*) 台阶剖面图

【解】

(1) 山（卵）石护角

工程量计算规则：按设计图示尺寸以体积计算。

1 块山石护角的体积：

$$V=长\times宽\times高=1.2\times0.5\times0.6=0.36\text{m}^3$$

(2) 山坡（卵）石台阶

工程量计算规则：按设计图示尺寸以水平投影面积计算。

石台阶的工程量：

$$S=长\times宽\times台阶数=0.5\times0.3\times13=1.95\text{m}^2$$

清单工程量计算见表 2-100。

清单工程量计算表 表 2-100

序号	项目编码	项目名称	项目特征描述	计量单位	工程量
1	050301007001	山（卵）石护角	每块石长 1.2m，宽 0.5m，高 0.6m	m^3	0.36
2	050301008001	山坡（卵）石台阶	C10 混凝土结构，表面为水泥抹面，C10 混凝土厚 130mm	m^2	1.95

【例 2-93】 如图 2-82 所示为某公园内的堆筑土山丘的平面图，已知该山丘水平投影的外接矩形长 13m，宽 6m，假山的高度为 8m，试计算工程量。

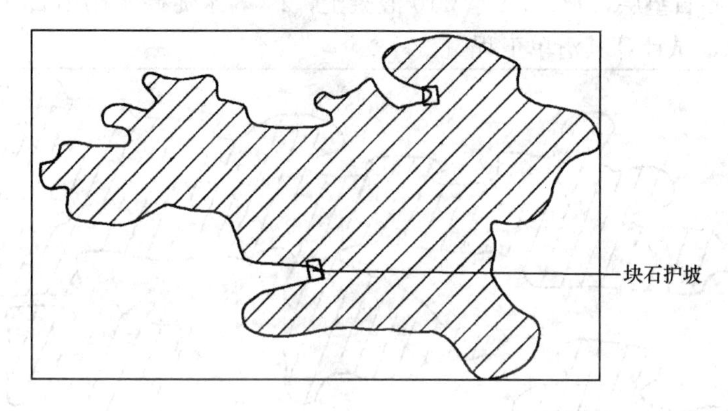

图 2-82 堆筑土山丘水平投影图

【解】

堆筑土山丘工程量＝外接矩形面积×高度×1/3

＝13×6×8×1/3

＝208m^3

清单工程量计算见表 2-101。

清单工程量计算表 表 2-101

项目编码	项目名称	项目特征描述	计量单位	工程量
050301001001	堆筑土山丘	土山丘外接矩形长 13m，宽 6m，假山高 8m	m^3	208

【例 2-94】 某公园内的一堆砌石假山，堆砌的材料为黄石，该假山高度为 3.5m，假山的实际投影面积为 33m^2，试计算其工程量。

【解】

堆砌石假山工程量计算公式如下：

$$W = AHRK_n$$

式中 W——石料重量（t）；

A——假山平面轮廓的水平投影面积（m^2）；

H——假山着地点至最高顶点的垂直距离（m）；

R——石料密度，黄（杂）石 2.6t/m^3，湖石 2.2t/m^3；

K_n——折算系数，高度在 2m 以内，K_n＝0.65；高度在 4m 以内，K_n＝0.56。

堆砌石假山工程量＝33×3.5×2.6×0.56＝168.17t

清单工程量计算见表 2-102。

清单工程量计算表　　　　表 2-102

项目编码	项目名称	项目特征描述	计量单位	工程量
050301002001	堆砌石假山	山石材料为黄石，山高 3.5m	t	168.17

【例 2-95】公园内有一堆砌石假山，如图 2-83 所示，山石材料为黄石，山高 3.8m，假山平面轮廓的水平投影外接矩形长 8m，宽 4.5m，投影面积为 $30m^2$。假山下为混凝土基础，40mm 厚砂石垫层，110mm 厚 C10 混凝土，1∶3 水泥砂浆砌山石。石间空隙处填土配制有小灌木，试计算其清单工程量。

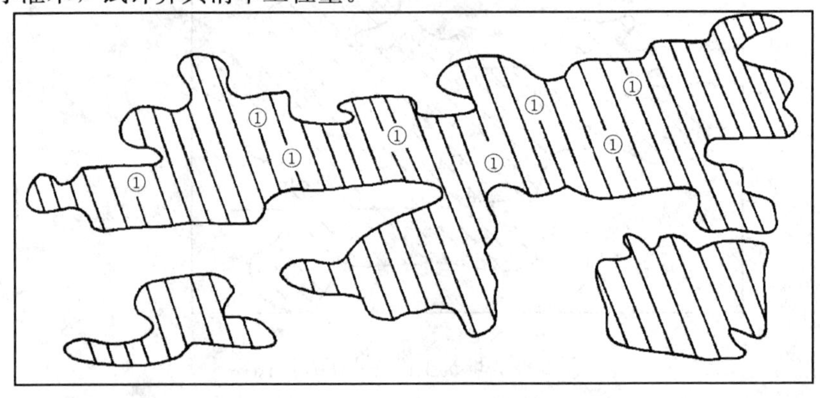

(a)

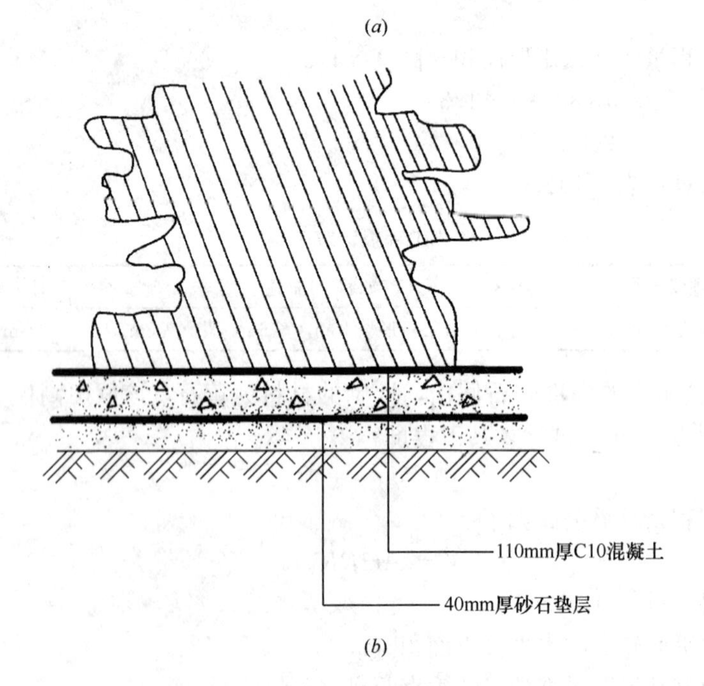

(b)

图 2-83　假山水平投影图、剖面图

(a) 假山水平投影图；(b) 假山剖面图

①—法国冬青

【解】

(1) 堆砌石假山

工程量计算规则：按设计图示尺寸以质量计算。

石料重量 $W=AHRK_n=30\times3.8\times2.6\times0.56=165.98$t

(2) 栽植灌木

工程量计算规则：以株计量，按设计图示数量计算。

法国冬青工程量=8 株

清单工程量计算见表 2-103。

清单工程量计算表　　表 2-103

序号	项目编码	项目名称	项目特征描述	计量单位	工程量
1	050301002001	堆砌石假山	山石材料为黄石，山高 3.8m	t	165.98
2	050102002001	栽植灌木	法国冬青	株	8

【例 2-96】某公园园林假山如图 2-84 所示，计算其清单工程量（三类土）。

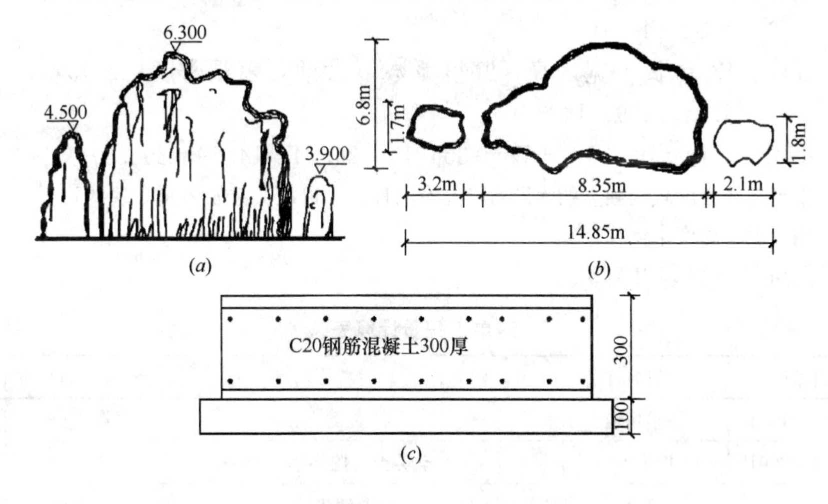

图 2-84 假山示意图

(a) 立面图；(b) 平面图；(c) 基础垫层图

【解】

(1) 平整场地

平均宽度：(6.8+1.8)/2=4.3m

长度=14.85m

假山平整场地以其底面积乘以系数 2，以“m^2”计算

$$S=2\times4.3\times14.85=127.71m^2$$

(2) 人工挖土

挖土平均宽度：4.3+(0.08+0.1)×2=4.66m

挖土平均长度：14.85+(0.08+0.1)×2=15.21m

挖土深度：0.1+0.3=0.4m

$$S=长\times宽\times高=4.66\times15.21\times0.4=28.35m^3$$

（3）道碴垫层（100mm 厚）

$$S=平均宽度\times平均长度\times深度=4.66\times15.21\times0.1=7.09m^3$$

（4）C20 钢筋混凝土垫层（300mm 厚）

$$长=14.85+0.1\times2=15.05m$$

$$宽=4.3+0.1\times2=4.5m$$

$$V=长\times宽\times高=15.05\times4.5\times0.3=20.32m^3$$

（5）钢筋混凝土模板

$$S=V\times模板系数=20.32\times0.26=5.28m^2$$

（6）钢筋混凝土钢筋

$$T=V\times钢筋系数=20.32\times0.079=1.60t$$

（7）假山堆砌

1）6.3m 处：$W_a=长\times宽\times高\times高度系数\times太湖石表观密度=6.8\times8.35\times6.3\times0.55\times1.8=354.14t$

2）4.5m 处：$W_b=长\times宽\times高\times高度系数\times太湖石表观密度=1.7\times3.2\times4.5\times0.55\times1.8=24.24t$

3）3.9m 处：$W_c=长\times宽\times高\times高度系数\times太湖石表观密度=2.1\times1.8\times0.55\times1.8t\times3.9=14.59t$

太湖石总用量：$W=W_a+W_b+W_c=354.14+24.24+14.59=392.97t$

注：本例中是三块大的较为独立的太湖石，在有的计算中可能会涉及零星散块的石头，则应根据其累计长度、平均高度、宽度来计算。

清单工程量计算见表 2-104。

清单工程量计算表　　表 2-104

序号	项目编码	项目名称	项目特征描述	计量单位	工程量
1	010101001001	平整场地	三类土	m^2	127.71
2	010101002001	挖土方	三类土，挖土厚 0.4m	m^3	28.35
3	010401006001	垫层	道碴垫层	m^3	7.09
4	010401006002	垫层	C20 钢筋混凝土垫层	m^3	20.32
5	010416001001	现浇混凝土钢筋	钢筋混凝土钢筋	t	1.60
6	050202002001	堆砌石假山	堆砌高 6.3m，太湖石表观密度 1.8t/m^3	t	392.97

【例 2-97】 某花架如图 2-85 所示，其柱、梁、檩条全为原木矩形构件，每根柱长 0.3m，宽 0.3m，高 2.4m，每根梁长 1.6m，宽 0.3m，高 0.3m，每根檩条长 7m，宽

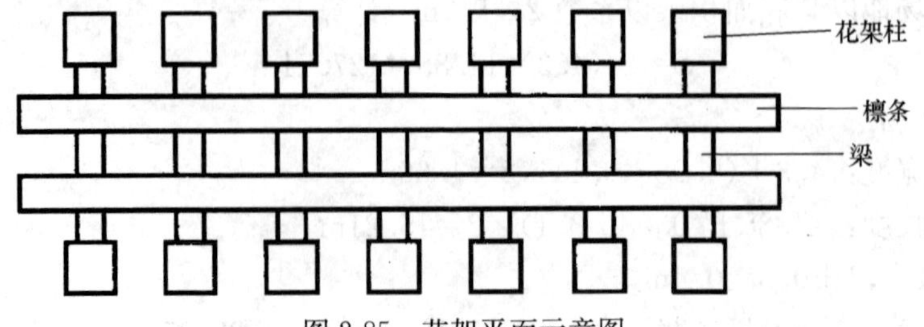

图 2-85　花架平面示意图

0.4m，高0.3m，试计算其工程量。

【解】

1）柱子的总长度：

L=每根柱子的高度×根数=2.4×7×2=33.6m

2）梁的总长度：

L=每根梁的长度×根数=1.6×7=11.2m

3）檩条的总长度：

L=每根檩条的长度×根数=7×2=14m

清单工程量计算见表2-105。

清单工程量计算表　　表2-105

序号	项目编码	项目名称	项目特征描述	计量单位	工程量
1	050302001001	原木（带树皮）柱、梁、檩、椽	每根柱长0.3m，宽0.3m，高2.2m	m^2	33.6
2	050302001002	原木（带树皮）柱、梁、檩、椽	每根深长1.5m，宽0.3m，高0.3m	m^3	11.2
3	050302001003	原木（带树皮）柱、梁、檩、椽	每根檩条长7m，宽0.4m，高0.3m	m^3	14

【例2-98】如图2-86所示为某园林建筑立柱示意图，柱子的材料选用原木构造，该建筑有木柱子12根，试计算其清单工程量。

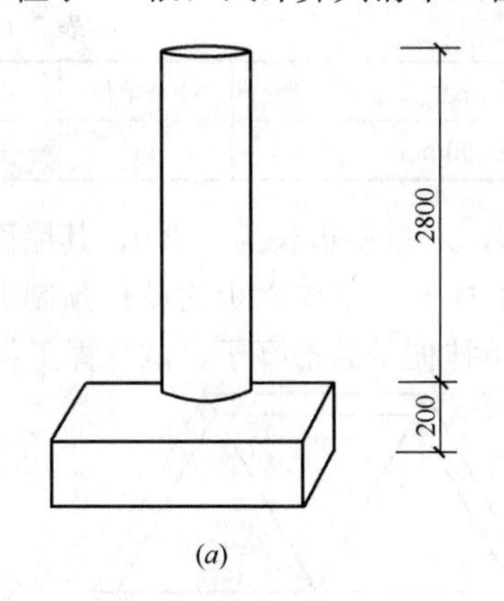

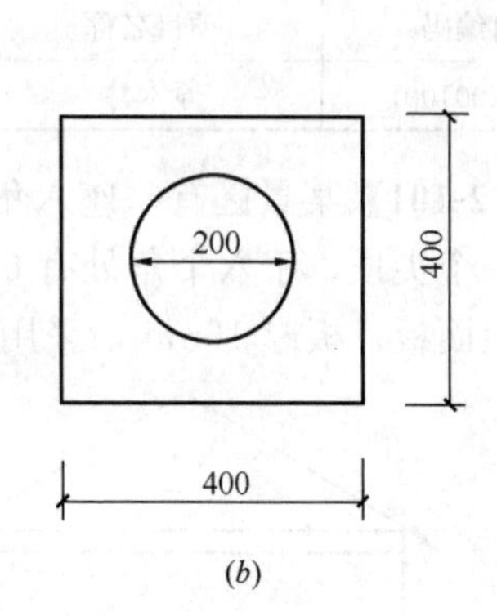

图2-86　立柱示意图

(a) 立体图；(b) 平面图

【解】

工程量计算规则：按设计图示尺寸以长度计算（包括榫长）。

该题所给柱子长：2.8+0.2=3.00m

清单工程量=3×12=36m

清单工程量计算见表2-106。

清单工程量计算表 表 2-106

项目编码	项目名称	项目特征描述	计量单位	工程量
050302001001	原木（带树皮）柱	原木梢径为 200mm	m	36

【例 2-99】 一房屋墙壁为原木墙结构，原木墙梢径为 18cm，树皮屋面板厚 2.2cm，原木墙长 3.2m，宽 2.6m，墙体中装有镀锌钢板龙骨，龙骨长 3m，宽 0.4m，厚 1.2mm，墙底层地基中打入有钢筋混凝土矩形桩，每个桩长 5m，矩形表面长 1m，宽 0.6m，原木墙表面抹有灰面白水泥浆，试计算工程量。

【解】

墙体面积：S=长×宽=3.2×2.6=8.32m^2

清单工程量计算见表 2-107。

清单工程量计算表 表 2-107

项目编码	项目名称	项目特征描述	计量单位	工程量
050302002001	原木（带树皮）墙	原木墙梢径 18cm，镀锌钢板龙骨，原木墙表面抹有灰面白水泥浆	m^2	8.32

【例 2-100】 某景观工程共计有松木制造的立柱 10 根，已知每根柱长 3m，直径 450mm，试计算其工程量。

【解】

原木柱工程量=3×10=30m

清单工程量计算见表 2-108。

清单工程量计算表 表 2-108

项目编码	项目名称	项目特征描述	计量单位	工程量
050302001001	原木柱	松木，直径 450mm	m	30

【例 2-101】 某景区有一座六角亭，如图 2-87 所示，六角亭边长为 4.2m，其屋面坡顶交汇成一个尖顶，于六个角处有 6 根梢径为 18cm 的木柱子，亭屋面板为就位预制混凝土攒尖亭屋面板，板厚 16mm，采用灯笼锦纹样的树枝吊挂楣子装饰亭子，试计算工程量。

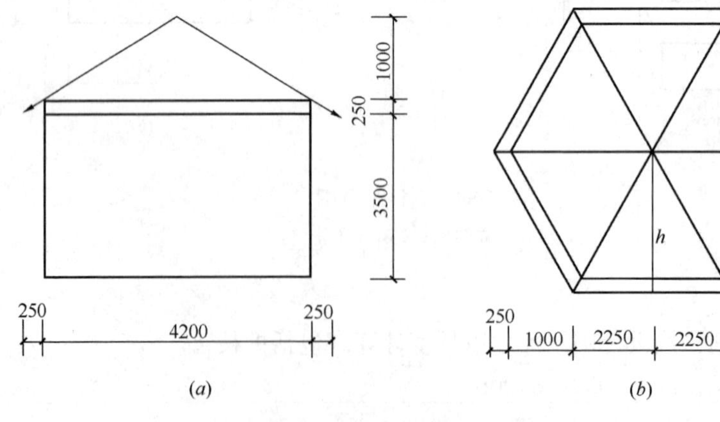

图 2-87 六角亭构造示意图

（a）立面图；（b）平面图

【解】

木柱子工程量＝3.5×6＝21.00m

檐枋之下树枝吊挂楣子工程量＝4.2×0.25×6＝6.3m^2

面板所用工程量＝六角亭一面的预制混凝土亭屋面板体积×6

利用三角形勾股定理：$a^2+b^2=c^2$，计算出图 2-86 中 h 的高度。

$$h=\sqrt{4.7^2-2.25^2}=4.126\text{m}$$

面板的工程量＝$4.7\times4.126\times\frac{1}{2}\times0.016\times6=0.93\text{m}^3$

清单工程量计算见表 2-109。

清单工程量计算表　　　　**表 2-109**

序号	项目编码	项目名称	项目特征描述	计量单位	工程量
1	050302001001	原木（带树皮）柱、梁、檩、椽	梢径为 18cm	m	21.00
2	050302003001	树枝吊挂楣子	灯笼锦纹样的，树枝吊桂楣子	m^2	6.30
3	050303005001	预制混凝土攒尖亭屋面板	六角亭屋面板	m^3	0.93

【例 2-102】 一房屋如图 2-88 所示，其所有结构全为原木构件（龙骨除外）房中共有 4 面墙，两两相同，长宽分别为 3m、2m 和 3m、3m，墙体中装有龙骨，用来支撑墙体，龙骨长 3m，宽 0.2m，厚 1mm。原木墙梢径为 15cm，树皮屋面厚 2cm，试求工程量。

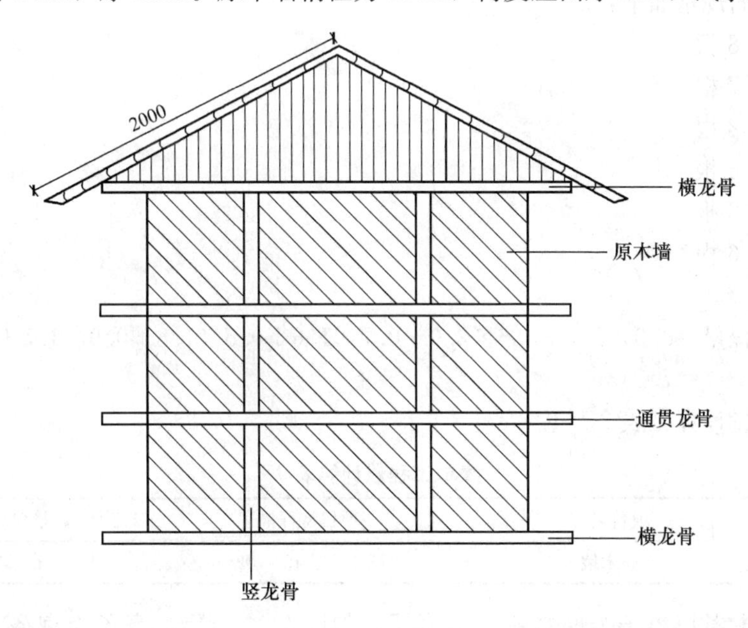

图 2-88　墙体剖面图

【解】

墙体面积 S_1＝长×宽×2＝3×2×2＝12m^2

墙体面积 S_2＝长×宽×2＝3×3×2＝18m^2

清单工程量计算见表 2-110。

清单工程量计算表 **表 2-110**

序号	项目编码	项目名称	项目特征描述	计量单位	工程量
1	050302002001	原木（带树皮）墙	原木梢径 15cm，龙骨长 3m，宽 0.2m，厚 1mm，长宽分别为 3m、2m	m^2	12
2	050302002002	原木（带树皮）墙	长宽分别为 3m、3m	m^2	18

【例 2-103】 某景区根据设计要求，其原木墙要做成高低参差不齐的形状，如图 2-89 所示，原木采用直径均为 12cm 的松木，试计算原木墙的工程量。

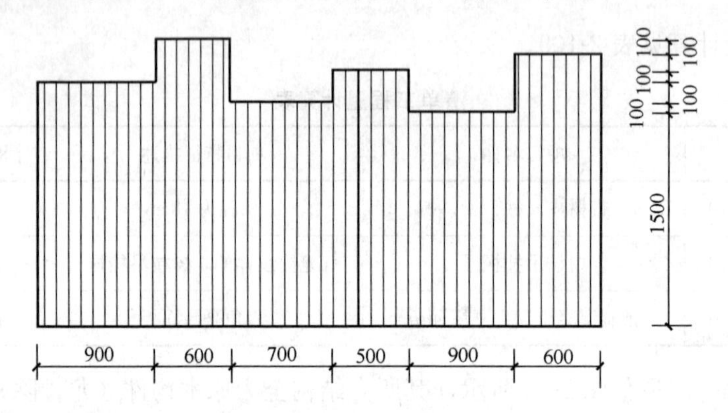

图 2-89 原木墙构造立面图

已知原木的规格如下：

高 1.5m，8 根

高 1.6m，7 根

高 1.7m，8 根

高 1.8m，5 根

高 1.9m，6 根

高 2.0m，6 根

【解】

原木墙工程量＝0.9×1.7＋0.6×2.0＋0.7×1.6＋0.5×1.8＋0.9×1.5＋0.6×1.9

＝7.24m^2

清单工程量计算见表 2-111。

清单工程量计算表 **表 2-111**

项目编码	项目名称	项目特征描述	计量单位	工程量
050302002001	原木墙	松木，直径为 12cm	m^2	7.24

【例 2-104】 某以竹子为原料制作的亭子，如图 2-90 所示，亭子为直径 3m 的圆形，由 8 根直径 9cm 的竹子作柱子，4 根直径为 10cm 的竹子作梁，4 根直径为 6cm、长 1.8m 的竹子作檩条，64 根长 1.25m、直径为 4cm 的竹子作椽，并在檐枋下倒挂着竹子做的斜万字纹的竹吊挂楣子，宽 12cm，试计算其清单工程量。

【解】

(1) 竹柱、梁、檩、椽

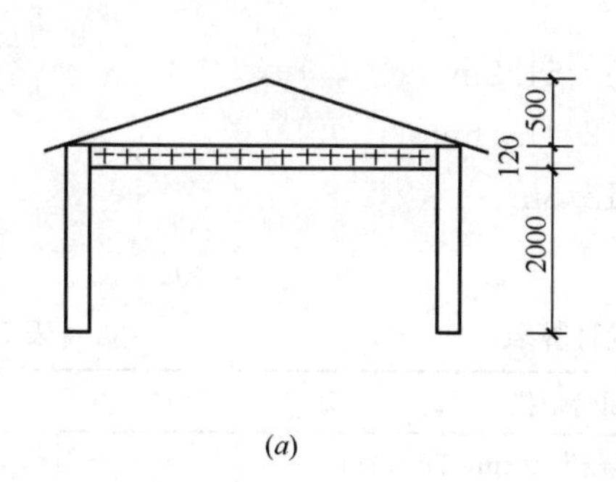

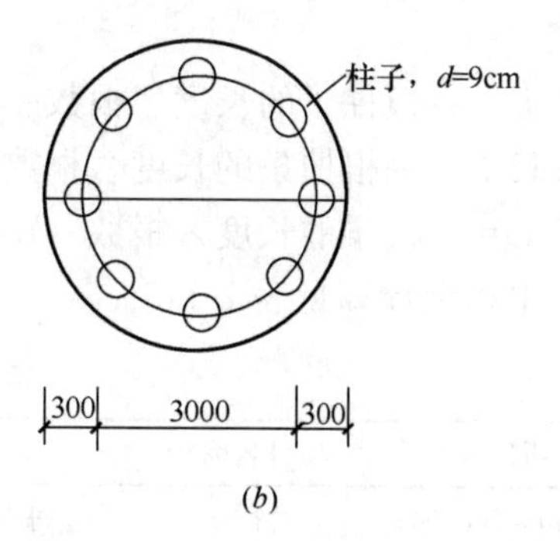

图 2-90 亭子构造示意图
(a) 立面图；(b) 平面图

工程量计算规则：按设计图示尺寸以长度计算。

该题亭子的竹柱子高 2m，竹梁长 1.8m，竹檩条长 1.8m，竹椽长 1.25m

竹柱子工程量＝2×8＝16m

竹梁工程量＝1.8×4＝7.2m

竹檩条工程量＝1.8×4＝7.2m

竹椽工程量＝1.25×64＝80m

(2) 竹吊挂楣子

工程量计算规则：按设计图示尺寸以框外围面积计算。

该亭子采用斜万字纹的竹吊挂楣子。

其工程量＝亭子的周长×竹吊挂楣子宽度＝3.14×3×0.12＝1.13m^2

清单工程量计算见表 2-112。

清单工程量计算表 **表 2-112**

序号	项目编码	项目名称	项目特征描述	计量单位	工程量
1	050302004001	竹柱	竹柱直径为 9cm	m	16
2	050302004002	竹梁	竹梁直径为 10cm	m	7.2
3	050302004003	竹檩条	竹檩条直径为 6cm	m	7.2
4	050302004004	竹椽	竹椽直径为 4cm	m	80
5	050302006001	竹吊挂楣子	斜万字纹吊挂楣子，宽 12cm	m^2	1.13

【例 2-105】一花架为竹子结构，柱、梁、檩条全为整根竹竿，如图 2-91 所示。每根柱底面半径为 10cm，高 3.2m，每根梁底面半径为 8cm，长 1.6m，每根檩条底面半径 7.5cm，长 6.8m，试计算工程量。

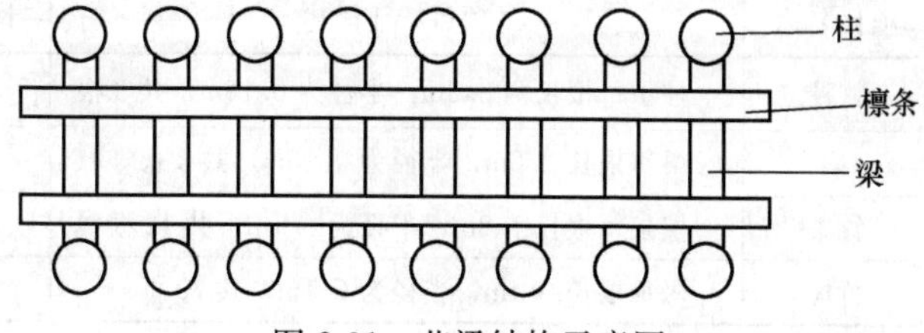

图 2-91 花梁结构示意图

【解】

柱长 L=一根柱子的长度×根数=3.2×16=51.2m

檩条长 L=一根檩条的长度×根数=6.8×2=13.6m

梁长 L=一根梁的长度×根数=1.6×8=12.8m

清单工程量计算见表 2-113。

清单工程量计算表 **表 2-113**

序号	项目编码	项目名称	项目特征描述	计量单位	工程量
1	050302004001	竹柱	每根柱底面半径为 10cm，高 3.2m	m	51.2
2	050302004002	檩条	每根梁底面半径为 8cm，长 1.6m	m	12.8
3	050302004003	梁	每根檩条底面半径 7.5cm，长 6.8m	m	13.6

【例 2-106】一三角亭为竹制结构，如图 2-92 所示，组成亭子的柱、梁、檩条和椽全为竹竿，柱子每根长 3.2m，半径为 0.15m，共 3 根。梁每根长 2.2m，半径为 0.15m，共 3 根。檩条每根长 1.8m，半径为 0.1m，共 12 根。椽每根长 0.4m，半径为 0.1m，共 70 根。试计算工程量。

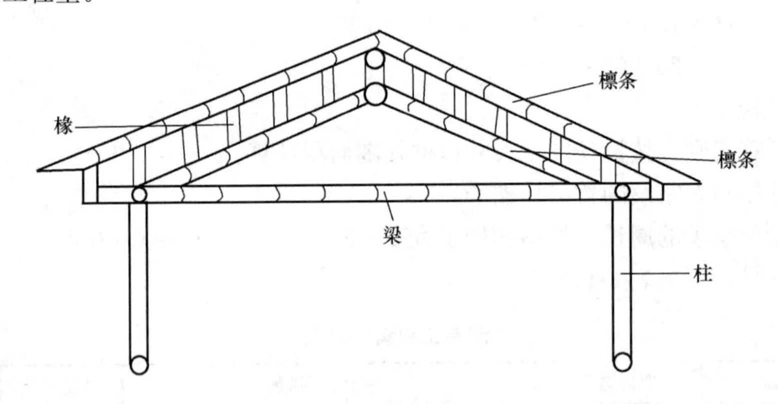

图 2-92　竹亭结构示意图

【解】

柱长 L=3.2×3=9.6m

梁长 L=2.2×3=6.6m

檩条 L 长=1.8×12=21.6m

椽长 L=0.4×70=28m

清单工程量计算见表 2-114。

清单工程量计算表 **表 2-114**

序号	项目编码	项目名称	项目特征描述	计量单位	工程量
1	050302004001	竹柱	柱子每根长两 3.2m，半径为 0.15m，共 3 根	m	9.6
2	050302004002	梁	梁每根长 2.2m，半径为 0.15m，共 3 根	m	6.6
3	050302004003	竹条	檩条每根长 1.8m，半径为 0.1m，共 12 根	m	21.6
4	050302004004	竹椽	椽每根长 0.4m，半径为 0.1m，共 70 根	m	28

【例 2-107】现有一竹制的小屋，结构造型如图 2-93 所示，小屋长×宽×高为 5m×4m×2.5m，已知竹梁所用竹子直径为 12cm，竹檩条所用竹子直径为 8cm，做竹椽所用竹子直径为 5cm，竹编墙所用竹子直径为 1cm，采用竹框墙龙骨，竹屋面所用的竹子直径为 1.5cm，试计算其清单工程量（该屋子有一高 1.8m，宽 1.2m 的门）。

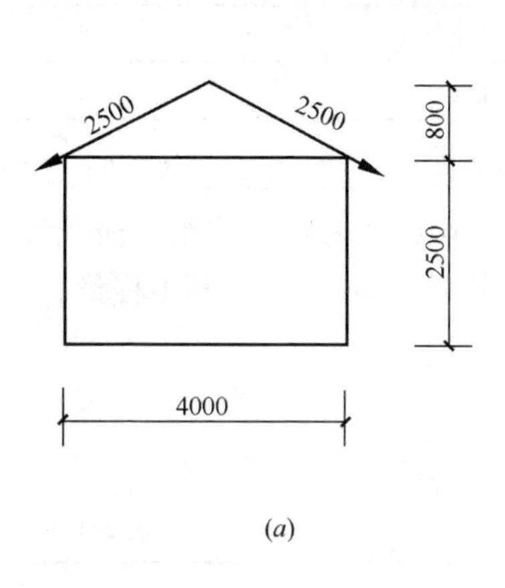

(a)

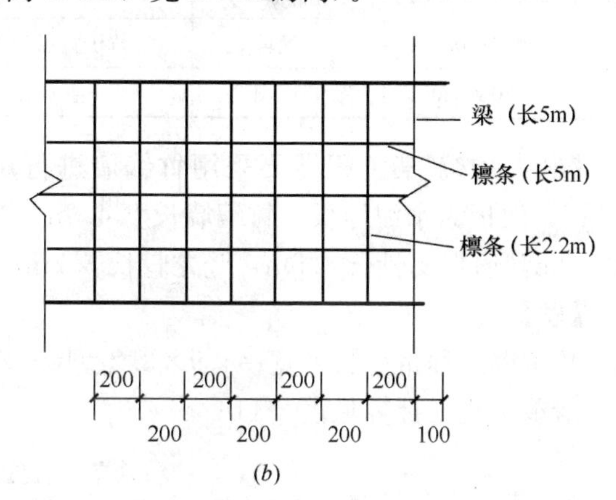

(b)

图 2-93 屋子构造示意图

(a) 立面；(b) 平面图

【解】

(1) 竹柱、梁、檩、椽

工程量计算规则：按设计图示尺寸以长度计算。

该题所给小屋横梁长 5m，斜梁长 2.5m，竹椽长 2.2m，檩条长 5m。

横梁工程量＝5×3＝15.00m

斜梁工程量＝2.5×4＝10m

竹椽工程量＝2.2×40＝88m

檩条工程量＝5×2＝10.00m

(2) 竹编墙

工程量计算规则：按设计图示尺寸以实铺面积计算（不包括柱、梁）。

已知该竹编墙采用直径为 1cm 的竹子编制，采用竹框作为墙龙骨。

则该竹编墙工程量＝（5×2.5－1.8×1.2）＋5×2.5＋4×2.5×2＝10.34＋12.5＋20＝42.84m^2

(3) 竹屋面

工程量计算规则：按设计图示尺寸以斜面面积计算。

已知该屋子顶层用直径为 15mm 的竹子铺设而成，其斜面长×宽为 5×2.5。

则竹屋面的工程量＝侧斜面面积×2＝5×2.5×2＝25m^2

清单工程量计算见表 2-115。

清单工程量计算表　　　　表 2-115

序号	项目编码	项目名称	项目特征描述	计量单位	工程量
1	050302004001	竹梁	竹子直径为 12cm	m	15
2	050302004002	竹梁	竹子直径为 12cm	m	10

续表

序号	项目编码	项目名称	项目特征描述	计量单位	工程量
3	050302004003	竹椽	竹子直径为5cm	m	88
4	050302004004	竹檩	竹子直径为8cm	m	10
5	050302005001	竹编墙	竹子直径为1cm，采用竹框墙龙骨	m^2	42.84
6	050303002001	竹屋面	直径为15mm的竹子铺设	m^2	25

【例 2-108】某工程需要采用竹编墙进行房屋的空间隔设，已知房间地板的面积为106m^2，地板为水泥地板。竹编墙长度4.9m，宽3.2m，墙中的龙骨也为竹制，横龙骨长为4.9m，通贯龙骨长4.5m，竖龙骨长3.2m，龙骨直径为18mm，试计算其工程量。

【解】

竹编墙工程量＝长×宽＝4.9×3.2＝15.68m^2

清单工程量计算见表2-116。

清单工程量计算表 **表 2-116**

项目编码	项目名称	项目特征描述	计量单位	工程量
050302005001	竹编墙	墙中龙骨为竹制，横龙骨长4.9m，通贯龙骨长4.5m，竖龙骨长3.2m，龙骨直径为18mm，地板为水泥地板	m^2	15.68

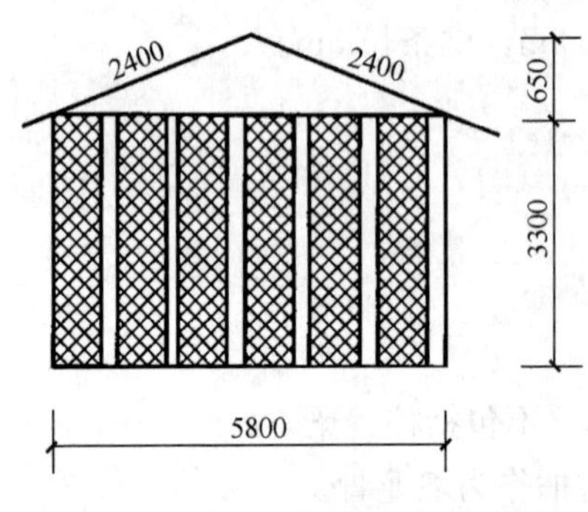

图 2-94 某公园竹制小屋示意图

【例 2-109】某公园中央竹制小屋，长×宽×高为6m×5.8m×3.3m，如图2-94所示，竹编墙所用竹子直径为1.3cm，采用竹框墙龙骨，试计算竹编墙工程量（该屋子有一高2.5m、宽1.8m的门）。

【解】

竹编墙的工程量：

$$S=6\times3.3\times2+5.8\times3.3\times2-2.5\times1.8$$
$$=73.38m^2$$

清单工程量计算见表2-117。

清单工程量计算表 **表 2-117**

项目编码	项目名称	项目特征描述	计量单位	工程量
050302005001	竹编墙	1. 竹直径：1.3cm 2. 墙龙骨材料种类：竹框墙龙骨	m^2	73.38

【例 2-110】某景区有一座三角形屋面的廊，如图2-95所示，供游人休息观景之用，该廊屋面跨度为3.2m，屋面采用1∶6水泥焦渣找坡，坡度角为35°，找坡层最薄处厚30mm，廊屋面板为现浇混凝土面板，板厚16mm，廊用梢径为15cm的原木柱子支撑骨架，试求廊屋面盖瓦饰的工程量。

【解】

（1）木柱工程量

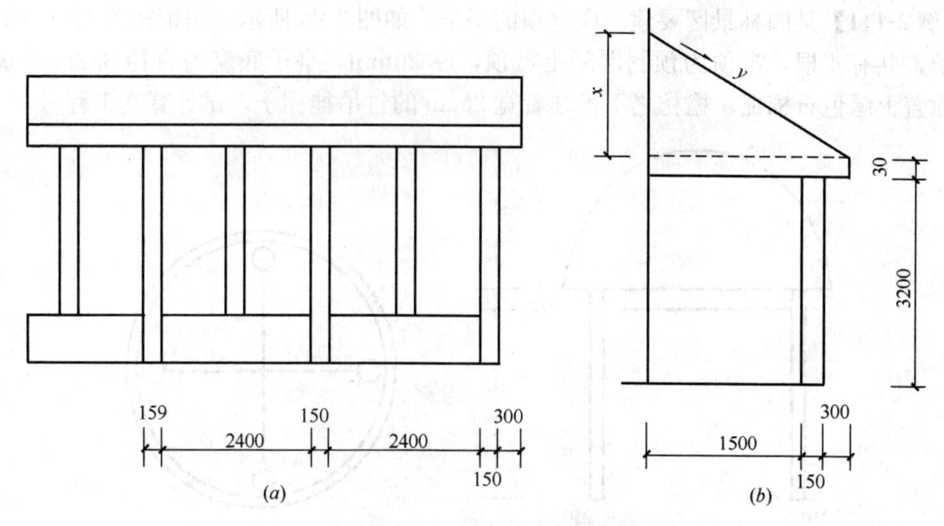

图 2-95 某廊构造示意图
(a) 正立面图；(b) 侧立面图

该题中廊有 6 根长度为 3.2m 的木柱子。

工程量＝3.2×6＝19.2m

(2) 该廊面板为现浇混凝土斜屋面板，板厚 16mm，共有前后两部分。

图中：$x=\dfrac{i\times 3/2}{100}$

式中 i——段数，本题为 2；3 为跨度。

$$x=\frac{2\times 3/2}{100}$$

$$x=0.03\text{m}$$

利用三角形勾股定理：$a^2+b^2=c^2$，计算出图中 y 的值。

$$y=\sqrt{0.03^2+(1.5+0.15+0.3)^2}=1.95\text{m}$$

$\bar{\delta}=\dfrac{1}{2}$(找坡层最薄处厚度＋$x$)

式中 $\bar{\delta}$——找坡层平均厚度。

则 $\delta=\dfrac{1}{2}\times(0.03+0.03)=0.03\text{m}$

则现浇混凝土斜屋面板工程量＝$(2.4\times 2+0.15\times 3+0.3\times 2)\times 1.95\times 0.016\times 2$
＝0.37m^3

清单工程量计算见表 2-118。

清单工程量计算表 **表 2-118**

序号	项目编码	项目名称	项目特征描述	计量单位	工程量
1	050302001001	原木（带树皮）柱、梁、檩、椽	梢径为 15cm	m	19.2
2	010505010001	其他板	屋面坡度角为 35°，屋面板板厚 16mm	m^3	0.37

【例 2-111】 某园林景区要建一座穹顶的亭子，如图 2-96 所示，用梢径为 12cm 的竹子作柱子，共有 4 根，穹顶为预制混凝土穹顶，厚 20mm，亭子底座为直径 3.2m 的圆形，亭屋面盖上绿色石棉瓦，檐枋之下吊挂着宽 25cm 的竹吊挂楣子，试计算其工程量。

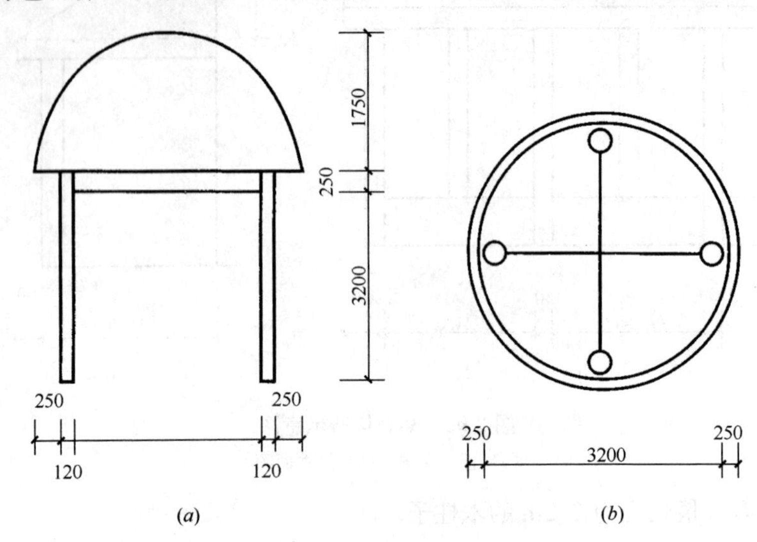

图 2-96 某穹顶亭构造示意图

(a) 立面图；(b) 平面图

【解】

(1) 竹柱工程量

本题所给亭子有 4 根长度为 3.2m 的竹柱子。

$$工程量=3.2\times4=12.8\text{m}$$

(2) 竹吊挂楣子

一侧竹吊挂楣子的工程量＝两柱子之间的扇形弧长×竹吊挂楣子的宽度

$$=\frac{n\pi d}{360}\times0.25$$

$$=\frac{90\times3.14\times3}{360}\times0.25$$

$$=0.58875\text{m}^2$$

式中 n——扇形的角度；

d——亭子圆形底座直径。

则所有竹吊挂楣子工程量$=0.58875\times4=2.36\text{m}^2$

该亭子采用预制混凝土穹顶，板厚 20mm，穹顶所成半球形的直径为 3.5m。

$$则就位预制混凝土穹顶工程量=\frac{4\pi R^2}{3}\times板\times\frac{1}{2}$$

$$=\frac{4\times3.14\times1.75^2}{3}\times0.02\times\frac{1}{2}$$

$$=0.13\text{m}^3$$

式中 R——预制混凝土穹顶半球形的半径。

清单工程量计算见表 2-119。

清单工程量计算表　　表 2-119

序号	项目编码	项目名称	项目特征描述	计量单位	工程量
1	050302004001	竹柱、梁、檩、椽	竹子梢径为 12cm	m	12.8
2	050302006001	竹吊挂楣子	宽 25cm 的竹吊挂楣子	m^2	2.36
3	050303005001	预制混凝土穹顶	穹顶板厚 20mm	m^3	0.13

【例 2-112】某房屋中用来隔开空间的墙为竹编墙，如图 2-97 所示，墙长 4.6m，宽 3m，墙中龙骨也为竹制，龙骨长 4.2m，直径为 15mm，试计算其清单工程量。

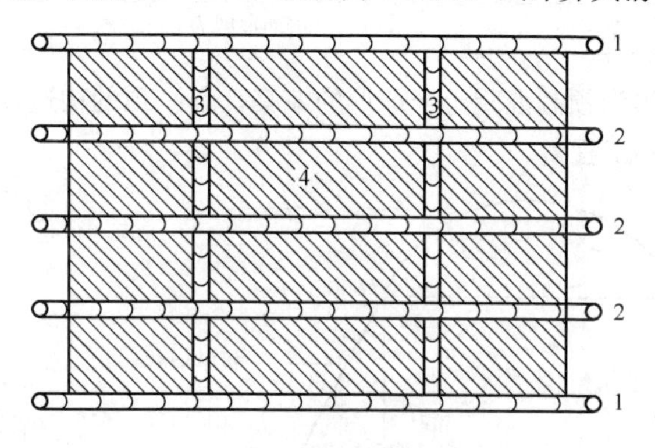

图 2-97　竹编墙结构示意图

1—横龙骨；2—通贯龙骨；3—竖龙骨；4—竹编墙

【解】

竹编墙面积：

$$S=长\times宽=4.6\times3=13.8m^2$$

清单工程量计算见表 2-120。

清单工程量计算表　　表 2-120

项目编码	项目名称	项目特征描述	计量单位	工程量
050302005001	竹编墙	龙骨也为竹制，龙骨长 4.2m，直径为 15mm，墙长 4.6m，宽 3m	m^2	13.8

【例 2-113】某城市公园房屋建筑的屋顶的结构层由草铺设而成，如图 2-98 所示，试

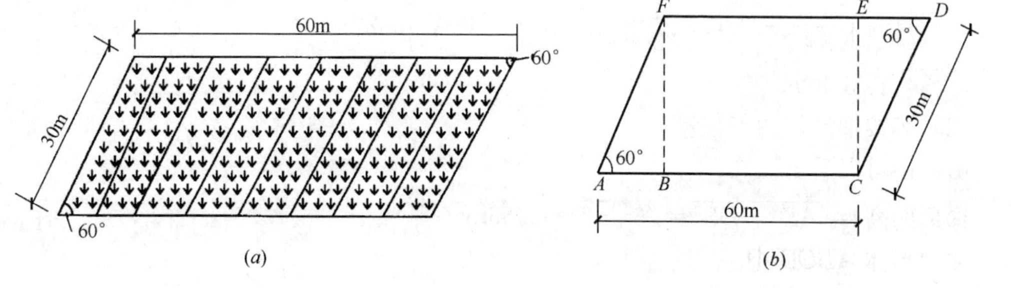

图 2-98　屋顶平面、剖面、分解示意图

(a) 屋顶平面图；(b) 屋顶平面分解示意图

说明：屋面坡度为 0.4，屋面长 60m，宽 30m

根据图示尺寸计算其工程量。

【解】

从图中可以看出屋面面积即为图中 $ABCD$ 的面积，即：

草屋面工程量＝60×30×sin60°＝1558.85m^2

清单工程量计算见表 2-121。

清单工程量计算表　　表 2-121

项目编码	项目名称	项目特征描述	计量单位	工程量
050303001001	草屋面	屋面坡度为 0.4	m^2	1558.85

【例 2-114】 某亭顶为预制混凝土半球形的凉亭，其亭顶的构造及尺寸如图 2-99 所示。试根据图示尺寸计算其工程量。

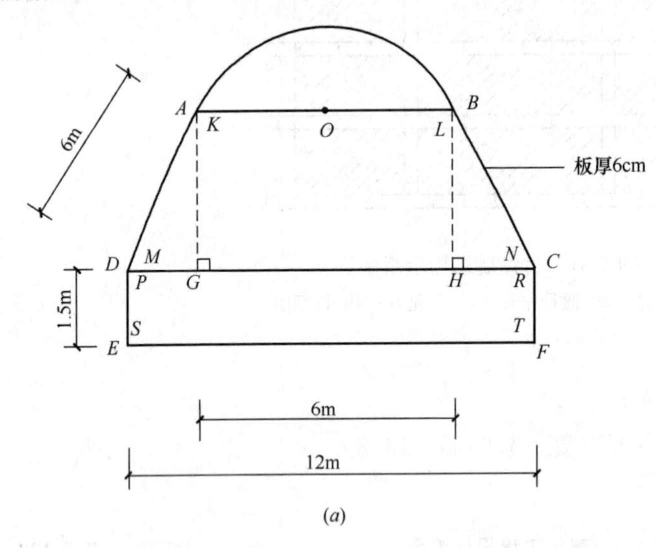

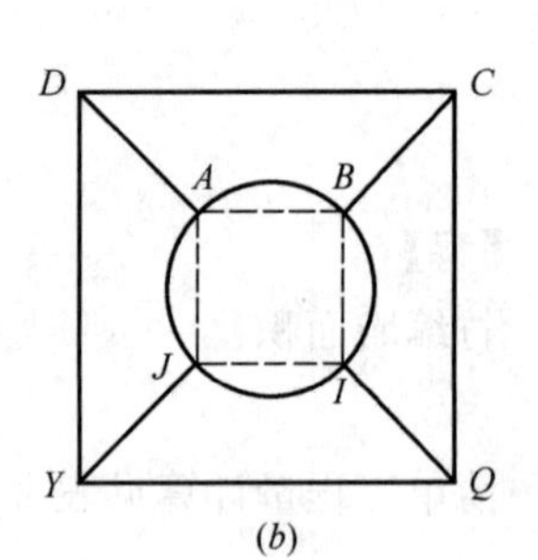

图 2-99　亭顶结构分析图、平面图

(a) 亭顶结构分析图；(b) 亭顶平面图

【解】

(1) 亭顶的工程量。

工程量＝半球体 AOB 的体积－半球体 KOL 的体积

$$=\left[\frac{4}{3}\times\pi\times3^3-\frac{4}{3}\times\pi\times(3-0.06)^3\right]\div2$$

$$=3.33m^3$$

(2) 等腰梯形体的工程量。

由图中可以看出

梯形的高$=\sqrt{AD^2-DG^2}=\sqrt{6^2-2^2}=5.66$m

在梯形体 $ABCD$ 中

上表面面积 $S_1=AB\times BI=6\times6=36m^2$

下表面面积 $S_2=DC\times CQ=12\times12=144m^2$

在梯形体 $KLMN$ 中

上表面面积 $S_3=(6-0.06\times2)\times(6-0.06\times2)=34.57\text{m}^2$

下表面面积 $S_4=(12-0.06\times2)\times(12-0.06\times2)=141.13\text{m}^2$

等腰梯形体的工程量 = 梯形体 $ABCD$ 的体积—梯形体 $KLMN$ 的体积

$$=\frac{1}{3}(S_1+S_2+\sqrt{S_1S_2})H-\frac{1}{3}(S_3+S_4+\sqrt{S_3S_4})H$$

$$=\frac{1}{3}\times(36+144+\sqrt{36\times144})\times5.66$$

$$-\frac{1}{3}\times(34.57+141.13+\sqrt{34.57\times141.13})\times5.66$$

$$=12.17\text{m}^3$$

（3）长方体 $DEFC$ 的工程量。

长方体的工程量 $=[12\times12-(12-0.06\times2)\times(12-0.06\times2)]\times1.5$

$=4.3\text{m}^3$

（4）亭顶工程量。

亭顶工程量 $=3.33+12.17+4.3=19.8\text{m}^3$

清单工程量计算见表 2-122。

清单工程量计算表　　表 2-122

项目编码	项目名称	项目特征描述	计量单位	工程量
050303005001	预制混凝土穹顶	穹顶面直径 6m，檐宽 12m，亭两边各长 6m，亭面厚度 60mm	m^3	19.8

【例 2-115】 某小游园建造一方式板亭，采用预制混凝土穹顶，如图 2-100（*a*）所示为方亭平面图，图 2-100（*b*）所示为方亭立面图，图 2-101 所示为方亭基础平面图，图 2-102 所示为方亭基础剖面图。根据图中所示尺寸，试计算方亭工程量。

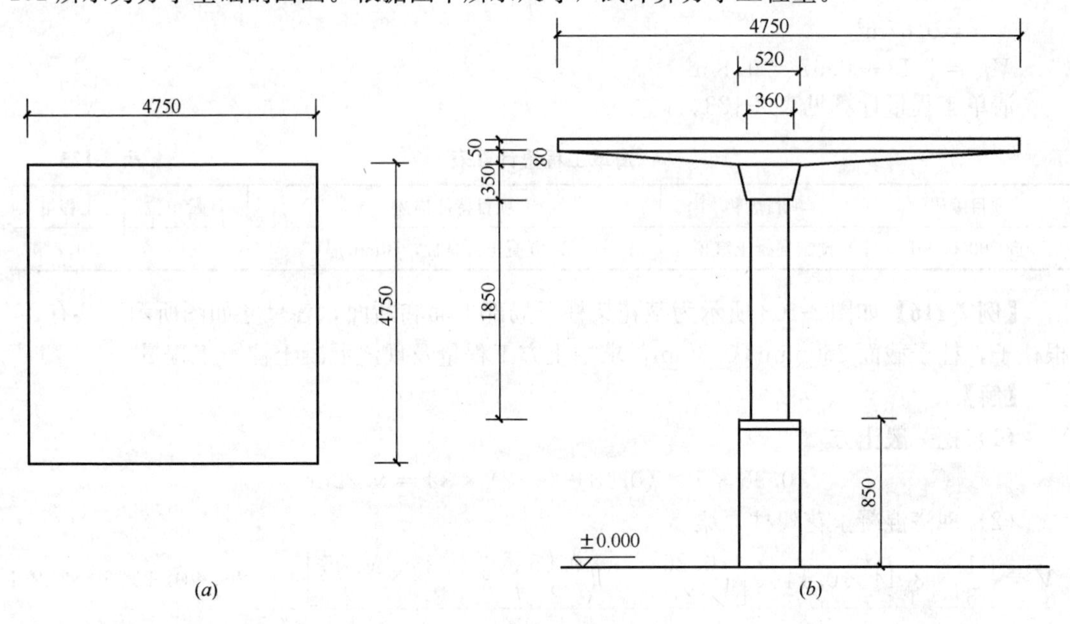

图 2-100　方亭平面、立面图

（*a*）方亭平面图；（*b*）方亭立面图

【解】

混凝土脊和穹顶的肋基梁并入屋面体积。

由图可知该混凝土方亭板由两部分组成，即：

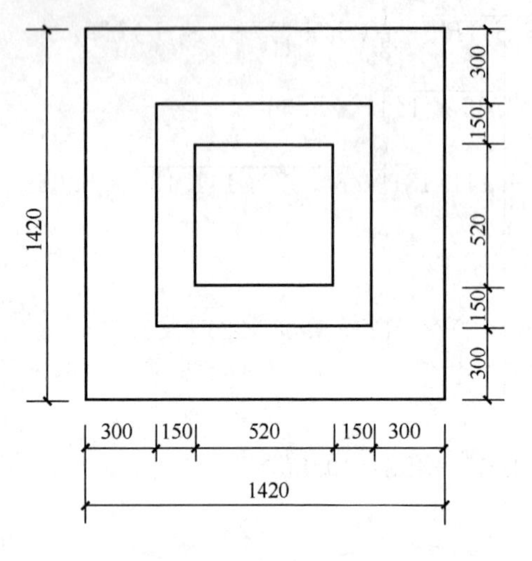

图 2-101 方亭基础平面图

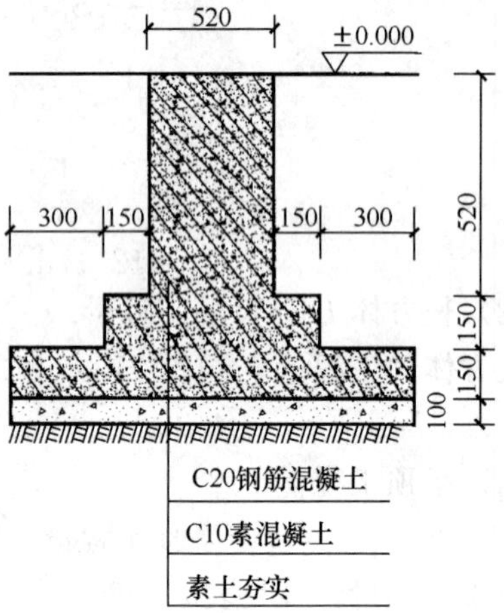

520
±0.000
300 150 150 300
520
150
150
100
C20钢筋混凝土
C10素混凝土
素土夯实

图 2-102 方亭基础剖面图

混凝土方亭板工程量＝矩形体部分亭板工程量十棱台体部分亭板的工程量

$V_{总}=V_1+V_2$

$V_1=长\times宽\times厚=4.75\times4.75\times0.05=1.13\text{m}^3$

$V_2=\frac{1}{3}h(S_1+S_2+\sqrt{S_1S_2})$（棱台体计算公式）

$=\frac{1}{3}\times0.08\times(0.52\times0.52+4.75\times4.75+\sqrt{0.52\times0.52\times4.75\times4.75})$

$=0.67\text{m}^3$

$V_{总}=1.13+0.67=1.8\text{m}^3$

清单工程量计算见表 2-123。

清单工程量计算表 **表 2-123**

项目编码	项目名称	项目特征描述	计量单位	工程量
050303005001	预制混凝土穹顶	C20 混凝土方亭板，50mm 厚	m^3	1.8

【例 2-116】 如图 2-103 所示为某花架柱子局部平面和断面，各尺寸如图所示，共有 32 根柱子，柱子截面 260mm×0.3mm，求挖土方工程量及现浇混凝土柱子工程量。

【解】

（1）挖一般土方

$$0.96\times1\times(0.18+0.12)\times32=9.22\text{m}^3$$

（2）现浇混凝土花架柱、梁

$$V=\left\{\frac{1}{3}\times3.14\times0.14\times\left[\left(\frac{0.26}{2}\right)^2+\left(\frac{0.95}{2}\right)^2+\frac{0.26}{2}\times\frac{0.95}{2}\right]+0.26\times0.3\times3\right\}\times32$$

$=8.93\text{m}^3$

清单工程量计算见表 2-124。

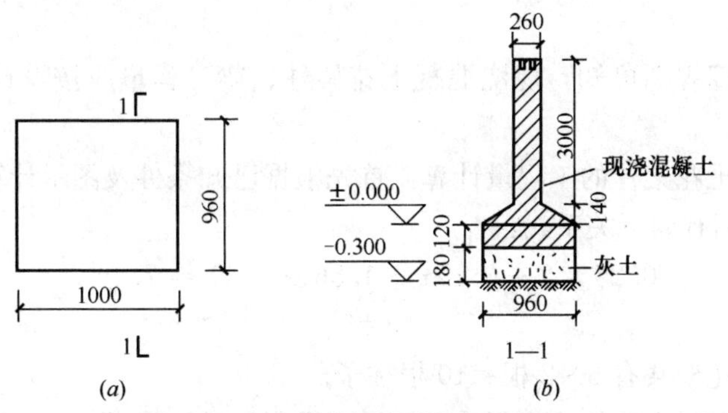

图 2-103　某花架柱子局部示意图

（a）柱平面图；（b）柱剖面图

清单工程量计算表　　表 2-124

序号	项目编码	项目名称	项目特征描述	计量单位	工程量
1	010101002001	挖一般土方	挖土深 0.3m	m^3	9.22
2	050304001001	现浇混凝土花架柱、梁	柱截面 0.26m×0.3m，柱高 3m，共 32 根	m^3	8.93

【例 2-117】某公园花架用现浇混凝土花架柱、梁搭接而成，已知花架总长度为 7.49m，宽 2.5m，花架柱、梁具体尺寸、布置形式如图 2-104 所示，该花架基础为混凝土基础，厚 650mm，试计算其清单工程量。

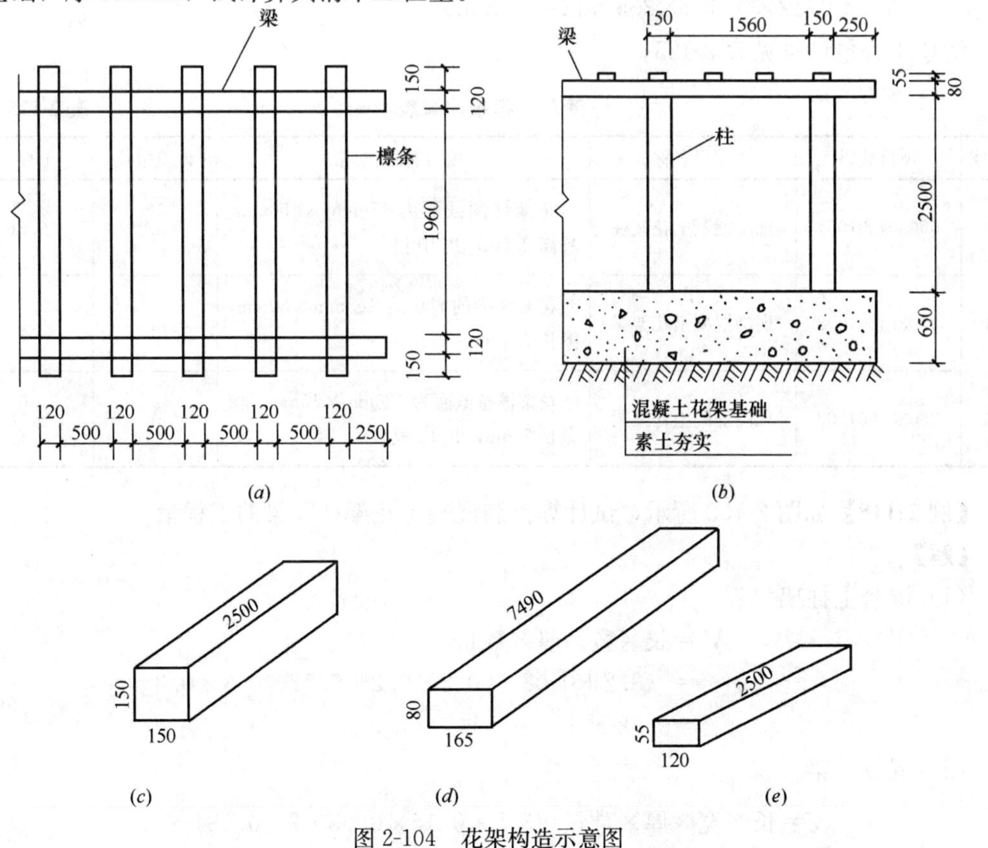

图 2-104　花架构造示意图

（a）平面图；（b）剖面图；（c）柱尺寸示意图；（d）纵梁尺寸示意图；（e）小檩条尺寸示意图

【解】

根据工程量计算规则可知，现浇混凝土花架柱、梁工程量应按设计图示尺寸以体积计算。

（1）现浇混凝土花架柱的工程量计算：首先根据已知条件及图示计算出花架一侧的柱子数目，设为x，则有如下关系式：

$$0.25\times2+0.15x+1.56(x-1)=7.49$$

$$x=5$$

则可得出整个花架共有5×2根=10根柱子。

则该花架现浇混凝土花架柱工程量=柱子底面积×高×10根

$=0.15\times0.15\times2.5\times10=0.56m^3$

（2）现浇混凝土花架梁的工程量计算：

花架纵梁的工程量=纵梁断面面积×长度×2根

$=0.165\times0.08\times7.49\times2=0.20m^3$

关于花架檩条先根据已知条件及图示计算出它的数目，设为y，则有如下关系式：

$0.25\times2+0.12y+0.5(y-1)=7.49$

$y=12$，则共有12根檩条。

其工程量=檩条断面面积×长度×12根

$=0.12\times0.055\times2.5\times12=0.20m^3$

清单工程量计算见表2-125。

清单工程量计算表 **表2-125**

序号	项目编码	项目名称	项目特征描述	计量单位	工程量
1	050304001001	现浇混凝土花架柱	花架柱的截面为150mm×150mm，柱高2.5m，共10根	m^3	0.56
2	050304001002	现浇混凝土花架梁	花架纵梁的截面为165mm×80mm，梁长7.49m，共2根	m^3	0.20
3	050304001003	现浇混凝土花架梁	花架檩条截面为120mm×55mm，檩条长2.5m，共12根	m^3	0.20

【例2-118】如图2-105所示，试计算预制混凝土花架柱、梁的工程量。

【解】

（1）混凝土柱架

$$V=长\times宽\times厚\times数量$$
$$=[(3.2+0.08)\times0.2\times0.2+0.72\times0.3\times0.3]\times4$$
$$=0.78m^3$$

（2）混凝土梁

$$V=长\times宽\times厚\times数量=3.5\times0.15\times0.08\times2=0.084m^3$$

清单工程量计算见表2-126。

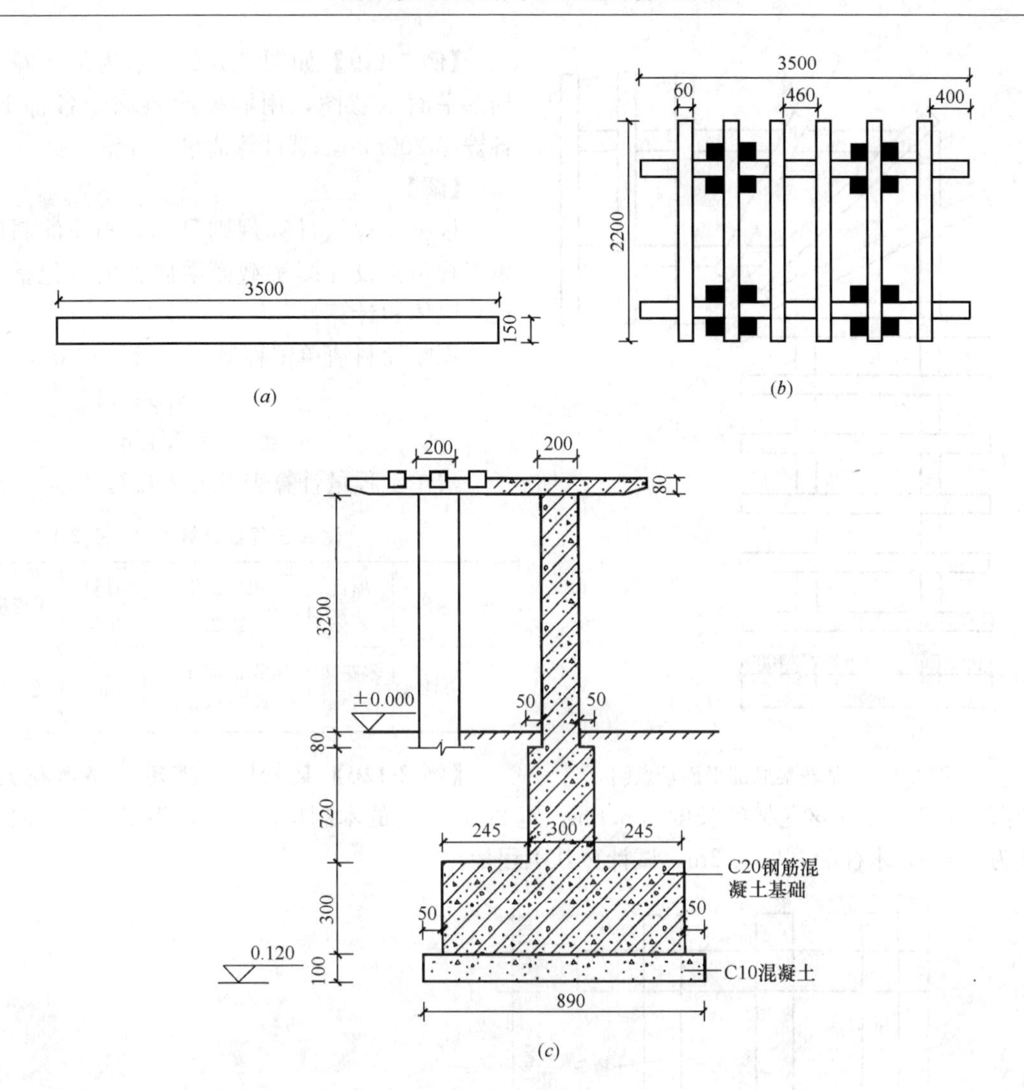

图 2-105 花架示意图

(a) 梁平面图；(b) 花架平面图；(c) 花架立面、剖面图

注：1. 尺寸单位：标高为 m，其他为 mm。

2. 混凝土：基础部分为 C20，其他梁、柱均为 C25。

3. 混凝土柱的宽厚一样，为 200mm。

清单工程量计算表 **表 2-126**

序号	项目编码	项目名称	项目特征描述	计量单位	工程量
1	050304002001	预制混凝土花架柱	1. 柱截面 200mm×200mm 2. 柱高 3m 3. 共 4 根	m^3	0.78
2	050304002002	预制混凝土花架梁	1. 梁截面 150mm×80mm 2. 梁长 3.4m 3. 共 2 根	m^3	0.084

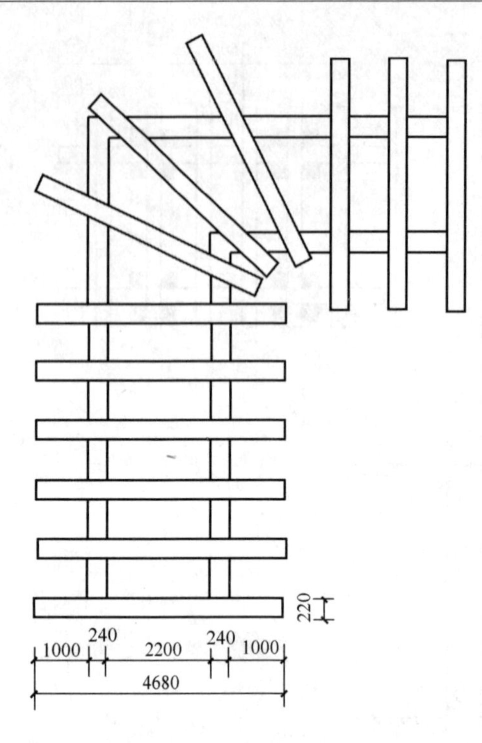

图 2-106 某花架局部平面示意图

【例 2-119】如图 2-106 所示为某木花架局部平面示意图，用刷喷涂料刷于各檩上，各檩厚 200mm，试计算清单工程量。

【解】

根据工程量计算规则可知，刷喷涂料清单工程量按设计图示截面乘以长度（包括榫长）以体积计算：

刷喷涂料清单工程量 $=0.22\times0.20\times4.68\times12$

$=2.47m^3$

清单工程量计算表见表 2-127。

清单工程量计算表 表 2-127

项目编码	项目名称	项目特征描述	计量单位	工程量
050304004001	木花架柱、梁	檩截面 220mm×200mm	m^3	2.47

【例 2-120】某景区要搭建一座木花架，如图 2-107 所示。该花架的长度为 6.6m，宽 2m，所有的木制构件截面均为正方形，檩条长为 2.2m，木柱的高度为 2m，试计算其工程量。

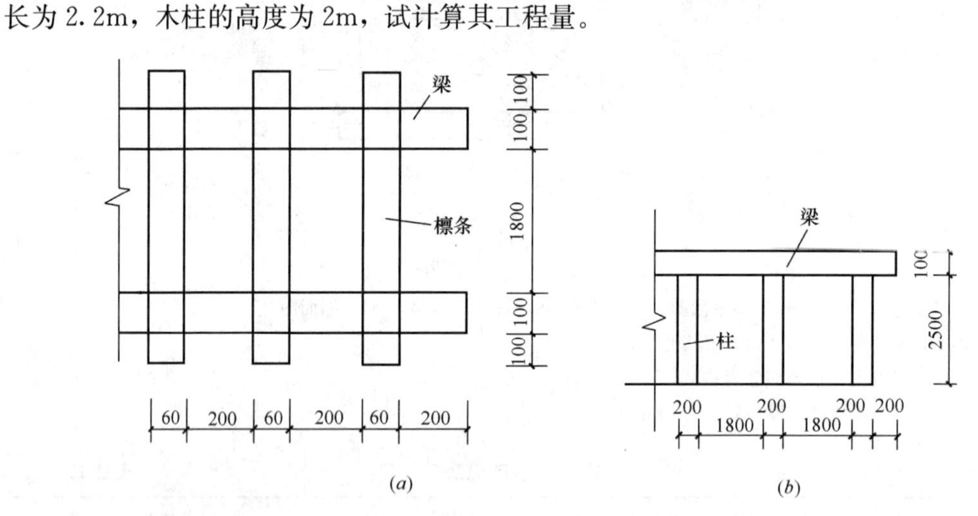

图 2-107 木花架构造示意图

（a）平面图；（b）剖面图

【解】

（1）木梁工程量

木梁所用木材体积＝木梁底面积×长度×根数

$=0.1\times0.1\times6.6\times2$

$=0.13m^3$

（2）柱子工程量

设每一侧柱子的数量为 x 根，则有以下关系式：

$$1.8(x-1)+0.2(x+2)=6.6$$

$$x=4$$

因此，整个花架共有 8 根木柱。

木柱所用木材工程量＝木柱底面积×高×根数

＝0.2×0.2×2.5×8

＝0.8m^3

（3）木檩条工程量

设檩条的数量为 y 根，根据题意得以下的关系式：

$$0.06y+0.2(y+2)=6.6$$

$$y=24$$

因此，檩条的数量为 24 根。

檩条所用木材的工程量＝檩条底面积×檩条长度×檩条根数

＝0.06×0.06×2.2×24

＝0.19m^3

清单工程量计算表见表 2-128。

清单工程量计算表 **表 2-128**

序号	项目编码	项目名称	项目特征描述	计量单位	工程量
1	050304004001	木花架梁	原木木梁截面面积为 100mm×100mm	m^3	0.13
2	050304004002	木花架柱	原木木柱截面面积为 200mm×200mm	m^3	0.8
3	050304004003	木花架檩条	原木木檩截面面积为 60mm×60mm	m^3	0.19

【例 2-121】某圆形钢筋混凝土结构花架，如图 2-108 所示。花架顶圆形梁外圆半径为 5m，内圆半径为 4.4m，钢筋直径为 22mm。花架小横梁每根长 1.2m，共 32 根，钢筋直径为 16mm；花架柱每根长 3.3m，共 17 根，钢筋直径为 28mm，计算该花架工程量。

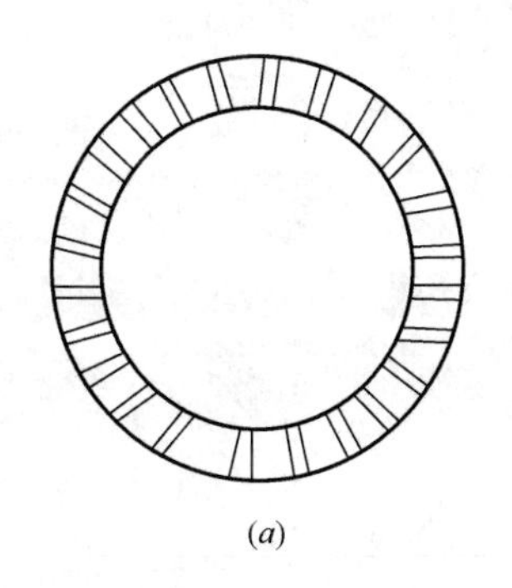

(*a*)

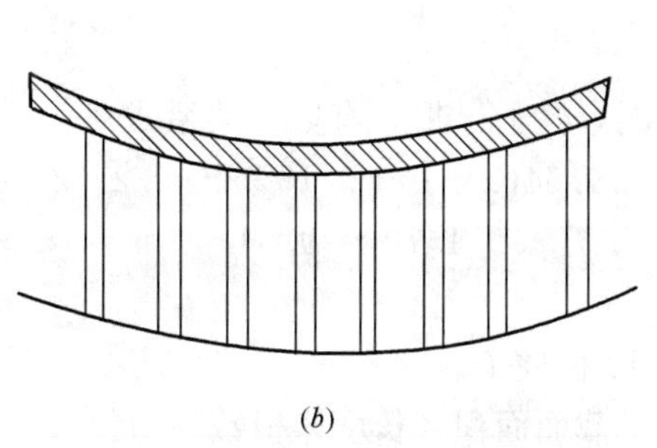

(*b*)

(*c*)

图 2-108 圆形花架

（*a*）平面图；（*b*）立面图；（*c*）剖面图

【解】

(1) 金属花架柱

金属花架柱的密度为 4.834kg/m。

金属花架柱的工程量=3.3×17×4.834=271.19kg=0.271t

(2) 花架梁

1) 金属花架横梁密度为 1.578kg/m。

金属花架横梁重量 W=1.2×32×1.578=60.6kg=0.061t

2) 金属花架顶圆形梁密度为 2.984kg/m。

金属花架顶圆形梁重量 W=2×3.14×[(5-4.4)/2+4.4]×2.984=0.088t

3) 花架梁的工程量=0.061+0.088=0.149t

【例 2-122】 某生态园内根据景观需要搭建了一座木制的花架，如图 2-109 所示。已知花架木柱截面尺寸为 150mm×150mm，间隔 1.64m，长 2.5m；木梁截面尺寸为 60mm×150mm，间隔 2m，长度为 8.6m；木檩条（小横梁）截面尺寸为 50mm×150mm，间隔 500mm，长度为 2.6m，为防止木材老化在木材表面涂抹油漆，试计算工程量。

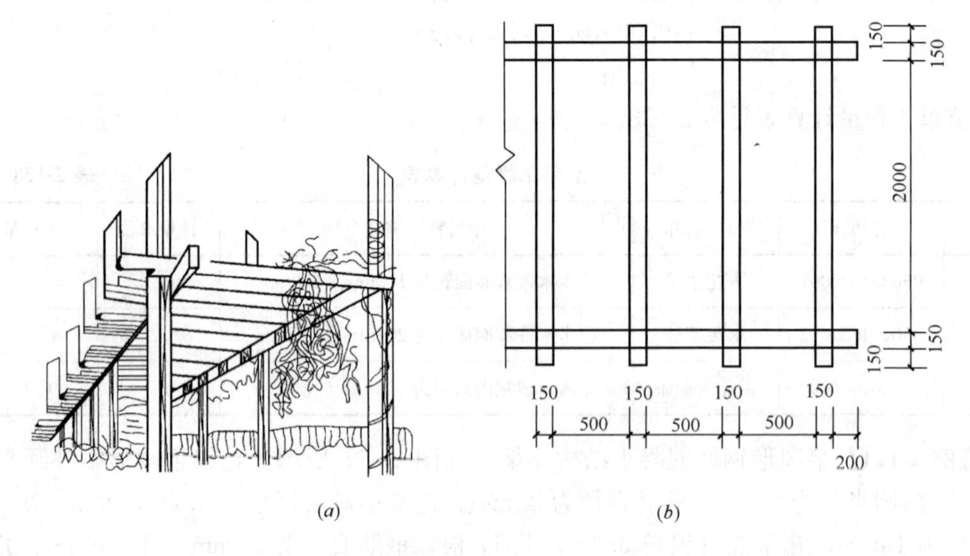

图 2-109 某生态园花架构造示意图

(a) 立体图；(b) 平面图

【解】

(1) 花架柱工程量

根据已知条件设花架一侧有柱子 x 根，有如下关系式：

$$0.15x+1.64(x-1)+0.15\times2+0.2\times2=8.6$$

$$1.79x=9.54$$

$$x=6$$

则花架两侧共有 6×2=12 根柱子。

则花架柱的工程量=柱子截面面积×长度×根数

=0.15×0.15×2.5×12

=0.675m³

（2）花架木梁的工程量

花架木梁的工程量＝木梁截面面积×木梁长度×根数

＝0.06×0.15×8.6×2

＝0.15m^3

（3）花架木檩条（小横梁）的工程量

根据已知条件设花架檩条（小横梁）有 y 根，有如下关系式：

$$0.15y+0.5(y-1)+0.2\times2=8.6$$

$$0.65y=8.7$$

$$y=14$$

则花架木檩条（小横梁）的工程量＝木檩条截面面积×檩条长度×根数

＝0.05×0.15×2.6×14

＝0.27m^3

清单工程量计算见表 2-129。

清单工程量计算表 **表 2-129**

序号	项目编码	项目名称	项目特征描述	计量单位	工程量
1	050304004001	木花架柱、梁	花架木柱截面尺寸为 150mm×150mm，长 2.5m，共 12 根	m^3	0.675
2	050304004002	木花架柱、梁	花架木梁截面尺寸为 60mm×150mm，长度为 8.6m，共 2 根	m^3	0.15
3	050304004003	木花架柱、梁	木檩条截面为 50mm×150mm，长度为 2.6m，共 14 根	m^3	0.27

【例 2-123】 某游乐园有一座用碳素结构钢所建的拱形花架，长度为 6.5m，如图 2-110 所示。所用钢材截面均为 80mm×100mm，钢梁长度为 8.8m，钢材为空心钢 0.05t/m^3，花架采用 50cm 厚的混凝土作基础，试计算其清单工程量。

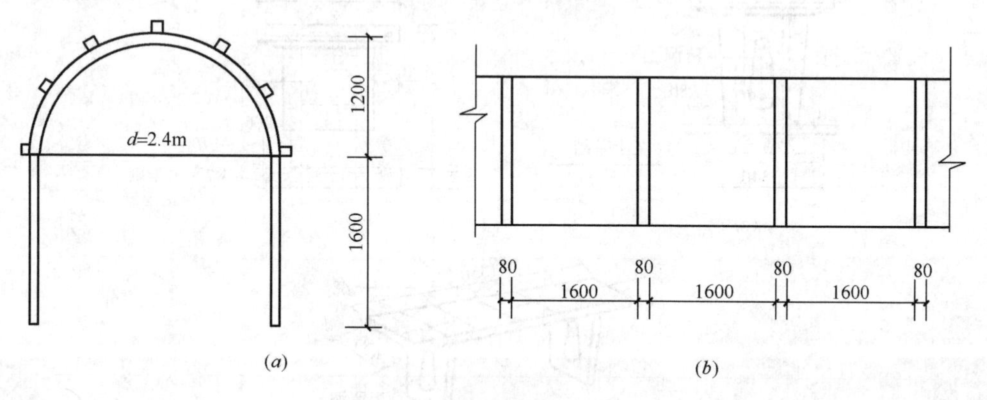

图 2-110 某游乐园花架构造示意图

（a）立面图；（b）平面图

【解】

金属花架柱、梁应按设计图示以质量计算。

（1）花架所用碳素结构钢柱子

设根数为 x，则根据已知条件得：

$$0.08x+1.6(x-1)=6.5$$

$$x=4.82，x 取 5$$

柱子的体积 $=[0.08\times0.1\times1.6\times2+3.14\times1.2^2-3.14\times(1.2-0.1)^2]\times5$

$=(0.0256+0.7222)\times5$

$=3.74\text{m}^3$

花架金属柱的工程量＝柱子体积×0.05＝3.74×0.05＝0.187t

（2）花架所用碳素结构钢梁

梁的体积＝钢梁的截面面积×梁的长度×根数

$=0.08\times0.1\times8.8\times7\text{m}^3$

$=0.49\text{m}^3$

花架金属梁的工程量＝梁的体积×0.05

$=0.49\times0.05$

$=0.0245\text{t}$

清单工程量计算见表 2-130。

清单工程量计算表 **表 2-130**

序号	项目编码	项目名称	项目特征描述	计量单位	工程量
1	050304003001	金属花架柱	碳素结构钢空心钢，截面尺寸为80mm×100mm	t	0.187
2	050304003002	金属花架梁	碳素结构钢空心钢，截面尺寸为80mm×100mm	t	0.0245

【例 2-124】某广场上布置有预制钢筋混凝土飞来椅，如图 2-111 所示，凳子座面用普通干粘石贴面，凳面下表面及凳腿用水泥抹面，试求工程量。

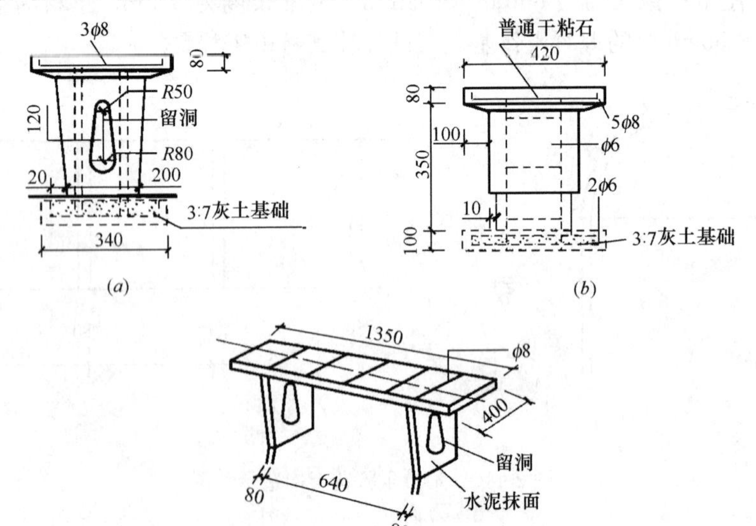

图 2-111 某广场钢筋混凝土飞来椅构造示意图

（a）侧面图；（b）剖面图；（c）立面图

【解】

钢筋混凝土飞来椅的清单工程量为1350mm。

清单工程量计算见表2-131。

清单工程量计算表 **表2-131**

项目编码	项目名称	项目特征描述	计量单位	工程量
050305001001	预制钢筋混凝土飞来椅	钢筋混凝土飞来椅	m	1.35

【例2-125】 某公园现要预制钢筋混凝土飞来椅，如图2-112所示，所用弯起钢筋为30°角，弯起高度为400mm，钢筋直径为6mm，该飞来椅制作共用了6根该种型号的钢筋。为了景观需要，在椅子的表面涂抹了一层水泥，并用油漆绘图装饰，试计算飞来椅的工程量。

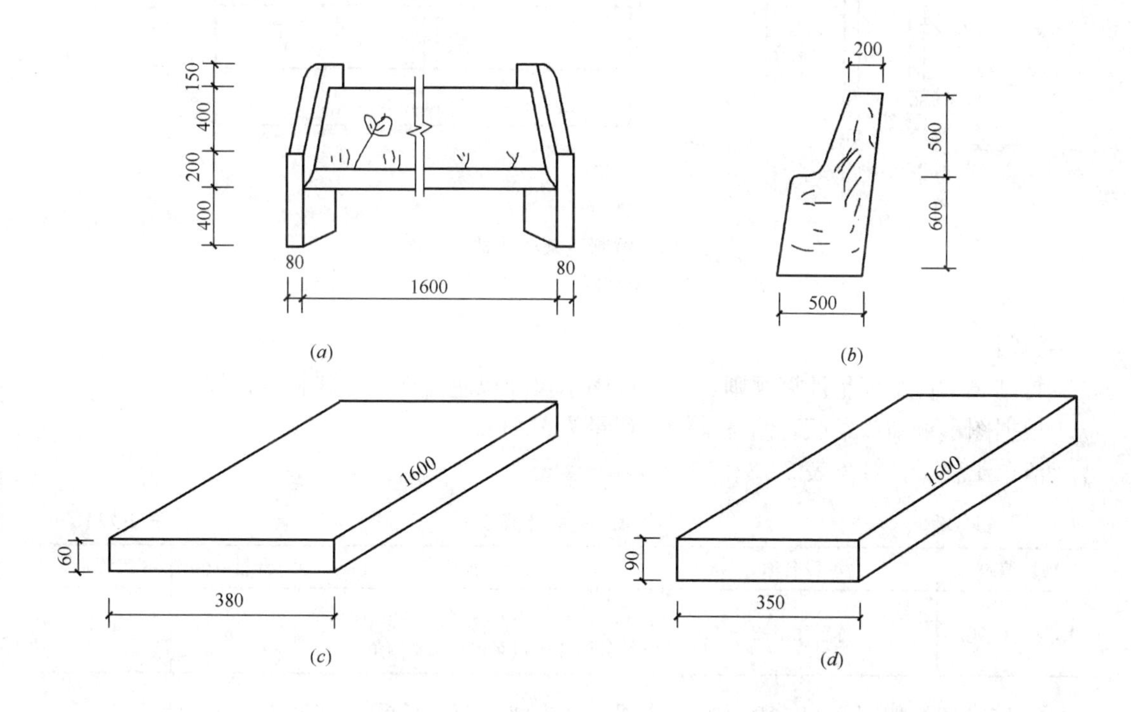

图2-112 钢筋混凝土飞来椅构造示意图

(a) 立面图；(b) 侧面图；(c) 靠背剖面图；(d) 座面剖面图

【解】

预制钢筋混凝土飞来椅的工程量=1.6m。

【例2-126】 某小区景观大道两侧现浇制作标准型白色水磨石飞来椅，凳脚刷乳胶漆两遍。飞来椅总长52.8m，试计算该白色水磨石飞来椅清单工程量。

【解】

水磨石飞来椅总长52.8m。

清单工程量计算见表2-132。

清单工程量计算表 表 2-132

项目编码	项目名称	项目特征描述	计量单位	工程量
050305001001	水磨石飞来椅	1. 标准型白色水磨石 2. 凳脚刷乳胶漆两遍 3. 飞来椅总长	m	52.8

【例 2-127】 某景区有竹制的飞来椅供游人休息，如图 2-113 所示。该景区竹制座凳为双人座凳长 1.2m，宽 45cm，座椅表面进行油漆涂抹防止木材腐烂，为了使人们坐得舒适，座面有 6°的水平倾角，试计算其清单工程量。

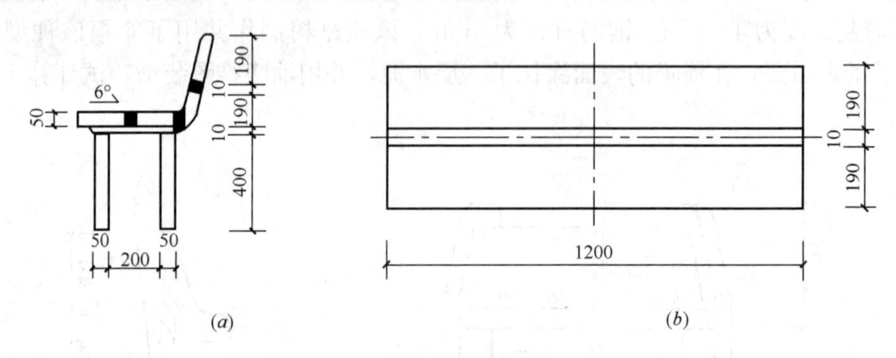

图 2-113 竹制飞来椅构造示意图

(a) 立面图；(b) 平面图

【解】

竹制飞来椅工程量计算规则：按设计图示尺寸以座凳面中心线长度计算。

根据图示可知该景区竹制飞来椅工程量为 1.2m。

清单工程量计算见表 2-133。

清单工程量计算表 表 2-133

项目编码	项目名称	项目特征描述	计量单位	工程量
050305003001	竹制飞来椅	双人座凳长 1.2m，宽 45cm，座椅表面涂抹油漆，座面有 6°水平倾角	m	1.2

【例 2-128】 如图 2-114 所示为某公园一个现浇混凝土座凳，试计算其工程量。

【解】

现浇混凝土座凳=1 个。

清单工程量计算见表 2-134。

清单工程量计算表 表 2-134

项目编码	项目名称	项目特征描述	计量单位	工程量
050305004001	现浇混凝土桌凳	圆形座凳，支墩高 500mm	个	1

【例 2-129】 如图 2-115 所示为某公园内供游人休息的棋盘桌，根据设计要求，桌子的面层材料为 20mm 厚白色水磨石面层，桌面形状均为正方形，桌基础为 80mm 厚三合土材料，基础四周比支墩加宽 100mm，试计算其工程量。

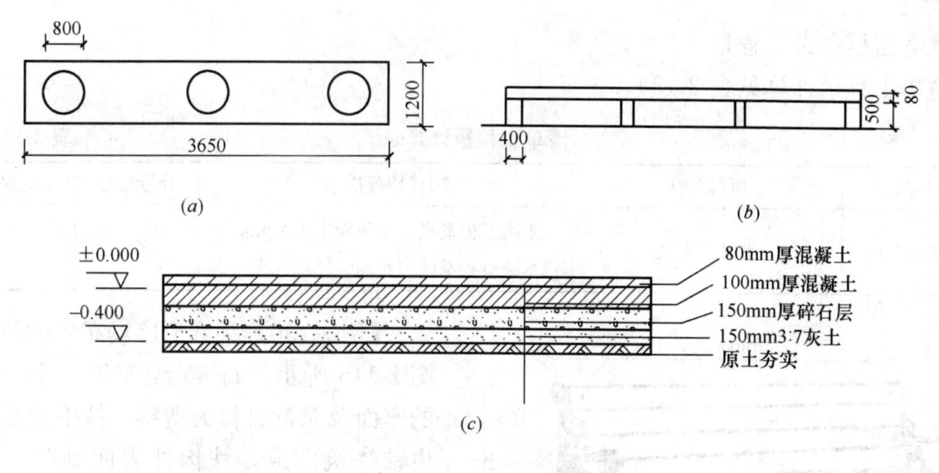

图 2-114 座凳示意图

(a) 平面图；(b) 立面图；(c) 剖面图

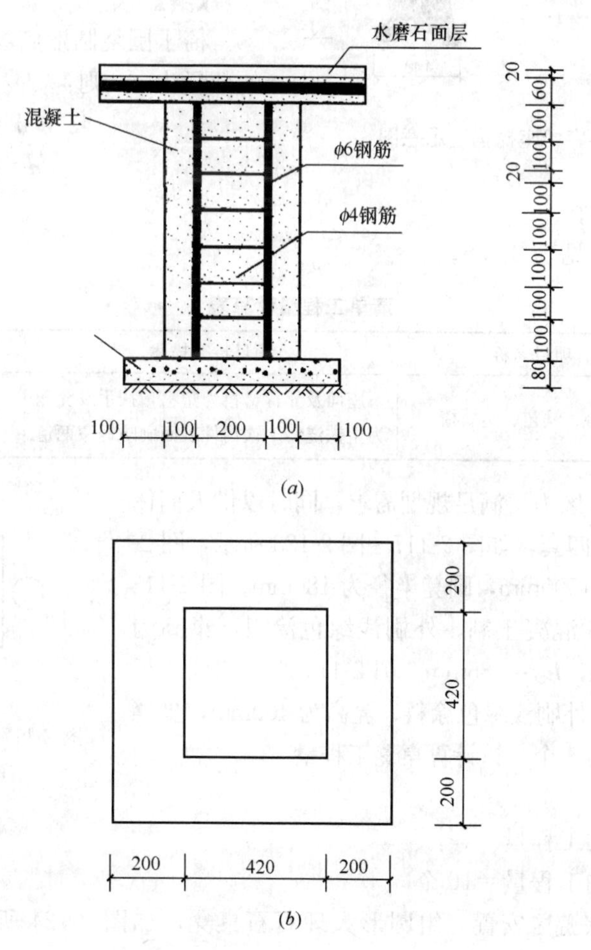

图 2-115 某公园现浇混凝土桌凳构造示意图

(a) 剖面图；(b) 平面图

【解】

水磨石棋盘桌工程量=1个。

清单工程量计算见表2-135。

清单工程量计算表 **表2-135**

项目编码	项目名称	项目特征描述	计量单位	工程量
050305007001	水磨石桌凳	水磨石棋盘桌，桌子面层为20mm白色水磨石，基础为80mm厚三合土材料	个	1

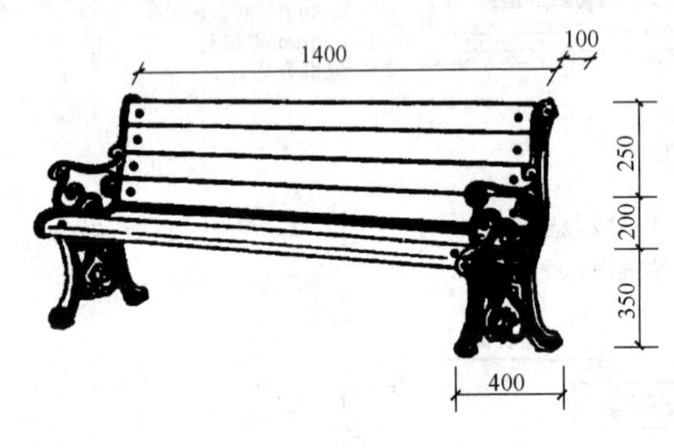

图2-116 某广场座椅构造示意图

【例2-130】 某圆形广场布置的椅子如图2-116所示，每45°角布置一个。椅子的座面及靠背材料为塑料，扶手及凳腿为生铁浇筑而成，铁构件表面刷防护漆两遍，试计算其工程量。

【解】

椅子围绕圆形广场进行布置，设椅子的数量为n，则：

$$45°\times n=360°$$

$$n=8$$

椅子工程量=8个

清单工程量计算见表2-136。

清单工程量计算表 **表2-136**

项目编码	项目名称	项目特征描述	计量单位	工程量
050305010001	塑料、铁艺、金属椅	座面及靠背材料为塑料，扶手及凳腿为生铁浇铸；铁构件表面刷防锈漆两道	个	1

【例2-131】 某社区为了满足规划需求，同时以供人们休息，预制混凝土桌凳四套，如图2-117～图2-123所示，图2-117所示方桌边长为1500mm，圆凳半径为180mm。图2-118所示方式板桌为C25混凝土制，外刷浅绿色涂料，桌高为800mm，L_1=635mm，L_2=185mm。图2-119所示圆柱式板凳为C25混凝土制，外刷浅绿色涂料，凳高为400mm，坐凳面宽360mm，数量为4个。试计算桌凳工程量。

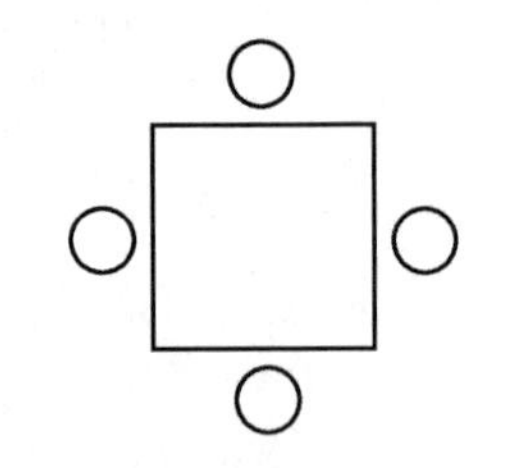

图2-117 预制混凝土桌凳组合平面图

【解】

预制混凝土桌的工程量=4个

预制混凝土凳的工程量=16个

【例2-132】 某旅游区安置三组圆形大理石石桌凳，如图2-124所示，桌面下支墩长0.85m，宽0.9m，凳子为直径是0.45m的圆形，桌凳的基础用3∶7灰土材料制成，基础厚120mm，其四周比支墩放宽120mm，基础层下为30mm厚1∶3水泥砂浆混合料结合层，25mm厚混凝土，100mm厚碎石垫层，素土夯实，试计算石桌石凳工程量。

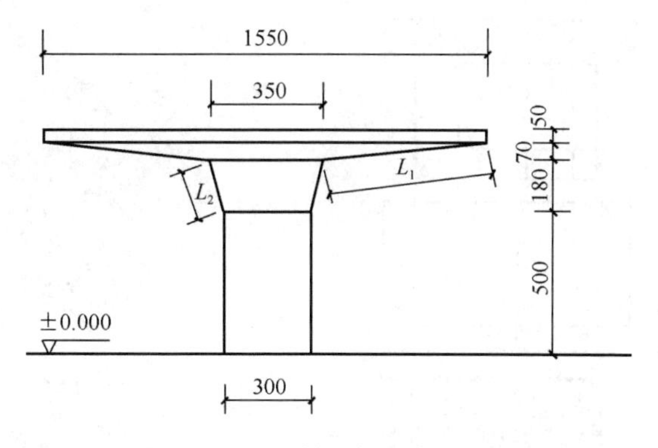

图 2-118 预制混凝土桌立面图

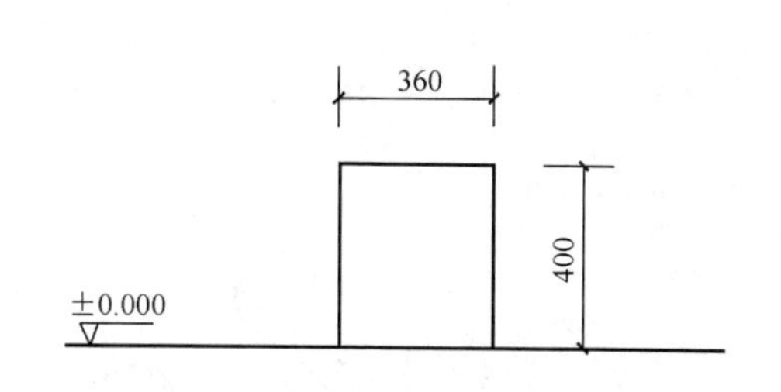

图 2-119 预制混凝土凳立面图

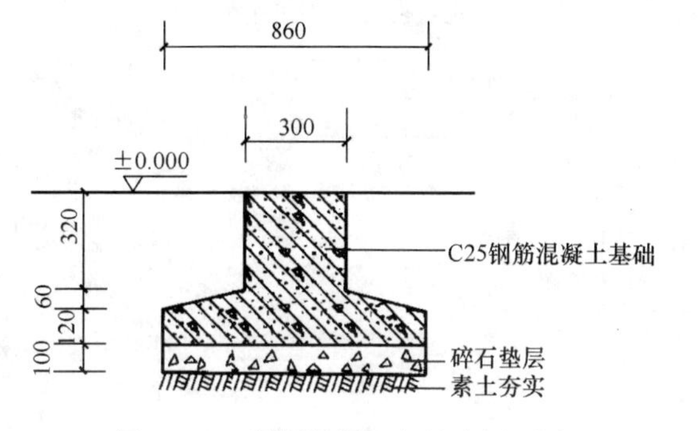

图 2-120 预制混凝土桌基础剖面图

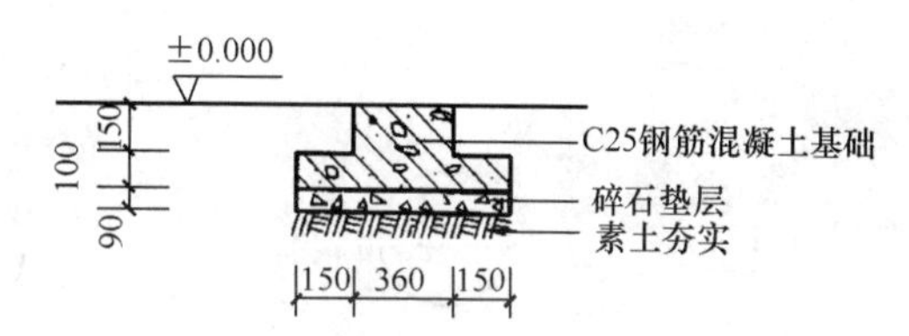

图 2-121 预制混凝土凳基础剖面图

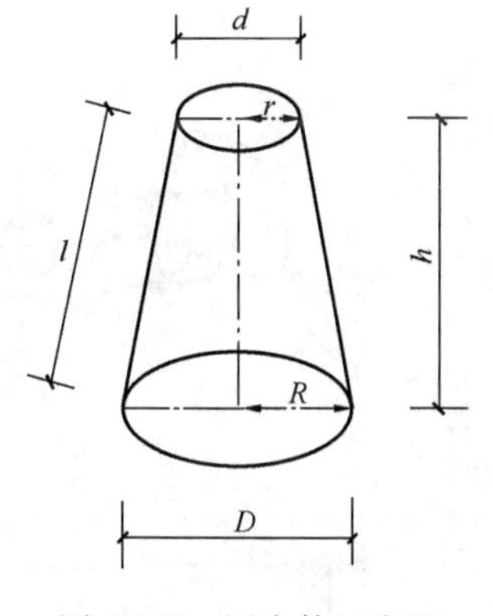

图 2-122 圆台体示意图

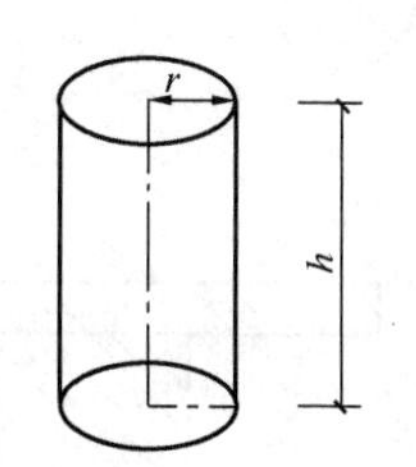

图 2-123 圆柱体示意图

【解】

石桌的工程量=3 个

石凳的工程量=18 个

【例 2-133】 某景区有一处用大理石制作的石桌、石凳供游客休息，如图 2-125 所示。石桌、凳面均为圆形，基础为 3∶7 灰土材料制成厚度为 130mm，其四周边长比支墩放宽 100mm。4 个石凳围绕着圆桌以四等分圆线定位，试计算其清单工程量。

【解】

大理石石凳工程量=4 个

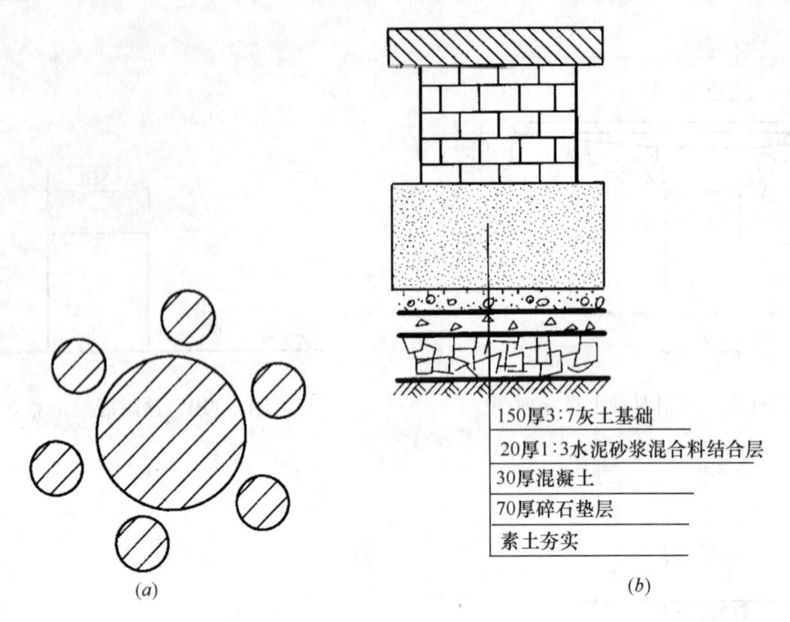

图 2-124 石桌凳结构示意图

(a) 平面图；(b) 断面图

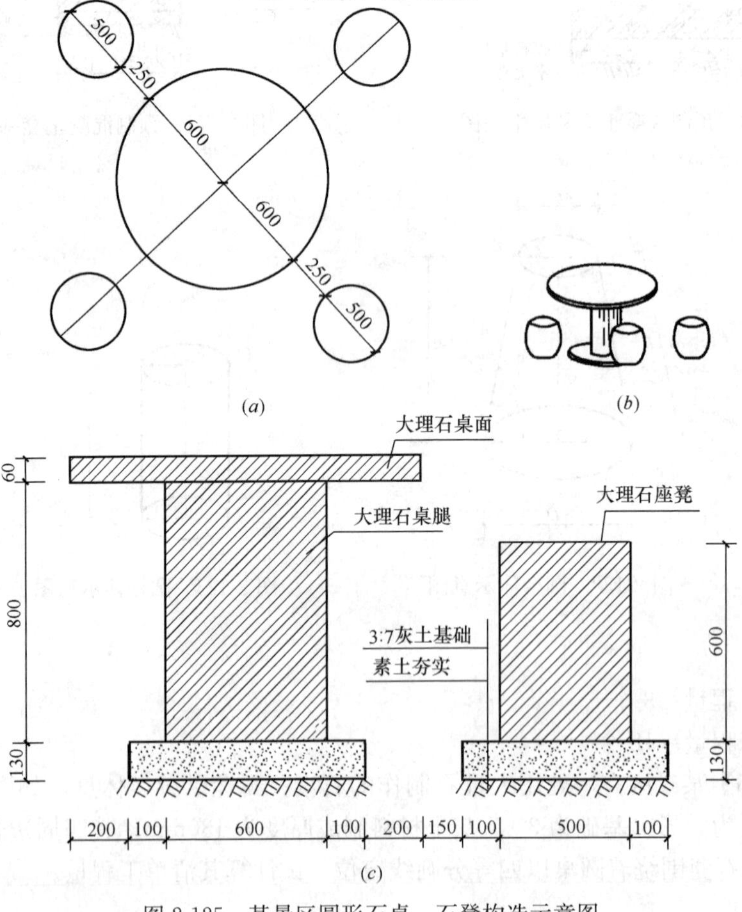

图 2-125 某景区圆形石桌、石凳构造示意图

(a) 平面图；(b) 立体图；(c) 剖面图

大理石石桌工程量=1个

清单工程量计算表见表 2-137。

清单工程量计算表 **表 2-137**

序号	项目编码	项目名称	项目特征描述	计量单位	工程量
1	050305006001	石桌石凳	大理石石凳，圆形，尺寸如图 3-33 所示，120mm 厚 3∶7 灰土基础，四周边长比支墩放宽 100mm	个	4
2	050305006002	石桌石凳	大理石石桌，圆形，尺寸如图 3-33 所示，120mm 厚 3∶7 灰土基础，四周边长比支墩放宽 100mm	个	1

【例 2-134】园林建筑小品、塑树根桌凳如图 2-126 所示，试计算其清单工程量（桌凳直径为 0.75m）。

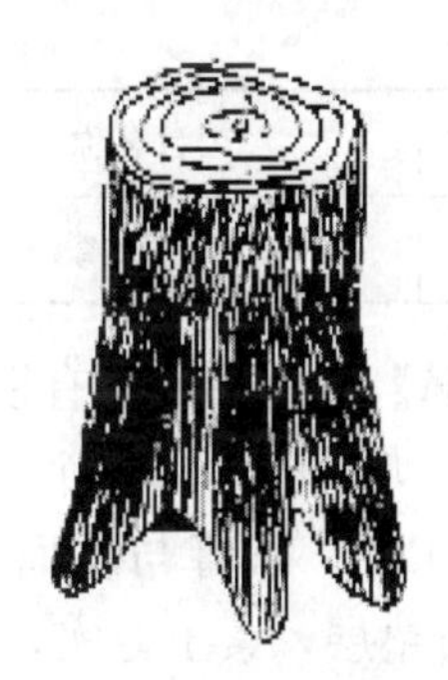

图 2-126　塑树根桌凳示意图

【解】

根据工程量计算规则可知，塑树根桌凳清单工程量应按设计图示数量计算：

树根凳子个数=3个

清单工程量计算表见表 2-138。

清单工程量计算表 **表 2-138**

项目编码	项目名称	项目特征描述	计量单位	工程量
050305008001	塑树根桌凳	桌凳直径 0.75m	个	3

【例 2-135】某公园花坛旁边放有塑松树皮节椅供游人休息，如图 2-127 所示，椅子高 0.55m，直径为 0.5m，椅子内用砖石砌筑，砌筑后先用水泥砂浆找平，再在外表用水泥砂浆粉饰出松树皮节外形。椅子下为 60mm 厚混凝土，150mm 厚 3∶7 灰土垫层，素土夯实，试计算其工程量。

【解】

塑树节椅清单工程量应按设计图示数量计算。

塑树节椅工程量=8个

清单工程量计算见表 2-139。

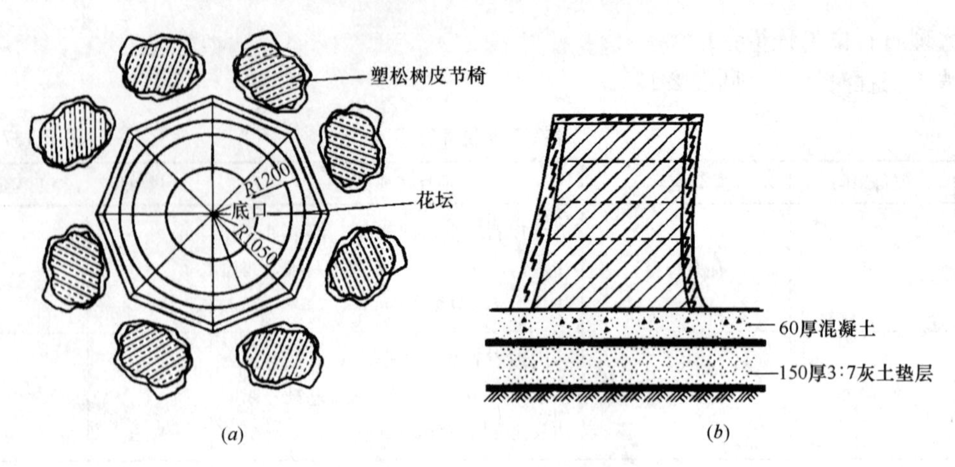

图 2-127 塑松树皮节椅示意图
(a) 平面图；(b) 剖面图

清单工程量计算表 **表 2-139**

项目编码	项目名称	项目特征描述	计量单位	工程量
050305009001	塑树节椅	椅子高 0.55m，直径为 0.4m	个	8

【例 2-136】某树下放置有钢筋混凝土飞来椅如图 2-128 所示，飞来椅围树布置成一圆形，共 6 个，大小相等。每个座面板长 1.35m，宽 0.5m，厚 0.05m，靠背长 1.2m，宽 0.4m，厚 0.12m，靠背与座面板用水泥砂浆找平，座凳面用青石板做面层，座凳下为 80mm 厚块石垫层，素土夯实，试计算其清单工程量。

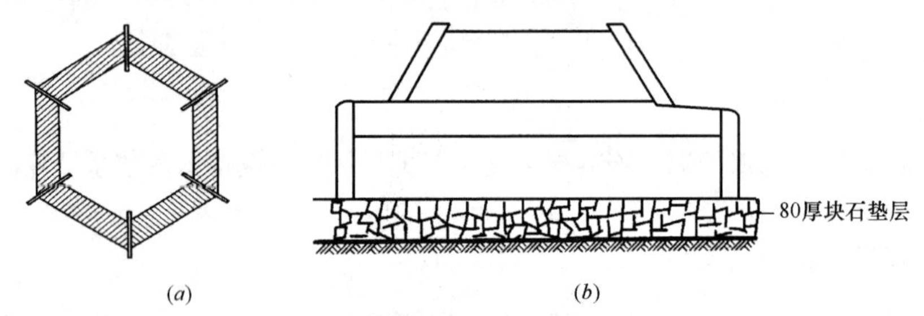

图 2-128 钢筋混凝土飞来椅示意图
(a) 平面图；(b) 立面断面结构图

【解】

钢筋混凝土飞来椅清单工程量应按设计图示以座凳面中心线长度计算。

$L=1.35\times6=8.1\text{m}$

清单工程量计算见表 2-140。

清单工程量计算表 **表 2-140**

项目编码	项目名称	项目特征描述	计量单位	工程量
050305004001	钢筋混凝土飞来椅	每个座面板长 1.35m，宽 0.5rn，厚 0.05m	m	8.1

【例 2-137】某生态园用砖胎砌塑成圆形座凳，并用 1∶3 水泥砂浆粉饰出树节外形，基础以 3∶7 灰土为材料，厚 120mm，构造如图 2-129 所示，凳面用 1∶2 水泥砂浆粉饰出年轮外形，试计算其清单工程量。

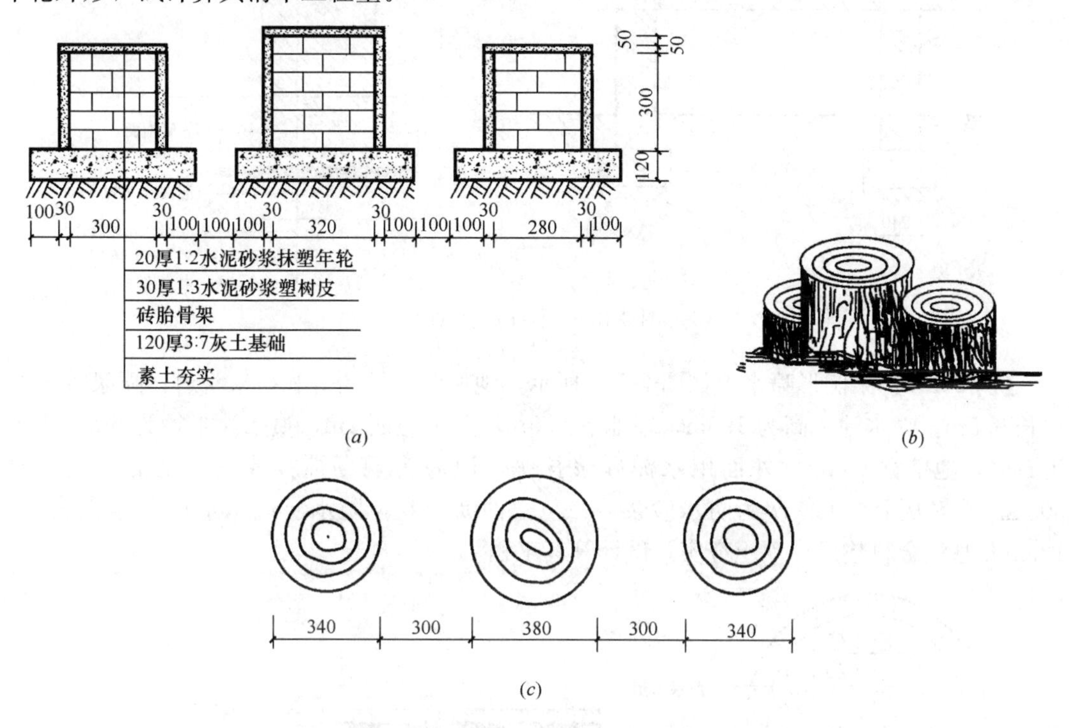

图 2-129 某生态园堆塑树节椅构造示意图

(*a*) 剖面图；(*b*) 立体图；(*c*) 平面图

【解】

塑树节椅工程量=3 个

清单工程量计算见表 2-141。

清单工程量计算表 表 2-141

项目编码	项目名称	项目特征描述	计量单位	工程量
050305009001	塑树节椅	1∶3 水泥砂浆粉饰出树节外形，凳面 1∶2 水泥砂浆粉饰年轮外形	个	3

【例 2-138】某公园中有 12 个如图 2-130 所示的小石凳，试计算其工程量（三类土）。

【解】

工程量=12 个

清单工程量计算见表 2-142。

清单工程量计算表 表 2-142

项目编码	项目名称	项目特征描述	计量单位	工程量
050305006001	石桌石凳	基础尺寸 240mm×100mm，凳面形状为长方表，180mm×100mm，支墩高 470mm	个	12

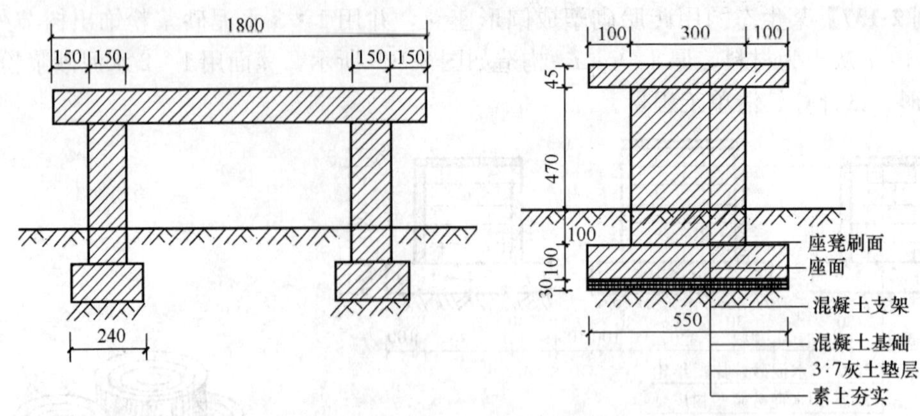

图 2-130 小石凳示意图

【例 2-139】某圆形喷水池如图 2-131 所示，池底装有照明灯和喷泉管道，喷泉管道每根长 9.5m。喷水池总高为 1.5m，埋地下 0.5m，露出地面 1m，喷水池半径为 6m，用砖砌石壁，池壁宽 0.4m，外面用水泥砂浆抹平，池底为现场搅拌混凝土池底，池底厚 30cm。池底从上往下依次为防水砂浆，二毡三油沥青卷材防水层，150mm 厚素混凝土，120mm 厚混合料垫层，素土夯实。试计算其工程量。

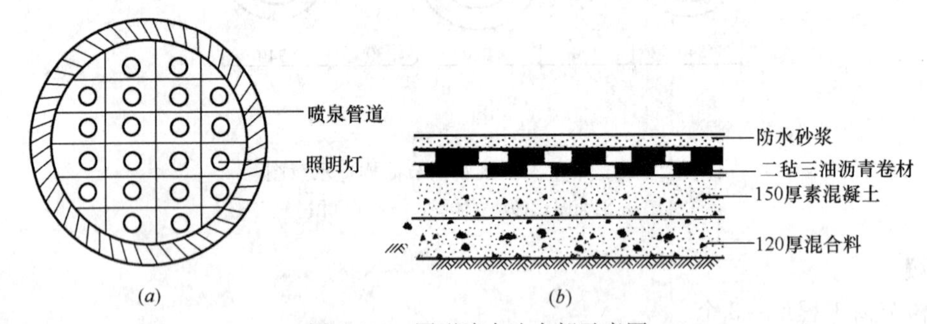

图 2-131 圆形喷水池内部示意图

(*a*) 圆形喷水池平面图；(*b*) 池底剖面图

【解】

喷泉管道清单工程量应按设计图示管道中心线长度以延长米计算，不扣除检查（阀门）井、阀门、管件及附件所占长度。

管道长度 $L=8\times 9.5=76\text{m}$

水下艺术装饰灯清单工程量应按设计图示数量计算。

水下照明灯：20 套

清单工程量计算见表 2-143。

清单工程量计算表 **表 2-143**

序号	项目编码	项目名称	项目特征描述	计量单位	工程量
1	050306001001	喷泉管道	喷泉管道每根长 9.5m	m	76
2	050306003001	水下艺术装饰灯具	水下照明灯 20 套	套	20

【例 2-140】某公园内设置一喷泉，根据设计要求：

（1）所有供水管道均为螺纹镀锌钢管。

(2) 主供水管 $DN50$ 长度为 18.2m，泄水管 $DN60$ 长度为 9.8m，溢水管 $DN40$ 长度为 11m，分支供水管 $DN30$ 长度为 41.9m，供电电缆外径为 0.4cm。

(3) 外用 UPVC 管做保护管，管厚为 2mm，长度为 36.80m。

试计算喷泉管道及电缆工程量。

【解】

(1) $DN50$ 主供水管工程量＝18.2m

(2) $DN60$ 泄水管工程量＝9.8m

(3) $DN40$ 溢水管工程量＝11m

(4) $DN30$ 分支供水管工程量＝41.9m

(5) 从题意中可知电缆的外径为 0.4cm，外用 UPVC 管做保护管，通常规定钢管电缆保护管的内径应不小于电缆外径的 1.5 倍，其他材料的保护管内径不小于电缆外径的 1.5 倍再加 100mm，这样可以得出 UPVC 电缆管的内径为：

$4\times1.5+100=106\text{mm}$

电缆长度等于 UPVC 保护管的长度，为 36.8m。

清单工程量计算见表 2-144。

清单工程量计算表　　表 2-144

序号	项目编码	项目名称	项目特征描述	计量单位	工程量
1	050306001001	喷泉管道	螺纹镀锌钢管，$DN50$	m	18.2
2	050306001002	喷泉管道	螺纹镀锌钢管，$DN60$	m	9.8
3	050306001003	喷泉管道	螺纹镀锌钢管，$DN40$	m	11
4	050306001004	喷泉管道	螺纹镀锌钢管，$DN30$	m	41.9
5	050306002001	喷泉电缆	电缆外径 0.4cm，管厚 2mm，外用 UPVC 管做保护管	m	36.8

【例 2-141】 某园路根据设计要求，需要在两侧安置对称仿古式石灯，两灯之间的距离为 4m，已知该园路长 48m。图 2-132 所示为仿古式石灯示意图，试计算其工程量。

【解】

仿古式石灯工程量＝(48/4＋1)×2＝26 个

清单工程量计算见表 2-145。

清单工程量计算表　　表 2-145

项目编码	项目名称	项目特征描述	计量单位	工程量
050307001001	石灯	仿古式石灯，圆锥台形，上径 ϕ180mm，下径 ϕ200mm，高 3600mm	个	26

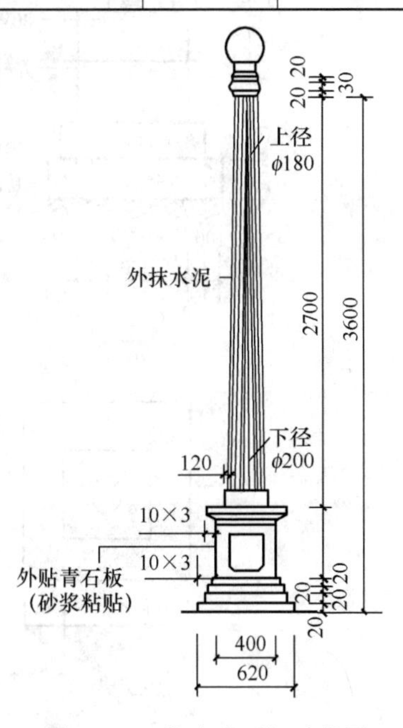

图 2-132　仿古式石灯示意图

【例 2-142】 某人工湖沿湖边装有一排方锥形石灯共 22 个，既可在晚上起到照明的效果，又可供游人欣赏，石灯身为方锥台灯身，如图 2-133 所示，平均截面为

55cm×55cm，上底面长 60cm，宽 60cm，下底面长 40cm，宽 40cm，灯身高 45cm，厚 5cm，灯身上装有灯帽，灯帽边长为 80cm，厚 5cm。灯身下有矩形灯座，长 65cm，宽 55cm，厚 10cm。试计算其清单工程量。

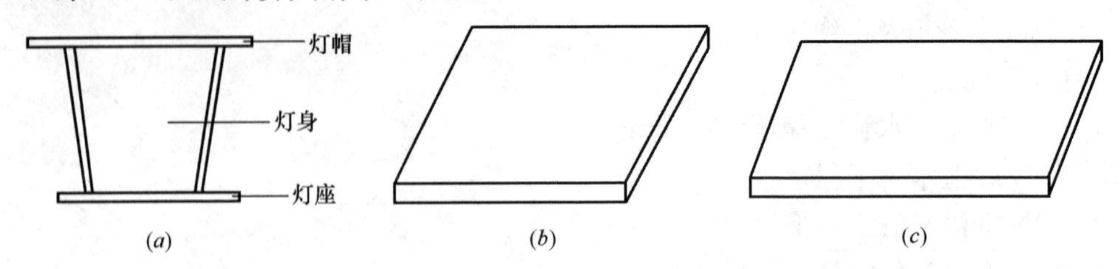

图 2-133 石灯示意图

(a) 石灯立面图；(b) 灯帽示意图；(c) 灯座示意图

【解】

石灯清单工程量按设计图示数量计算。

石灯工程量=22 个

清单工程量计算见表 2-146。

清单工程量计算表 **表 2-146**

项目编码	项目名称	项目特征描述	计量单位	工程量
050307001001	石灯	方锥形石灯共 22 个	个	22

【例 2-143】某景区草坪上零星点缀以青白石为材料制安的石灯共有 42 个，石灯构造如图 2-134 所示，所用灯具均为 85W 普通白炽灯，混合料基础宽度比须弥座四周延长

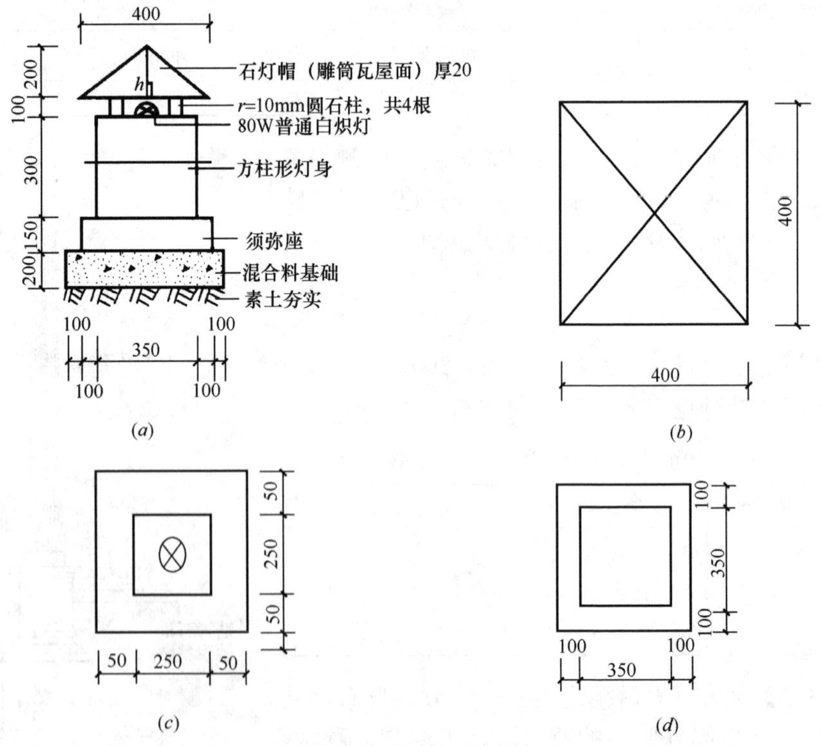

图 2-134 石灯示意图

(a) 石灯剖面构造图；(b) 石灯帽平面构造图；(c) 方柱形灯身平面构造图；(d) 须弥座平面构造图

150mm，试根据图中所提供的已知量，计算其工程量。

【解】

青白石石灯工程量=42 个

清单工程量计算见表 2-147。

清单工程量计算表 **表 2-147**

项目编码	项目名称	项目特征描述	计量单位	工程量
050307001001	石灯	青白石石灯构造如图 2-134 所示	个	42

【例 2-144】某庭园内有一长方形花架供人们休息观赏，如图 2-135 所示，花架柱、梁全为长方形，柱、梁为砖砌，外面用水泥抹面，再用水泥砂浆找平，最后用水泥砂浆粉饰出树皮外形，水泥厚为 0.05m，水泥抹面厚 0.03m，水泥砂浆找平层厚 0.01m。花架柱高 2.85m，截面长 0.6m，宽 0.4m，花架横梁每根长 1.6m，截面长 0.3m，宽 0.3m，纵梁长 13.2m，截面长 0.3m，宽 0.3m，花架柱埋入地下 0.5m，所挖坑的长、宽都比柱的截面的长、宽各多出 0.1m，柱下为 25mm 厚 1∶3 白灰砂浆，150mm 厚 3∶7 灰土，200mm 厚砂垫层，素土夯实。试计算其清单工程量。

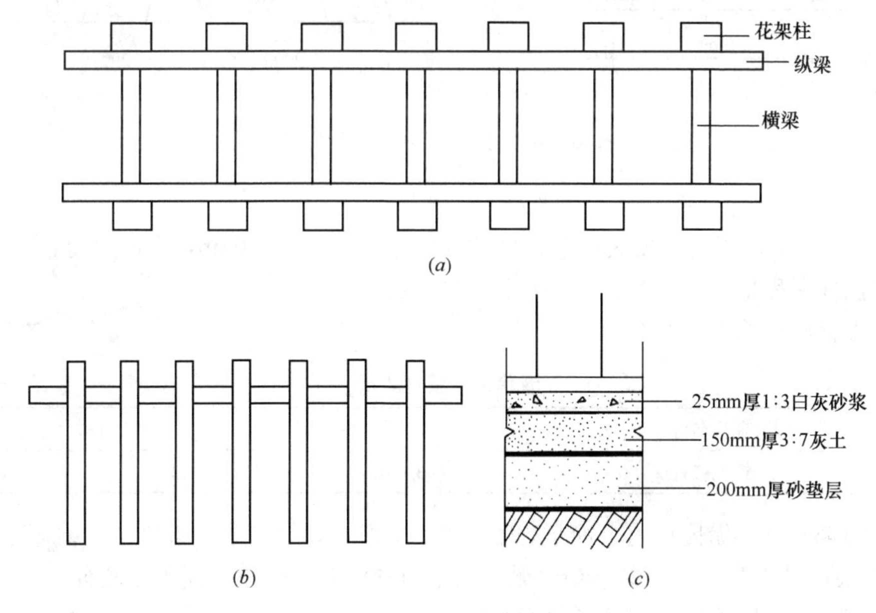

图 2-135 花架示意图

(*a*) 平面图；(*b*) 立面图；(*c*) 垫层剖面图

【解】

塑树皮梁、柱工程量计算规则：以米计量，按设计图示尺寸以构件长度计算。

(1) 花架柱长

$L=2.85\times14=39.9\text{m}$

(2) 花架梁长

$L=L_{横梁}+L_{纵梁}=1.6\times7+13.2\times2=37.6\text{m}$

清单工程量计算见表 2-148。

清单工程量计算表　　　　表 2-148

序号	项目编码	项目名称	项目特征描述	计量单位	工程量
1	050307004001	塑树皮柱	花架柱高 2.85m，截面长 0.6m，宽 0.4m	m	39.9
2	050307004002	塑树皮梁	花架横梁每根长 1.6m，截面长 0.3m，宽 0.3m，纵梁长 13.2m，截面长 0.3m，宽 0.3m	m	37.6

【例 2-145】如图 2-136 所示为某园林景区内的一花坛构造，该花坛的外围延长为 4.08m×3.28m，花坛边缘安装铁件制作的栏杆，高 24cm，试计算铁栏杆工程量。

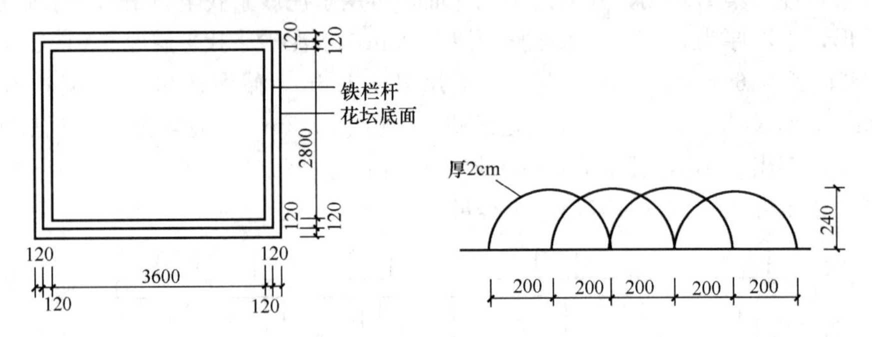

图 2-136　花坛平面构造图与栏杆构造图

【解】

从图 2-136 中可以看出安装铁艺栏杆的规格为 3.84m×3.04m，由此可得：

铁艺栏杆工程量＝3.84×2＋3.04×2＝13.76m

清单工程量计算见表 2-149。

清单工程量计算表　　　　表 2-149

项目编码	项目名称	项目特征描述	计量单位	工程量
050307006001	铁艺栏杆	3.84m×3.04m，高 24cm	m	13.76

【例 2-146】某小游园中有一凉亭，如图 2-137 所示，柱、梁为塑竹柱、梁，凉亭柱高 3m，共 4 根，梁长 2.25m，共 4 根。梁、柱用角铁作芯，外用水泥砂浆塑面，做出竹节，最外层涂有灰面乳胶漆三道。柱子截面半径为 0.2m，梁截面半径为 0.1m，亭柱埋入地下 0.5m。亭顶面为等边三角形，边长为 6m，亭顶面板制作厚度为 2cm，亭面坡度为 1∶40。亭子高出地面 0.3m，为砖基础，表面铺水泥，砖基础下为 50 厚混凝土，100 厚粗砂，120 厚 3∶7 灰土垫层素土夯实，试计算其清单工程量。

【解】

塑竹梁、柱工程量计算规则：以平方米计量，按设计图示尺寸以梁柱外表面积计算。

塑竹梁柱面积：

$$S=S+S_{梁}=2\pi R\cdot H\times 根数+2\pi rH\times 根数$$

$$=2\times3.14\times0.2\times3\times4+2\times3.14\times0.1\times2.25\times4$$

$$=20.72\text{m}^2$$

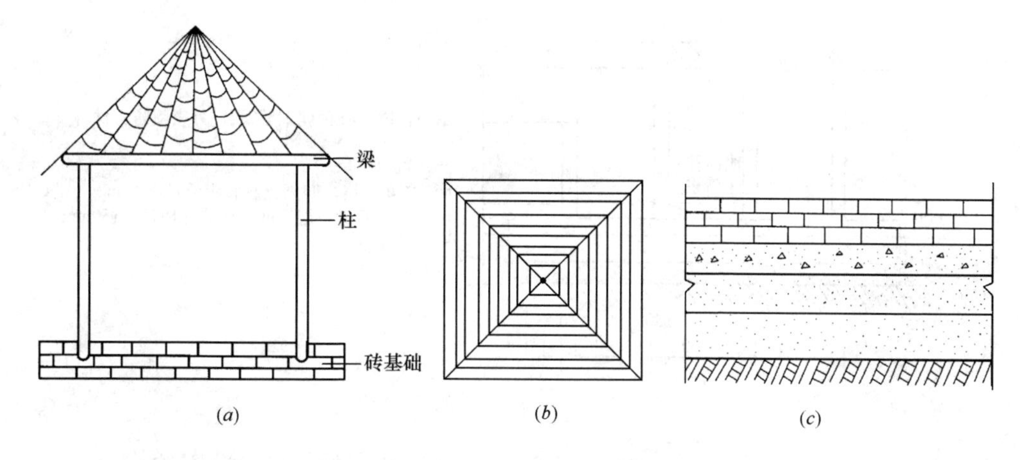

图 2-137 塑竹凉亭示意图

(a) 亭子立面图；(b) 亭子平面图；(c) 砖基础与垫层剖面图

清单工程量计算见表 2-150。

清单工程量计算表 **表 2-150**

项目编码	项目名称	项目特征描述	计量单位	工程量
050307004001	塑竹梁、柱	柱高 3m，共 4 根；梁长 2.25m，共 4 根	m^2	20.72

【例 2-147】 某植物园内有一座以现场预制的檩条钢筋混凝土模板搭建的廊架，如图 2-138 所示。已知梁、柱均为圆柱体形状，共有 20 根柱子，3 根横梁，6 根斜梁，梁、柱、檩条表面均用水泥砂浆塑出竹节、竹片形状，廊顶用翠绿色瓦盖顶，试计算其清单工程量。

【解】

工程量(S_1)＝横梁外表面所占面积＋斜梁外表面所占面积

根据图示计算廊架长度$=0.2\times2+0.15\times\frac{20}{2}+1.2\times(10-1)$

$=12.7$(因为廊架分两面，则一面有 $\frac{20}{2}=10$ 根柱子)

横梁长度等于廊架长度 $S_1=3.14\times0.1\times2\times12.7\times3+3.14\times0.16\times1.45\times4+3.14\times0.2\times2.2\times2$

$=29.6m^2$

柱子高 2.5m，共有 20 根。

工程量(S_2)＝柱子的底面周长×柱高(即求出柱子模板所占面积)×根数

$=3.14\times0.15\times2.55\times20$

$=24.02m^2$

檩条共有 4 根，长度等于廊架长度为 12.7m。

工程量(S_3)＝檩条的底面周长×檩条长度×根数(即求出檩条所占面积)

$S_3=3.14\times0.06\times2\times12.7\times4$

$=19.14m^2$

清单工程量计算见表 2-151。

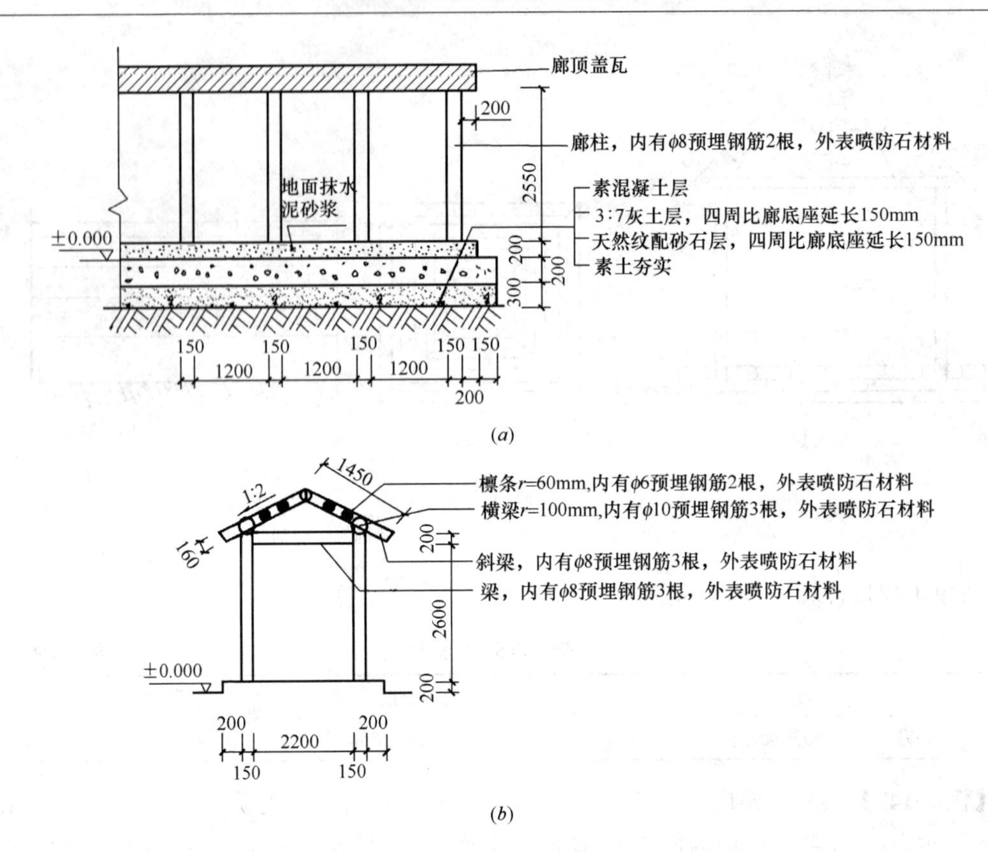

图 2-138 某植物园廊架构造示意图

(a) 廊架立面图；(b) 廊架剖面图

清单工程量计算表 **表 2-151**

序号	项目编码	项目名称	项目特征描述	计量单位	工程量
1	050307005001	塑竹梁、柱	圆柱形，3 根横梁，6 根斜梁，水泥砂浆塑出竹节，竹片，如图 3-48 所示	m^2	29.6
2	050307005002	塑竹梁、柱	20 根圆柱形柱子，水泥砂浆塑出竹节，竹片，如图 3-48 所示	m^2	24.02
3	050307005003	塑竹梁、柱	水泥砂浆塑出竹节，竹片，共 4 根檩条	m^2	19.14

【例 2-148】为了保护草坪、防止践踏，分别在草坪上设置长方形标志牌和圆形标志牌，如图 2-139 所示。长方形木标志牌的厚度为 30mm，其柱为长方体，厚度为 32mm，外用混合油漆（醇酸磁漆）涂面，共 6 个；圆形木标志牌牌面为圆形，厚度为 25mm，其柱为长方体，厚度为 30mm，外用混合油漆（醇酸磁漆）涂面，共 10 个。试计算其工程量。

【解】

长方形木标志牌工程量＝6 个

圆形木标志牌工程量＝10 个

清单工程量计算见表 2-152。

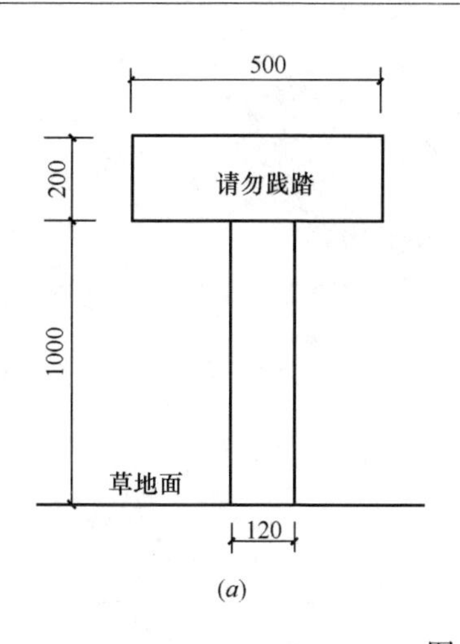

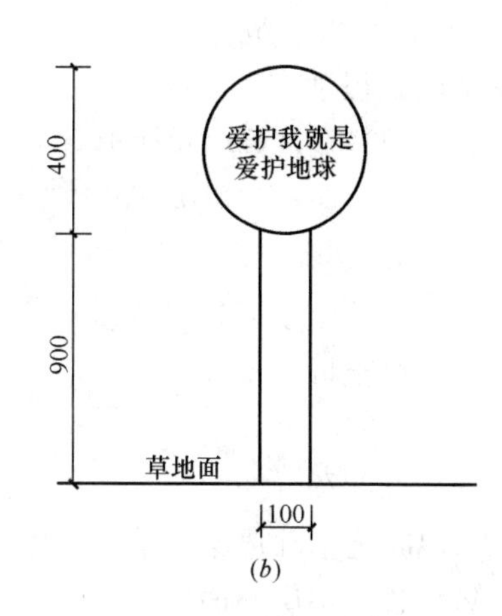

图 2-139　标志牌

(a) 长方形木标志牌示意图；(b) 圆形木标志牌示意图

清单工程量计算表　　　　**表 2-152**

序号	项目编码	项目名称	项目特征描述	计量单位	工程量
1	050307009001	标志牌	长方形木标志牌，厚度为 30mm，其柱为长方体，厚度为 32mm，外用混合油漆（醇酸磁漆）涂面	个	6
2	050307009002	标志牌	圆形木标志牌，厚度为 25mm，其柱为长方体，厚度为 30mm，外用混合油漆（醇酸磁漆）涂面	个	10

【例 2-149】某街头绿地中有三面一模一样的景墙，如图 2-140 所示，池底从上往下依次为 150mm 厚 C10 混凝土，300mm 厚原砂垫层，素土夯实。试根据已知条件计算景墙的工程量（已知景墙墙厚 300mm，压顶宽 350mm）。

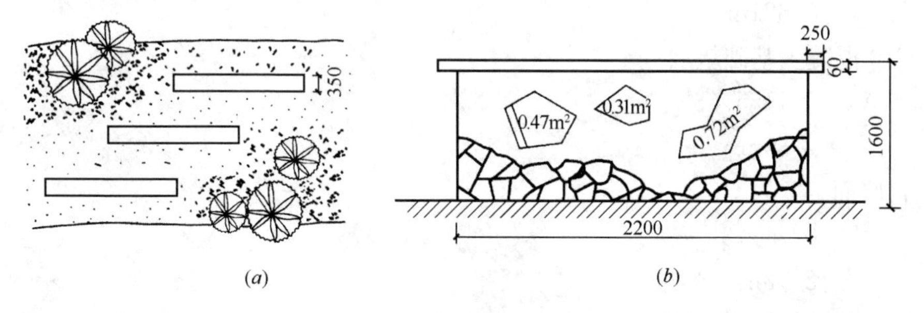

图 2-140　景墙示意图

(a) 平面图；(b) 单个立面图

【解】

(1) 平整场地工程量

S = 长×宽

=2.2×0.35

$=0.77m^2$

(2) 挖地槽工程量

$V=$长×宽×高（单个开挖）

$=2.2\times0.35\times(0.15+0.3)$

$=0.3465m^3$

(3) 回填土（单个景墙）工程量

$V=$挖土量×系数

$=0.3465\times0.6$

$=0.2079m^3$

(4) C10混凝土基础垫层（单个景墙）工程量

$V=$长×垫层断面

$=2.2\times0.35\times0.15$

$=0.1155m^3$

(5) 砌墙面（单个景墙）工程量

$V=2.2\times1.6\times0.35-(0.47+0.31+0.72)\times0.35$

$=1.232-0.525$

$=0.711113$

(6) 一面景墙的工程量已知，在绿地中共三面，因此：

1) 平整场地：$V=0.77\times3=2.31m^2$

2) 挖地槽：

$V=0.3465\times3$

$=1.04m^3$

3) 回填土：

$V=0.2079\times3$

$=0.621m^3$

4) C10混凝土基础垫层：

$V=0.1155\times3$

$=0.35m^3$

5) 砌墙面：

$V=0.71\times3$

$=2.13m^3$

清单工程量计算见表2-153。

清单工程量计算表 **表2-153**

序号	项目编码	项目名称	项目特征描述	计量单位	工程量
1	010101001001	平整场地	土壤类别：三类土	m^2	2.31
2	010101003001	挖沟槽土方	1. 土壤类别：三类土 2. 挖土深度：0.45m	m^3	1.04

续表

序号	项目编码	项目名称	项目特征描述	计量单位	工程量
3	010103001001	回填方	1. 密实度要求：95% 2. 填方运距：1000m	m^3	0.62
4	010501001001	垫层	混凝土强度等级：C10	m^3	0.35
5	050307010001	景墙	1. 土壤类别：三类土 2. 墙体厚度：0.49m	m^3	2.13

【例 2-150】某花园有一正方形花坛，如图 2-141 所示，花坛边长为 5m，高 0.8m，花坛围墙为砖砌无空花围墙，厚 0.7m，先在围墙上抹水泥砂浆，再在外面贴上花岗石。沿花坛表面有一圈铁栅栏以防止有人破坏花坛中花草。铁栅栏为长方体，高 30cm，截面长 16cm，宽 8cm，两根栅栏之间的距离为 25cm，连接两根栅栏之间距离的铁栏杆长 25cm，宽 5cm，栏杆表面刷有防锈漆一道，调合漆两道。试计算栏杆工程量。

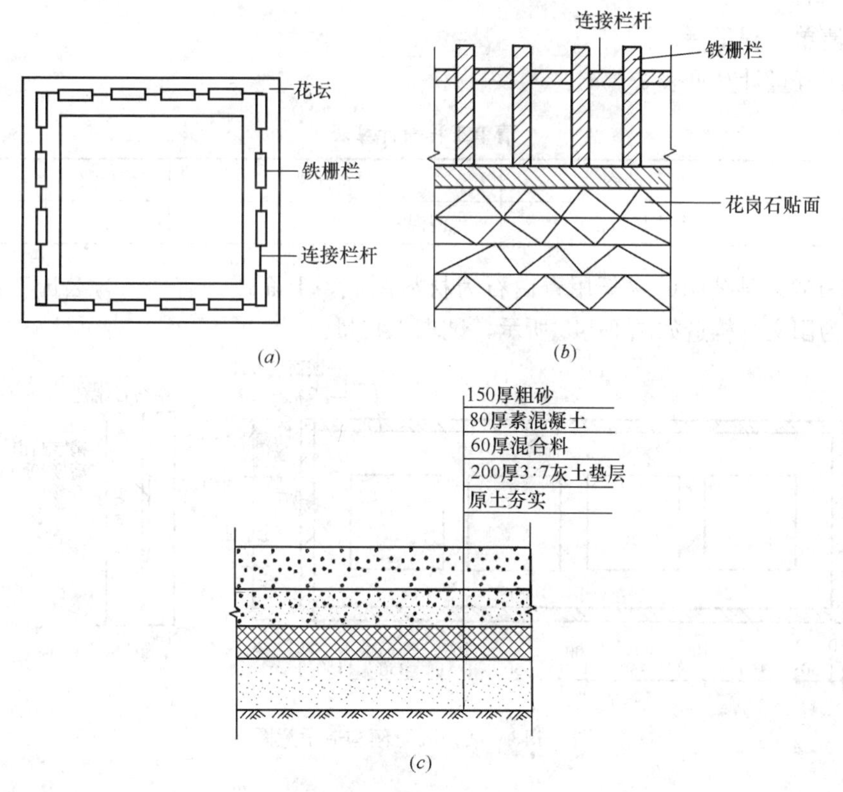

图 2-141 花坛铁栏杆示意图

(*a*) 平面示意图；(*b*) 立面示意图；(*c*) 基础层断面图

【解】

铁栅栏根数$=\frac{5\times4}{0.25}=80$根

铁栅栏长度$=0.16\times80=12.8$m

栏杆的工程量$=5\times4-12.8=7.2$m

【例 2-151】如图 2-142 所示立体花坛，试计算现浇混凝土工程量。

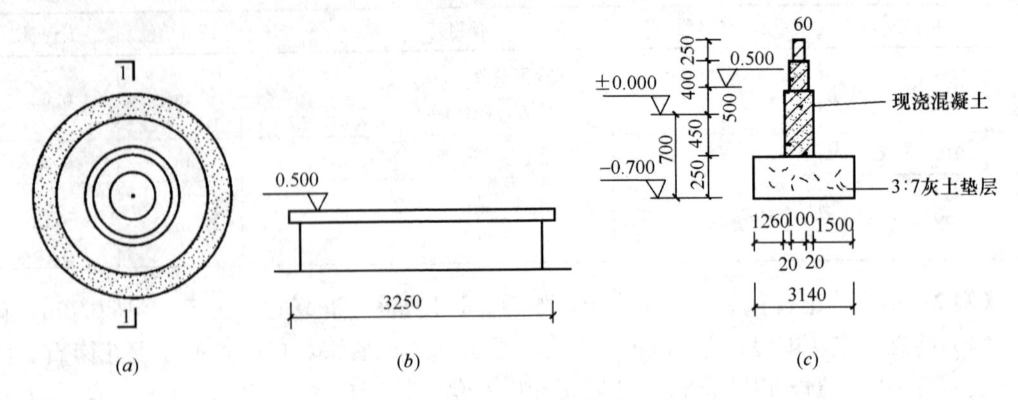

图 2-142 花坛示意图

(a) 平面图；(b) 立面图；(c) 1-1 剖面图

【解】

花坛清单工程量=1 个

清单工程量计算见表 2-154。

清单工程量计算表 表 2-154

项目编码	项目名称	项目特征描述	计量单位	工程量
050307014001	花盆（坛、箱）	现浇混凝土	个	1

【例 2-152】某公园的匾额用青白石为材料制成，上面雕刻有“××公园”四个石镌字，镌字为阳文，构造如图 2-143 所示，试求工程量。

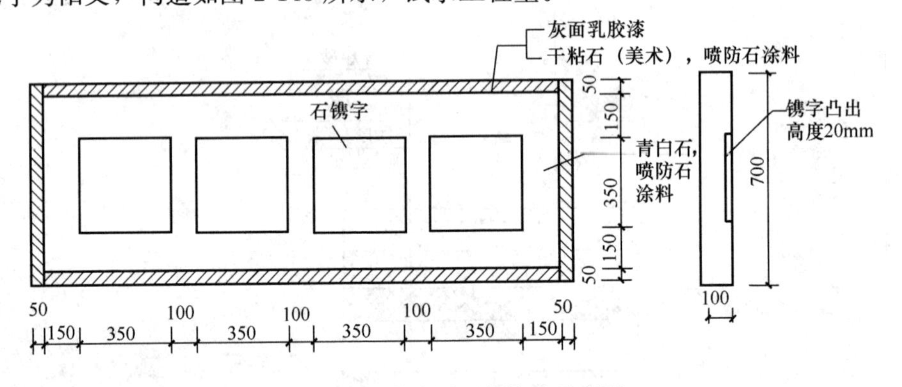

图 2-143 某公园匾额构造示意图

【解】

(1) 石板镌字

工程量=4 个

(2) 砖石砌小摆设工程量

用青白石制作的匾额，青白石板面积=2.1×0.75=1.575m^2

所用青白石的工程量=青白石面积×厚度

=1.575×0.1=0.1575m^3

清单工程量计算见表 2-155。

清单工程量计算表 表 2-155

序号	项目编码	项目名称	项目特征描述	计量单位	工程量
1	020207002001	石板镌字	阳文，规格 35cm×35cm，凸出高度为 2cm	个	4
2	050307018001	砖石砌小摆设	青白石制作的匾额	m^3（个）	0.1575（1）

【例 2-153】 某工程计划砌 5 个圆形砖水池，如图 2-144 所示，砖水池示意图，试计算其工程量。

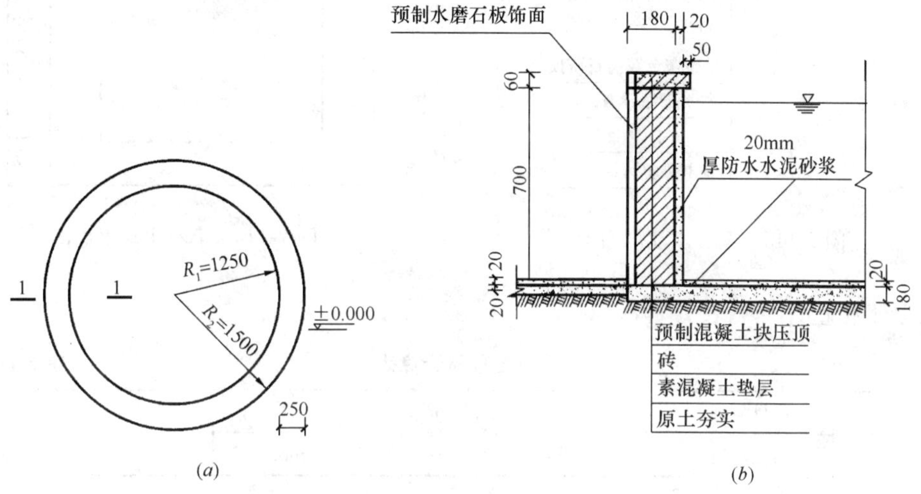

图 2-144 砖水池示意图

（a）平面图；（b）1-1 剖面图

【解】

砖水池的清单工程量 $S=\pi R_2^2\times5$

$=3.14\times1.5^2\times5$

$=35.33m^2$

清单工程量计算见表 2-156。

清单工程量计算表 表 2-156

项目编码	项目名称	项目特征描述	计量单位	工程量
050307020001	柔性水池	圆形水池，素混凝土垫层厚 180mm 20mm 厚防水水泥砂浆抹面	m^2	35.33

【例 2-154】 毛石水池示意图如图 2-145 和图 2-146 所示，该水池为长方形，长 3m，宽 2m，试计算其工程量。

【解】

毛石水池清单工程量：

$S=$长×宽

$=(2.3+0.45\times2)+(1.35+0.45\times2)$

$=3.2\times2.25=7.2m^2$

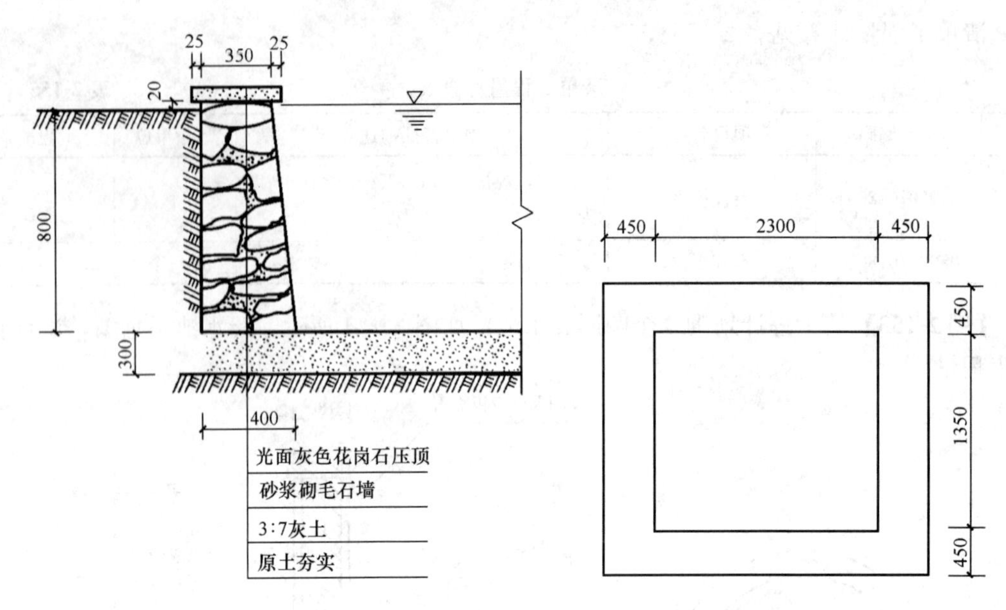

图 2-145 毛石水池剖面示意图

图 2-146 毛石水池平面图

清单工程量计算见表 2-157。

清单工程量计算表 表 2-157

项目编码	项目名称	项目特征描述	计量单位	工程量
050307020001	柔性水池	方形毛石水池，3∶7 灰土垫层厚 300mm	m^2	7.2

2.4 措施项目清单工程量计算

2.4.1 工程量清单计价规则

1. 脚手架工程

脚手架工程工程量清单项目设置及工程量计算规则见表 2-158。

脚手架工程（编码：050401） 表 2-158

项目编码	项目名称	项目特征	计量单位	工程量计算规则	工程内容
050401001	砌筑脚手架	1. 搭设方式 2. 墙体高度	m^2	按墙的长度乘墙的高度以面积计算（硬山建筑山墙高算至山尖）。独立砖石柱高度在 3.6m 以内时，以柱结构周长乘以柱高计算，独立砖石柱高度在 3.6m 以上时，以柱结构周长加 3.6m 乘以柱高计算 凡砌筑高度在 1.5m 及以上的砌体，应计算脚手架	1. 场内、场外材料搬运 2. 搭、拆脚手架、斜道、上料平台 3. 铺设安全网 4. 拆除脚手架后材料分类堆放

续表

项目编码	项目名称	项目特征	计量单位	工程量计算规则	工程内容
050401002	抹灰脚手架	1. 搭设方式 2. 墙体高度	m^2	按抹灰墙面的长度乘高度以面积计算（硬山建筑山墙高算至山尖）。独立砖石柱高度在3.6m以内时，以柱结构周长乘以柱高计算，独立砖石柱高度在3.6m以上时，以柱结构周长加3.6m乘以柱高计算	1. 场内、场外材料搬运 2. 搭、拆脚手架、斜道、上料平台 3. 铺设安全网 4. 拆除脚手架后材料分类堆放
050401003	亭脚手架	1. 搭设方式 2. 檐口高度	1. 座 2. m^2	1. 以座计量，按设计图示数量计算 2. 以平方米计量，按建筑面积计算	
050401004	满堂脚手架	1. 搭设方式 2. 施工面高度	m^2	按搭设的地面主墙间尺寸以面积计算	
050401005	堆砌（塑）假山脚手架	1. 搭设方式 2. 假山高度		按外围水平投影最大矩形面积计算	
050401006	桥身脚手架	1. 搭设方式 2. 桥身高度		按桥基础底面至桥面平均高度乘以河道两侧宽度以面积计算	
050401007	斜道	斜道高度	座	按搭设数量计算	

2. 模板工程

模板工程工程量清单项目设置及工程量计算规则见表2-159。

模板工程（编码：050402）　　表2-159

项目编码	项目名称	项目特征	计量单位	工程量计算规则	工程内容
050402001	现浇混凝土垫层	厚度	m^2	按混凝土与模板的接触面积计算	1. 制作 2. 安装 3. 拆除 4. 清理 5. 刷隔离剂 6. 材料运输
050402002	现浇混凝土路面				
050402003	现浇混凝土路牙、树池围牙	高度			
050402004	现浇混凝土花架柱	断面尺寸			
050402005	现浇混凝土花架梁	1. 断面尺寸 2. 梁底高度			
050402006	现浇混凝土花池	池壁断面尺寸			
050402007	现浇混凝土桌凳	1. 桌凳形状 2. 基础尺寸、埋设深度 3. 桌面尺寸、支墩高度 4. 凳面尺寸、支墩高度	1. m^3 2. 个	1. 以立方米计量，按设计图示混凝土体积计算 2. 以个计量，按设计图示数量计算	
050402008	石桥拱券石、石券脸胎架	1. 胎架面高度 2. 矢高、弦长	m^2	按拱券石、石券脸弧形底面展开尺寸以面积计算	

3. 树木支撑架、草绳绕树干、搭设遮阴（防寒）棚工程

树木支撑架、草绳绕树干、搭设遮阴（防寒）棚工程工程量清单项目设置及工程量计算规则见表 2-160。

树木支撑架、草绳绕树干、搭设遮阴（防寒）棚工程（编码：050403） **表 2-160**

项目编码	项目名称	项目特征	计量单位	工程量计算规则	工程内容
050403001	树木支撑架	1. 支撑类型、材质 2. 支撑材料规格 3. 单株支撑材料数量	株	按设计图示数量计算	1. 制作 2. 运输 3. 安装 4. 维护
050403002	草绳绕树干	1. 胸径（干径） 2. 草绳所绕树干高度			1. 搬运 2. 绕杆 3. 余料清理 4. 养护期后清除
050403003	搭设遮阴（防寒）棚	1. 搭设高度 2. 搭设材料种类、规格	1. m^2 2. 株	1. 以平方米计量，按遮阴（防寒）棚外围覆盖层的展开尺寸以面积计算 2. 以株计量，按设计图示数量计算	1. 制作 2. 运输 3. 搭设、维护 4. 养护期后清除

4. 围堰、排水工程

围堰、排水工程工程量清单项目设置及工程量计算规则见表 2-161。

围堰、排水工程（编码：050404） **表 2-161**

项目编码	项目名称	项目特征	计量单位	工程量计算规则	工程内容
050404001	围堰	1. 围堰断面尺寸 2. 围堰长度 3. 围堰材料及灌装袋材料品种、规格	1. m^3 2. m^2	1. 以立方米计量，按围堰断面面积乘以堤顶中心线长度以体积计算 2. 以米计量，按围堰堤顶中心线长度以延长米计算	1. 取土、装土 2. 堆筑围堰 3. 拆除、清理围堰 4. 材料运输
050404002	排水	1. 种类及管径 2. 数量 3. 排水长度	1. m^3 2. 天 3. 台班	1. 以立方米计量，按需要排水量以体积计算，围堰排水按堰内水面面积乘以平均水深计算 2. 以天计量，按需要排水日历天计算 3. 以台班计算，按水泵排水工作台班计算	1. 安装 2. 使用、维护 3. 拆除水泵 4. 清理

5. 安全文明施工及其他措施项目

安全文明施工及其他措施项目工程量清单项目设置、工作内容及包含范围见表 2-162。

安全文明施工及其他措施项目（编码：050405） 表 2-162

项目编码	项目名称	工作内容及包含范围
050405001	安全文明施工	1. 环境保护：现场施工机械设备降低噪声、防扰民措施；水泥、种植土和其他易飞扬细颗粒建筑材料密闭存放或采取覆盖措施等；工程防扬尘洒水；土石方、杂草、种植遗弃物及建渣外运车辆防护措施等；现场污染源的控制、生活垃圾清理外运、场地排水排污措施；其他环境保护措施 2. 文明施工："五牌一图"；现场围挡的墙面美化（包括内外粉刷、刷白、标语等）、压顶装饰；现场厕所便槽刷白、贴面砖，水泥砂浆地面或地砖，建筑物内临时便溺设施；其他施工现场临时设施的装饰装修、美化措施；现场生活卫生设施；符合卫生要求的饮水设备、淋浴、消毒等设施；生活用洁净燃料；防煤气中毒、防蚊虫叮咬等措施；施工现场操作场地的硬化；现场绿化、治安综合治理；现场配备医药保健器材、物品和急救人员培训；用于现场工人的防暑降温、电风扇、空调等设备及用电；其他文明施工措施 3. 安全施工：安全资料、特殊作业专项方案的编制，安全施工标志的购置及安全宣传；"三宝"（安全帽、安全带、安全网）、"四口"（楼梯口、管井口、通道口、预留洞口）、"五临边"（园桥围边、驳岸围边、跌水围边、槽坑围边、卸料平台两侧），水平防护架、垂直防护架、外架封闭等防护；施工安全用电，包括配电箱三级配电、两级保护装置要求、外电防护措施；起重设备（含起重机、井架、门架）的安全防护措施（含警示标志）及卸料平台的临边防护、层间安全门、防护棚等设施；园林工地起重机械的检验检测；施工机具防护棚及其围栏的安全保护设施；施工安全防护通道；工人的安全防护用品、用具购置；消防设施与消防器材的配置；电气保护、安全照明设施；其他安全防护措施 4. 临时设施：施工现场采用彩色、定型钢板，砖、混凝土砌块等围挡的安砌、维修、拆除；施工现场临时建筑物、构筑物的搭设、维修、拆除，如临时宿舍、办公室、食堂、厨房、厕所、诊疗所、临时文化福利用房、临时仓库、加工场、搅拌台、临时简易水塔、水池等；施工现场临时设施的搭设、维修、拆除，如临时供水管道、临时供电管线、小型临时设施等；施工现场规定范围内临时简易道路铺设，临时排水沟、排水设施安砌、维修、拆除；其他临时设施搭设、维修、拆除
050405002	夜间施工	1. 夜间固定照明灯具和临时可移动照明灯具的设置、拆除 2. 夜间施工时施工现场交通标志、安全标牌、警示灯等的设置、移动、拆除 3. 夜间照明设备及照明用电、施工人员夜班补助、夜间施工劳动效率降低等
050405003	非夜间施工照明	为保证工程施工正常进行，在如假山、石洞等特殊施工部位施工时所采用的照明设备的安拆、维护及照明用电等
050405004	二次搬运	由于施工场地条件限制而发生的材料、植物、成品、半成品等一次运输不能到达堆放地点，必须进行的二次或多次搬运
050405005	冬雨季施工	1. 冬雨（风）季施工时增加的临时设施（防寒保温、防雨、防风设施）的搭设、拆除 2. 冬雨（风）季施工时对植物、砌体、混凝土等采用的特殊加温、保温和养护措施 3. 冬雨（风）季施工时施工现场的防滑处理，对影响施工的雨雪的清除 4. 冬雨（风）季施工时增加的临时设施、施工人员的劳动保护用品、冬雨（风）季施工劳动效率降低等

续表

项目编码	项目名称	工作内容及包含范围
050405006	反季节栽植影响措施	因反季节栽植在增加材料、人工、防护、养护、管理等方面采取的种植措施及保证成活率措施
050405007	地上、地下设施的临时保护设施	在工程施工过程中，对已建成的地上、地下设施和植物进行的遮盖、封闭、隔离等必要保护措施
050405008	已完工程及设备保护	对已完工程及设备采取的覆盖、包裹、封闭、隔离等必要的保护措施

2.4.2 清单相关问题及说明

1. 脚手架工程

脚手架是指施工现场为工人操作并解决垂直与水平运输而搭设的各种支架。其主要为了施工人员上下操作或外围安全网围护及高空安装构件等作业。

脚手架的种类比较多，可以按照用途、构架方式、设置形式、支固方式、脚手架平杆与立杆的连接方式以及材料来划分种类，还可以按脚手架的材料划分为传统的竹、木脚手架，钢管脚手架或金属脚手架等。

2. 模板工程

模板工程主要是指新浇混凝土成型的模板以及支承模板的一整套构造体系。其中，接触混凝土并控制预定尺寸、形状、位置的构造部分称为模板；支持和固定模板的杆件、桁架、连接件、金属附件及工作便桥等构成支承体系；对于滑动模板、自升模板，则增设提升动力以及提升架、平台等构成。

3. 树木支撑架、草绳绕树干、搭设遮阴（防寒）棚工程

（1）树木支撑架。树木支撑架，主要由横支撑杆、竖支撑杆、连接螺钉组成；其上部横支撑杆连接成口字形，比三角形要更加牢固，其下部的横支撑杆连接成口字形，上下两层横支撑杆四角与竖支撑杆连接，四根竖支撑杆向外撑开从而达到牢固支撑的目的。所有横支撑杆的两端螺钉连接处均开有调节槽，这样可以方便地调节围径的大小。连接位置一般使用连接螺钉进行连接，使其拆卸安装十分方便快捷。这样可以适应各种不同的树木品种和围径，可灵活调节，而且能以稳定的状态支撑树木，有利于树木的成活与生长、抗击台风等自然灾害。外部制造工艺细致将支撑杆打磨处理光滑，便于安装及环境美观，支撑杆花纹为原木的原始花纹并对其进行特殊处理后，使其更加坚固、耐用。

（2）遮阴棚搭设。遮阴棚的搭设主要分为小规模（2 亩以内）和中大规模扦插类型（5～100 亩）。小规模扦插搭棚一般要求不严格，各种类型的遮阴棚都行，以方便、适用、节省、快捷为准。大规模扦插搭棚必须牢固、抗风，若搭棚不牢固，则有可能垮棚倒棚。园林遮阴棚必须缝合牢固、抗老化时间最少两年以上（如果使用抗老化时间为 1 年的，就有可能中途出现质量问题，导致扦插成活率低，扦插苗大量死亡）。

4. 围堰、排水工程

（1）围堰。围堰是指在工程建设中，所修建的临时性围护结构。其主要作用是防止水和土进入建筑物的修建位置，以便在围堰内排水，开挖基坑，修筑建筑物。

(2) 排水工程。园林排水工程的主要任务是将雨水、废水及污水收集起来并输送到适当地点排除，或者经过处理之后再重复利用和排除掉。园林工程中如果没有排水工程，雨水、污水淤积园内，将会使植物遭受涝灾，从而孳生大量蚊虫并传播疾病；既影响环境卫生，又会严重影响园里的所有游园活动。因此，在每一项园林工程中都需要设置良好的排水工程设施。

5. 安全文明施工及其他措施项目

(1) 安全文明施工。安全文明施工主要包括环境保护、文明施工、安全施工和临时设施等内容。

1) 环境保护。环境保护主要是按照法律法规、各级主管部门和企业的要求，保护和改善作业现场的环境，控制现场的各种粉尘、废水、废气、固体废弃物、噪声及振动等对环境的污染和危害。

2) 文明施工。文明施工主要是指保持施工场地整洁卫生，施工组织科学，施工程序合理的一种施工活动。实现文明施工，不仅要做好现场的场容管理工作，而且要相应做好现场材料、机械、安全、技术、保卫、消防与生活卫生等方面的管理工作。一个工地的文明施工水平是该工地乃至所在企业各项管理工作水平的综合体现。

(2) 其他措施项目。其他措施项目主要包括夜间施工、非夜间施工照明、二次搬运、冬雨季施工、反季节栽植影响措施、地上地下设施的临时保护设施与已完工程及设备保护等内容。

3　园林工程工程量清单计价编制实例

3.1　工程量清单编制实例

现以某生态园区园林绿化工程为例，介绍工程量清单编制（由委托工程造价咨询人编制）。

1. 封面

招标工程量清单封面

某生态园区园林绿化　工程

招 标 工 程 量 清 单

招　标　人：××公司
（单位盖章）

造价咨询人：××工程造价咨询企业
（单位资质专用章）

20××年××月××日

2. 扉页

招标工程量清单扉页

某生态园区园林绿化 工程

招标工程量清单

招　标　人：××公司
（单位盖章）

造价咨询人：××工程造价咨询企业
（单位资质专用章）

法定代表人
或其授权人：××公司法定代表人
（签字或盖章）

法定代表人
或其授权人：××工程造价咨询企业
（签字或盖章）

编　制　人：××造价工程师或造价员
（造价人员签字盖专用章）

复　核　人：××造价工程师
（造价工程师签字盖专用章）

编制时间：20××年××月××日　　复核时间：20××年××月××日

3. 总说明

总 说 明

工程名称：某生态园区园林绿化工程　　　　　　　　　　　　第　页　　共　页

1. 工程概况：本生态园区位于××区，交通便利，园区中建筑与市政建设均已完成。生态园区园林绿化面积约为860m^2，整个工程由圆形花坛、伞亭、连座花坛、花架、八角花坛以及绿地组成。栽种的植物主要有桧柏、垂柳、龙爪槐、大叶黄杨、金银木、珍珠海、月季等。

2. 招标范围：绿化工程、庭院工程。

3. 工程质量要求：优良工程。

4. 工程量清单编制依据：

(1)《建设工程工程量清单计价规范》GB 50500—2013；

(2)《园林绿化工程工程量计算规范》GB 50858—2013；

(3) ××单位设计的本工程施工设计图纸计算实物工程量。

5. 投标人在投标文件中应按《建设工程工程量清单计价规范》GB 50500—2013规定的统一格式，提供"分部分项工程量清单综合单价分析表"、"措施项目费分析表"。

6. 其他：略

4. 分部分项工程和单价措施项目清单与计价表

分部分项工程和单价措施项目清单与计价表

工程名称：某生态园区园林绿化工程　　　　　标段：　　　　　第　页　　共　页

序号	项目编码	项目名称	项目特征描述	计量单位	工程量	金额（元）		
						综合单价	合价	其中 暂估价
		绿化工程						
1	050101010001	整理绿化用地	整理绿化用地，普坚土	m^2	850.0			
2	050102001001	栽植乔木	桧柏，高1.2～1.5m，土球苗木	株	5			
3	050102001002	栽植乔木	垂柳，高4.0～5.0m，露根乔木	株	8			
4	050102001003	栽植乔木	龙爪槐，高3.5～4m，露根乔木	株	10			
5	050102001004	栽植乔木	大叶黄杨，高1～13.2m，露根乔木	株	6			
6	050102001005	栽植乔木	珍珠海，高1～1.2m，露根乔木	株	60			
7	050102002001	栽植灌木	金银木，高1.5～1.8m，露根灌木	株	85			
8	050102008001	栽植花卉	各色月季，两年生，露地花卉	株	130			
9	050102012001	铺植草皮	野牛草，草皮	m^2	600.0			
10	050103001001	喷灌管线安装	主线管挖土深度1m，支线管挖土深度0.6m，二类土。主管管长21m，支管管长98.6m	m	160.0			

续表

序号	项目编码	项目名称	项目特征描述	计量单位	工程量	金额（元）		
						综合单价	合价	其中 暂估价
		分部小计						
		园路、路桥、假山工程						
11	050201001001	园路	200mm 厚砂垫层，150mm 厚 3：7 灰土垫层，水泥方格砖路面	m^2	185.0			
12	010101002001	挖一般土方	普坚土，挖土平均厚度 350mm，弃土运距 100m	m^3	62.5			
13	050201003002	路牙铺设	3：7 灰土垫层 150mm 厚，花岗石路牙	m	110.5			
		分部小计						
		园林景观工程						
14	050304002001	预制混凝土花架柱、梁	柱 6 根，高 2.2m	m^3	2.5			
15	050305005001	预制混凝土桌凳	C20 预制混凝土座凳，水磨石面	个	8			
16	011203001001	零星项目一般抹灰	花架柱、梁抹水泥砂浆	m^2	65.5			
17	010101002002	挖一般土方	挖八角花坛土方，人工挖地槽，土方运距 100m	m^3	10.8			
18	010507007001	其他构件	八角花坛混凝土池壁，C10 混凝土现浇	m^3	7.5			
19	011204001001	石材墙面	圆形花坛混凝土池壁贴大理石	m^2	12.0			
20	010101002003	挖一般土方	连座花坛土方，平均挖土深度 870mm，普坚土，弃土运距 100m	m^3	15.5			
21	040304002001	混凝土基础	3：7 灰土垫层，100mm 厚	m^3	1.5			
22	011202001001	柱、梁面一般抹灰	混凝土柱水泥砂浆抹面	m^2	12.6			
23	010401003001	实心砖墙	M5 混合砂浆砌筑，普通砖	m^3	6.5			
24	010507011002	其他构件	连座花坛混凝土花池，C25 混凝土现浇	m^3	2.9			
25	010101002004	挖一般土方	挖座凳土方，平均挖土深度 80mm，普坚土，弃土运距 100m	m^3	0.5			
26	010101002005	挖一般土方	挖花台土方，平均挖土深度 640mm，普坚土，弃土运距 100m	m^3	6.7			
27	040304002002	混凝土基础	3：7 混凝土垫层，300mm 厚	m^3	1.2			

续表

序号	项目编码	项目名称	项目特征描述	计量单位	工程量	金额（元）		
						综合单价	合价	其中 暂估价
28	010401003002	实心砖墙	砖砌花台，M5混合砂浆，普通砖	m^3	2.5			
29	010507011003	其他构件	花台混凝土，C25混凝土现浇	m^3	2.9			
30	011204001002	石材墙面	花台混凝土，花池池面贴花岗石	m^2	4.8			
31	010101002006	挖一般土方	挖花墙花台土方，平均深度940mm，普坚土，弃土运距100m	m^3	12.4			
32	011703002001	带形基础	花墙花台混凝土基础，C25混凝土现浇	m^3	1.4			
33	010401003003	实心砖墙	砖砌花台，M5混合砂浆，普通砖	m^3	10.2			
34	011204001003	石材墙面	花墙花台墙面贴青石板	m^2	27.8			
35	010606013001	零星钢构件	花墙花台铁花式，—60×6，2.83kg/m	t	0.3			
36	010101002007	挖一般土方	挖圆形花坛土方，平均深度800mm，普坚土，弃土运距100m	m^3	4.2			
37	010507011004	其他构件	圆形花坛混凝土池壁，C25混凝土现浇	m^3	2.8			
38	011204001004	石材墙面	圆形花坛混凝土池壁贴大理石	m^2	11.6			
39	011703007001	矩形柱	混凝土柱，C25混凝土现浇	m^3	2.2			
40	011202001002	柱、梁面一般抹灰	混凝土柱水泥砂浆抹面	m^2	12.3			
41	011407001001	墙面喷刷涂料	混凝土柱面刷白色涂料	m^2	12.3			
		分部小计						
合计								

5. 总价措施项目清单与计价表

总价措施项目清单与计价表

工程名称：某生态园区园林绿化工程　　标段：　　第　页　共　页

序号	项目编码	项目名称	计算基础	费率（%）	金额（元）	调整费率（%）	调整后金额（元）	备注
1	050405001001	安全文明施工费						
2	050405002001	夜间施工增加费						
3	050405004001	二次搬运费						
4	050405005001	冬、雨季施工增加费						
5	050405008001	已完工程及设备保护费						
合　计								

编制人（造价人员）：×××　　复核人（造价工程师）：×××

6. 其他项目清单与计价汇总表

其他项目清单与计价汇总表

工程名称：某生态园区园林绿化工程　　　标段：　　　　　　　第　页　共　页

序号	项目名称	金额（元）	结算金额（元）	备　注
1	暂列金额	50000.00		明细详见（1）
2	暂估价	20000.00		
2.1	材料（工程设备）暂估价	—		明细详见（2）
2.2	专业工程暂估价/结算价	20000.00		明细详见（3）
3	计日工			明细详见（4）
4	总承包服务费			明细详见（5）
5				
	合　计	92300.00		

（1）暂列金额明细表

暂列金额明细表

工程名称：某生态园区园林绿化工程　　　标段：　　　　　　　第　页　共　页

序号	项目名称	计量单位	暂列金额（元）	备　注
1	政策性调整和材料价格风险	项	25000.00	
2	工程量清单中工程量变更和设计变更	项	15000.00	
3	其他	项	10000.00	
合　计			50000.00	

(2) 材料(工程设备)暂估单价及调整表

材料(工程设备)暂估单价及调整表

工程名称:某生态园区园林绿化工程　　　标段:　　　　　　　　　　第　页　共　页

序号	材料(工程设备)名称、规格、型号	计量单位	数量		暂估/(元)		确认(元)		差额元±(元)		备注
			暂估	确认	单价	合价	单价	合价	单价	合价	
1	桧柏	株	100		9.60						
2	龙爪槐	株	100		30.30						
	(其他略)										
合计											

(3) 专业工程暂估价及结算价表

专业工程暂估价及结算价表

工程名称:某生态园区园林绿化工程　　　标段:　　　　　　　　　　第　页　共　页

序号	工程名称	工程内容	暂估金额(元)	结算金额(元)	差额±(元)	备注
1	消防工程	合同图纸中标明的以及消防工程规范和技术说明中规定的各系统中的设备、管道、阀门、线缆等的供应、安装和调试工作	20000.00			
合　计			20000.00			

(4) 计日工表

计 日 工 表

工程名称：某生态园区园林绿化工程　　标段：　　第 页 共 页

编号	项目名称	单位	暂定数量	实际数量	综合单价（元）	合价（元）	
						暂定	实际
一	人工						
1	技工	工日	50				
人工小计							
二	材料						
1	42.5级普通水泥	t	16.00				
材料小计							
三	施工机械						
1	汽车起重机20t	台班	6				
2							
施工机械小计							
四、企业管理费和利润							
总　计							

(5) 总承包服务费计价表

总承包服务费计价表

工程名称：某生态园区园林绿化工程　　标段：　　第 页 共 页

序号	项目名称	项目价值/元	服务内容	计算基础	费率（%）	金额（元）
1	发包人发包专业工程	20000.00	1. 按专业工程承包人的要求提供施工工作面并对施工现场进行统一整理汇总 2. 为专业工程承包人提供垂直运输机械和焊接电源接入点，并承担垂直运输费和电费			
2	发包人供应材料	44500.00	对发包人供应的材料进行验收及保管和使用发放			
	合计	—	—		—	

7. 规费、税金项目计价表

规费、税金项目计价表

工程名称：某生态园区园林绿化工程　　　标段：　　　　　第　页　共　页

序号	项目名称	计算基础	计算基数	计算费率（%）	金额（元）
1	规费	定额人工费			
1.1	社会保险费	定额人工费	(1)＋…＋(5)		
(1)	养老保险费	定额人工费			
(2)	失业保险费	定额人工费			
(3)	医疗保险费	定额人工费			
(4)	工伤保险费	定额人工费			
(5)	生育保险费	定额人工费			
1.2	住房公积金	定额人工费			
1.3	工程排污费	按工程所在地环境保护部门收取标准，按实计入			
2	税金	分部分项工程费＋措施项目费＋其他项目费＋规费－按规定不计税的工程设备金额			
合　计					

编制人（造价人员）：×××　　　　　复核人（造价工程师）：×××

8. 主要材料、工程设备一览表

发包人提供材料和工程设备一览表

工程名称：某生态园区园林绿化工程　　　标段：　　　　　第　页　共　页

序号	材料（工程设备）名称、规格、型号	单位	数量	单价（元）	交货方式	送达地点	备注
1	钢塑管（*DN*25 衬塑）	m	100			施工现场	
2	钢塑管（*DN*50 衬塑）	m	80			施工现场	

承包人提供主要材料和工程设备一览表

（适用于造价信息差额调整法）

工程名称：某生态园区园林绿化工程　　标段：　　第　页　共　页

序号	名称、规格、型号	单位	数量	风险系数（%）	基准单价（元）	投标单价（元）	发承包人确认单价（元）	备　注
1	预制混凝土 C20	m^3	15	≤5	310			
2	预制混凝土 C25	m^3	100	≤5	323			
3	预制混凝土 C30	m^3	900	≤5	340			

承包人提供主要材料和工程设备一览表

（适用于价格指数差额调整法）

工程名称：某生态园区园林绿化工程　　标段：　　第　页　共　页

序号	名称、规格、型号	变值权重 B	基本价格指数 F_0	现行价格指数 F_t	备　注
1	人工		110%		
2	钢材		3800 元/t		
3	预制混凝土 C30		340 元/m^3		
4	机械费		100%		
	定值权重 A		—	—	
合计		1	—	—	

3.2 招标控制价编制实例

现以某生态园区园林绿化工程为例，介绍招标控制价编制（由委托工程造价咨询人编制）。

1. 封面

招标控制价封面

某生态园区园林绿化 工程

招 标 控 制 价

招 标 人：××公司
（单位盖章）

造价咨询人：××工程造价咨询企业
（单位资质专用章）

20××年××月××日

2. 扉页

招标控制价扉页

某生态园区园林绿化 工程

招 标 控 制 价

招标控制价（小写）：259382.04

（大写）：贰拾伍万玖仟叁佰捌拾贰元零肆分

招　标　人：××公司
（单位盖章）

造价咨询人：××工程造价咨询企业
（单位资质专用章）

法定代表人
或其授权人：××公司法定代表人
（签字或盖章）

法定代表人
或其授权人：××工程造价咨询企业
（签字或盖章）

编　制　人：××造价工程师或造价员
（造价人员签字盖专用章）

复　核　人：××造价工程师
（造价工程师签字盖专用章）

编制时间：20××年××月××日

复核时间：20××年××月××日

3. 总说明

总 说 明

工程名称：某生态园区园林绿化工程　　　　第 页 共 页

1. 工程概况：本生态园区位于××区，交通便利，园区中建筑与市政建设均已完成。生态园区园林绿化面积约为 860m^2，整个工程由圆形花坛、伞亭、连座花坛、花架、八角花坛以及绿地组成。栽种的植物主要有桧柏、垂柳、龙爪槐、大叶黄杨、金银木、珍珠海、月季等。合同工期为 60 天。

2. 招标报价范围：为本次招标的施工图范围内的园林绿化工程。

3. 招标报价编制依据：

(1) 招标工程量清单；

(2) 招标文件中有关计价的要求；

(3) 工程施工图

(4) 省建设主管部门颁发的计价定额和计价方法及相关计价文件；

(5) 材料价格采用工程所在地工程造价管理机构 20××年××月工程造价信息发布的价格，对于工程造价信息没有发布价格信息的材料，其价格参照市场价。单价中已包括≤5%的价格波动风险。

4. 其他：略

4. 招标控制价汇总表

建设项目招标控制价汇总表

工程名称：某生态园区园林绿化工程　　　　第 页 共 页

序号	单项工程名称	金额（元）	其中：（元）		
			暂估价	安全文明施工费	规费
1	某生态园区园林绿化工程	259382.04	20000.00	25558.36	29279.67
合计		259382.04	20000.00	25558.36	29279.67

单项工程招标控制价汇总表

工程名称：某生态园区园林绿化工程　　　　第 页 共 页

序号	单项工程名称	金额（元）	其中：（元）		
			暂估价	安全文明施工费	规费
1	某生态园区园林绿化工程	259382.04	20000.00	25558.36	29279.67
合计		259382.04	20000.00	25558.36	29279.67

单位工程招标控制价汇总表

工程名称：某生态园区园林绿化工程　　　　第 页 共 页

序号	单项工程名称	金额（元）	其中：暂估价（元）
1	分部分项	87132.76	20000.00
0501	绿化工程	27438.19	
0502	园路、园桥、假山工程	21525.13	
0503	园林景观工程	38169.44	

续表

序号	单项工程名称	金额（元）	其中：暂估价（元）
2	措施项目	40664.07	
2.1	其中：安全文明施工费	25558.36	
3	其他项目	93745.00	
3.1	其中：暂列金额	50000.00	
3.2	其中：专业工程暂估价	20000.00	
3.3	其中：计日工	22300.00	
3.4	其中：总承包服务费	1445.00	
4	规费	29279.67	
5	税金	8560.54	
招标控制价合计=1+2+3+4+5		259382.04	20000.00

5. 分部分项工程和单价措施项目清单与计价表

分部分项工程和单价措施项目清单与计价表

工程名称：某生态园区园林绿化工程　　标段：　　第　页　共　页

序号	项目编码	项目名称	项目特征描述	计量单位	工程量	金额（元）		
						综合单价	合价	其中 暂估价
		绿化工程						
1	050101010001	整理绿化用地	整理绿化用地，普坚土	m^2	850.0	1.21	1028.50	
2	050102001001	栽植乔木	桧柏，高1.2～1.5m，土球苗木	株	5	70.50	352.50	
3	050102001002	栽植乔木	垂柳，高4.0～5.0m，露根乔木	株	8	51.63	413.04	
4	050102001003	栽植乔木	龙爪槐，高3.5～4m，露根乔木	株	10	75.60	756.00	
5	050102001004	栽植乔木	大叶黄杨，高1～13.2m，露根乔木	株	6	82.15	492.90	
6	050102001005	栽植乔木	珍珠海，高1～1.2m，露根乔木	株	60	22.45	1347.00	
7	050102002001	栽植灌木	金银木，高1.5～1.8m，露根灌木	株	85	30.45	2588.25	
8	050102008001	栽植花卉	各色月季，两年生，露地花卉	株	130	19.00	2470.00	
9	050102012001	铺植草皮	野牛草，草皮	m^2	600.0	19.25	11550.00	
10	050103001001	喷灌管线安装	主线管挖土深度1m，支线管挖土深度0.6m，二类土。主管管长21m，支管管长98.6m	m	160.0	40.25	6440.00	
		分部小计					27438.19	
		园路、路桥、假山工程						
11	050201001001	园路	200mm厚砂垫层，150mm厚3：7灰土垫层，水泥方格砖路面	m^2	185.0	60.25	11146.25	

续表

序号	项目编码	项目名称	项目特征描述	计量单位	工程量	金额（元）		
						综合单价	合价	其中 暂估价
12	010101002001	挖一般土方	普坚土，挖土平均厚度 350mm，弃土运 距 100m	m^3	62.5	24.18	1511.25	
13	050201003002	路牙铺设	3∶7 灰土垫层 150mm 厚，花岗石路牙	m	110.5	80.25	8867.63	
			分部小计				21525.13	
			园林景观工程					
14	050304002001	预制混凝土花架柱、梁	柱 6 根，高 2.2m	m^3	2.5	376.15	940.38	
15	050305005001	预制混凝土桌凳	C20 预制混凝土座凳，水磨石面	个	8	35.60	284.80	
16	011203001001	零星项目一般抹灰	花架柱、梁抹水泥砂浆	m^2	65.5	15.46	1012.63	
17	010101002002	挖一般土方	挖八角花坛土方，人工挖地槽，土方运距 100m	m^3	10.8	30.45	328.86	
18	010507007001	其他构件	八角花坛混凝土池壁，C10 混凝土现浇	m^3	7.5	329.48	2471.10	
19	011204001001	石材墙面	圆形花坛混凝土池壁贴大理石	m^2	12.0	248.80	2985.60	
20	010101002003	挖一般土方	连座花坛土方，平均挖土深度 870mm，普坚土，弃土运距 100m	m^3	15.5	29.22	452.91	
21	040304002001	混凝土基础	3∶7 灰土垫层，100mm 厚	m^3	1.5	410.50	615.75	
22	011202001001	柱、梁面一般抹灰	混凝土柱水泥砂浆抹面	m^2	12.6	13.50	170.10	
23	010401003001	实心砖墙	M5 混合砂浆砌筑，普通砖	m^3	6.5	195.06	1267.89	
24	010507011002	其他构件	连座花坛混凝土花池，C25 混凝土现浇	m^3	2.9	318.56	923.82	
25	010101002004	挖一般土方	挖座凳土方，平均挖土深度 80mm，普坚土，弃土运距 100m	m^3	0.5	24.20	12.10	
26	010101002005	挖一般土方	挖花台土方，平均挖土深度 640mm，普坚土，弃土运距 100m	m^3	6.7	29.22	195.77	
27	040304002002	混凝土基础	3∶7 混凝土垫层，300mm 厚	m^3	1.2	354.60	425.52	
28	010401003002	实心砖墙	砖砌花台，M5 混合砂浆，普通砖	m^3	2.5	195.48	488.70	
29	010507011003	其他构件	花台混凝土，C25 混凝土现浇	m^3	2.9	234.56	680.22	
30	011204001002	石材墙面	花台混凝土，花池池面贴花岗石	m^2	4.8	2564.85	12311.28	

续表

序号	项目编码	项目名称	项目特征描述	计量单位	工程量	金额（元）		
						综合单价	合价	其中
								暂估价
31	010101002006	挖一般土方	挖花墙花台土方，平均深度940mm，普坚土，弃土运距100m	m^3	12.4	28.25	350.30	
32	011703002001	带形基础	花墙花台混凝土基础，C25混凝土现浇	m^3	1.4	234.25	327.95	
33	010401003003	实心砖墙	砖砌花台，M5混合砂浆，普通砖	m^3	10.2	195.85	1997.67	
34	011204001003	石材墙面	花墙花台墙面贴青石板	m^2	27.8	110.55	3073.29	
35	010606013001	零星钢构件	花墙花台铁花式，－60×6，2.83kg/m	t	0.3	4550.45	1365.14	
36	010101002007	挖一般土方	挖圆形花坛土方，平均深度800mm，普坚土，弃土运距100m	m^3	4.2	26.55	111.51	
37	010507011004	其他构件	圆形花坛混凝土池壁，C25混凝土现浇	m^3	2.8	364.25	1019.90	
38	011204001004	石材墙面	圆形花坛混凝土池壁贴大理石	m^2	11.6	284.50	3300.20	
39	011703007001	矩形柱	混凝土柱，C25混凝土现浇	m^3	2.2	310.45	682.99	
40	011202001002	柱、梁面一般抹灰	混凝土柱水泥砂浆抹面	m^2	12.3	14.45	177.74	
41	011407001001	墙面喷刷涂料	混凝土柱面刷白色涂料	m^2	12.3	15.88	195.32	
		分部小计					38169.44	
合计							87132.76	

6. 综合单价分析表

综合单价分析表

工程名称：某生态园区园林绿化工程　　　标段：　　　　　第　页　共　页

项目编码	050102001002	项目名称	栽植乔木		计量单位	株	工程量		8		
综合单价组成明细											
定额编号	定额名称	定额单位	数量	单价（元）				合价（元）			
				人工费	材料费	机械费	管理费和利润	人工费	材料费	机械费	管理费和利润
EA0921	普坚土种植垂柳	株	1	5.38	13.67	0.31	2.09	5.38	13.67	0.31	2.09
EA0961	垂柳后期管理费	株	1	11.71	12.13	2.21	4.13	11.71	12.13	2.21	4.13
人工单价		小计						17.09	25.80	2.52	6.22
25元/工日		未计价材料费									
清单项目综合单价								51.63			

	主要材料名称、规格、型号	单位	数量	单价（元）	合价（元）	暂估价（元）	暂估合价（元）
材料费明细	垂柳	株	1	10.60	10.60		
	毛竹竿	根	1.100	12.54	12.54		
	水费	t	0.680	3.20	2.18		
	其他材料费			—	0.48	—	
	材料费小计			—	25.80	—	

（其他项分部分项综合单价分析表略）

7. 总价措施项目清单与计价表

总价措施项目清单与计价表

工程名称：某生态园区园林绿化工程　　标段：　　第　页　共　页

序号	项目编码	项目名称	计算基础	费率（%）	金额（元）	调整费率（%）	调整后金额（元）	备注
1	050405001001	安全文明施工费	定额人工费	25	25558.36			
2	050405002001	夜间施工增加费	定额人工费	3	3067.00			
3	050405004001	二次搬运费	定额人工费	2	2044.67			
4	050405005001	冬、雨季施工增加费	定额人工费	1.8	1840.20			
5	050405008001	已完工程及设备保护费			8153.84			
合计					40664.07			

编制人（造价人员）：×××　　复核人（造价工程师）：×××

8. 其他项目清单与计价汇总表

其他项目清单与计价汇总表

工程名称：某生态园区园林绿化工程　　标段：　　第　页　共　页

序号	项目名称	金额（元）	结算金额（元）	备　注
1	暂列金额	50000.00		明细详见（1）
2	暂估价	20000.00		
2.1	材料（工程设备）暂估价	—		明细详见（2）
2.2	专业工程暂估价/结算价	20000.00		明细详见（3）
3	计日工	22300.00		明细详见（4）
4	总承包服务费	1445.00		明细详见（5）
5				
	合计	93745.00		

（1）暂列金额明细表

暂列金额明细表

工程名称：某生态园区园林绿化工程　　标段：　　第　页　共　页

序号	项目名称	计量单位	暂列金额（元）	备　注
1	政策性调整和材料价格风险	项	25000.00	
2	工程量清单中工程量变更和设计变更	项	15000.00	
3	其他	项	10000.00	
合计			50000.00	

（2）材料（工程设备）暂估单价及调整表

材料（工程设备）暂估单价及调整表

工程名称：某生态园区园林绿化工程　　　标段：　　　　　　　　　第　页　共　页

序号	材料（工程设备）名称、规格、型号	计量单位	数量		暂估/（元）		确认（元）		差额元±（元）		备注
			暂估	确认	单价	合价	单价	合价	单价	合价	
1	桧柏	株	100		9.60	960					
2	龙爪槐	株	100		30.30	3030					
	（其他略）										
合计						3990					

（3）专业工程暂估价及结算价表

专业工程暂估价及结算价表

工程名称：某生态园区园林绿化工程　　　标段：　　　　　　　　　第　页　共　页

序号	工程名称	工程内容	暂估金额（元）	结算金额（元）	差额±（元）	备注
1	消防工程	合同图纸中标明的以及消防工程规范和技术说明中规定的各系统中的设备、管道、阀门、线缆等的供应、安装和调试工作	20000.00			
合计			20000.00			

(4) 计日工表

计 日 工 表

工程名称：某生态园区园林绿化工程　　　标段：　　　　　　第　页　共　页

编号	项目名称	单位	暂定数量	实际数量	综合单价(元)	合价(元)	
						暂定	实际
一	人工						
1	技工	工日	50		50.00	2500.00	
人工小计						2500.00	
二	材料						
1	42.5级普通水泥	t	16.00		300.00	4800.00	
材料小计						4800.00	
三	施工机械						
1	汽车起重机20t	台班	6		2500.00	15000.00	
2							
施工机械小计						15000.00	
四、企业管理费和利润							
总计						22300.00	

(5) 总承包服务费计价表

总承包服务费计价表

工程名称：某生态园区园林绿化工程　　　标段：　　　　　　第　页　共　页

序号	项目名称	项目价值/元	服务内容	计算基础	费率(%)	金额(元)
1	发包人发包专业工程	20000.00	1. 按专业工程承包人的要求提供施工工作面并对施工现场进行统一整理汇总 2. 为专业工程承包人提供垂直运输机械和焊接电源接入点，并承担垂直运输费和电费	项目价值	5	1000
2	发包人供应材料	44500.00	对发包人供应的材料进行验收及保管和使用发放	项目价值	1	445
	合计	—	—		—	1445

9. 规费、税金项目计价表

规费、税金项目计价表

工程名称：某生态园区园林绿化工程　　　标段：　　　　　　　　　　第　页　共　页

序号	项目名称	计算基础	计算基数	计算费率（%）	金额（元）
1	规费	定额人工费			29279.67
1.1	社会保险费	定额人工费	（1）＋…＋（5）		23145.66
（1）	养老保险费	定额人工费		14	14312.68
（2）	失业保险费	定额人工费		2	2044.67
（3）	医疗保险费	定额人工费		6	6134.01
（4）	工伤保险费	定额人工费		0.5	511.17
（5）	生育保险费	定额人工费		0.14	143.13
1.2	住房公积金	定额人工费		6	6134.01
1.3	工程排污费	按工程所在地环境保护部门收取标准，按实计入			
2	税金	分部分项工程费＋措施项目费＋其他项目费＋规费－按规定不计税的工程设备金额		3.413	8560.54
合计					37840.21

编制人（造价人员）：×××　　　　　　　　　　复核人（造价工程师）：×××

10. 主要材料、工程设备一览表

发包人提供材料和工程设备一览表

工程名称：某生态园区园林绿化工程　　　标段：　　　　　　　　　　第　页　共　页

序号	材料（工程设备）名称、规格、型号	单位	数量	单价（元）	交货方式	送达地点	备注
1	钢塑管（DN25 衬塑）	m	100			施工现场	
2	钢塑管（DN50 衬塑）	m	80			施工现场	

承包人提供主要材料和工程设备一览表

（适用于造价信息差额调整法）

工程名称：某生态园区园林绿化工程　　　标段：　　　　　　第　页　共　页

序号	名称、规格、型号	单位	数量	风险系数（%）	基准单价（元）	投标单价（元）	发承包人确认单价（元）	备注
1	预制混凝土 C20	m^3	15	≤5	310			
2	预制混凝土 C25	m^3	100	≤5	323			
3	预制混凝土 C30	m^3	900	≤5	340			

承包人提供主要材料和工程设备一览表

（适用于价格指数差额调整法）

工程名称：某生态园区园林绿化工程　　　标段：　　　　　　第　页　共　页

序号	名称、规格、型号	变值权重 B	基本价格指数 F_0	现行价格指数 F_t	备注
1	人工		110%		
2	钢材		3800 元/t		
3	预制混凝土 C30		340 元/m^3		
4	机械费		100%		
	定值权重 A		—	—	
合计		1	—	—	

3.3 投标报价编制实例

现以某生态园区园林绿化工程为例，介绍投标报价编制（由委托工程造价咨询人编制）。

1. 封面

投标总价封面

某生态园区园林绿化工程

投 标 总 价

投 标 人：××园林公司
（单位盖章）

20××年××月××日

2. 扉页

投标总价扉页

投 标 总 价

招　标　人：××公司

工 程 名 称：某生态园区园林绿化工程

投标总价（小写）：255343.38

（大写）：贰拾伍万伍仟叁佰肆拾叁元叁角捌分

投　标　人：××园林公司
（单位盖章）

法定代表人
或其授权人：××公司法定代表人
（签字或盖章）

编　制　人：××造价工程师或造价员
（造价人员签字盖专用章）

编制时间：20××年××月××日

3. 总说明

总 说 明

工程名称：某生态园区园林绿化工程　　　　第 页 共 页

1. 工程概况：本生态园区位于××区，交通便利，园区中建筑与市政建设均已完成。生态园区园林绿化面积约为860m^2，整个工程由圆形花坛、伞亭、连座花坛、花架、八角花坛以及绿地组成。栽种的植物主要有桧柏、垂柳、龙爪槐、大叶黄杨、金银木、珍珠海、月季等。合同工期为60天。

2. 投标报价范围：为本次招标的施工图范围内的园林绿化工程。

3. 投标报价编制依据：

(1) 招标工程量清单；

(2) 招标文件中有关计价的要求；

(3) 工程施工图

(4) 省建设主管部门颁发的计价定额和计价方法及相关计价文件；

(5) 材料价格采用工程所在地工程造价管理机构20××年××月工程造价信息发布的价格，对于工程造价信息没有发布价格信息的材料，其价格参照市场价。单价中已包括≤5%的价格波动风险。

4. 综合公司经济现状及竞争力，公司所报费率略。

5. 税金按3.413%计取。

4. 投标控制价汇总表

建设项目投标控制价汇总表

工程名称：某生态园区园林绿化工程　　　　第 页 共 页

序号	单项工程名称	金额（元）	其中：（元）		
			暂估价	安全文明施工费	规费
1	某生态园区园林绿化工程	255343.38	20000.00	25558.36	29279.67
合计		255343.38	20000.00	25558.36	29279.67

单项工程投标控制价汇总表

工程名称：某生态园区园林绿化工程　　　　第 页 共 页

序号	单项工程名称	金额（元）	其中：（元）		
			暂估价	安全文明施工费	规费
1	某生态园区园林绿化工程	255343.38	20000.00	25558.36	29279.67
合计		255343.38	20000.00	25558.36	29279.67

单位工程投标控制价汇总表

工程名称：某生态园区园林绿化工程　　　　第 页 共 页

序号	单项工程名称	金额（元）	其中：暂估价（元）
1	分部分项	83647.39	20000.00
0501	绿化工程	36921.38	
0502	园路、园桥、假山工程	20040.75	

续表

序号	单项工程名称	金额（元）	其中：暂估价（元）
0503	园林景观工程	26685.26	
2	措施项目	40664.07	
2.1	其中：安全文明施工费	25558.36	
3	其他项目	93325.00	
3.1	其中：暂列金额	50000.00	
3.2	其中：专业工程暂估价	20000.00	
3.3	其中：计日工	21880.00	
3.4	其中：总承包服务费	1445.00	
4	规费	29279.67	
5	税金	8427.25	
招标控制价合计=1+2+3+4+5		255343.38	20000.00

5. 分部分项工程和单价措施项目清单与计价表

分部分项工程和单价措施项目清单与计价表

工程名称：某生态园区园林绿化工程　　　标段：　　　　第　页　共　页

序号	项目编码	项目名称	项目特征描述	计量单位	工程量	金额（元）		
						综合单价	合价	其中 暂估价
		绿化工程						
1	050101010001	整理绿化用地	整理绿化用地，普坚土	m^2	850.0	1.05	892.50	
2	050102001001	栽植乔木	桧柏，高1.2～1.5m，土球苗木	株	5	69.35	346.75	
3	050102001002	栽植乔木	垂柳，高4.0～5.0m，露根乔木	株	8	51.63	413.04	
4	050102001003	栽植乔木	龙爪槐，高3.5～4m，露根乔木	株	10	70.05	700.50	
5	050102001004	栽植乔木	大叶黄杨，高1～13.2m，露根乔木	株	6	80.02	480.12	
6	050102001005	栽植乔木	珍珠海，高1～1.2m，露根乔木	株	60	21.45	1287.00	
7	050102002001	栽植灌木	金银木，高1.5～1.8m，露根灌木	株	85	28.45	2418.25	
8	050102008001	栽植花卉	各色月季，两年生，露地花卉	株	130	18.55	2411.50	
9	050102012001	铺植草皮	野牛草，草皮	m^2	600.0	19.25	11550.00	
10	050103001001	喷灌管线安装	主线管挖土深度1m，支线管挖土深度0.6m，二类土。主管管长21m，支管管长98.6m	m	160.0	38.66	6185.60	
		分部小计					26685.26	
		园路、路桥、假山工程						
11	050201001001	园路	200mm厚砂垫层，150mm厚3：7灰土垫层，水泥方格砖路面	m^2	185.0	55.95	10350.75	

续表

序号	项目编码	项目名称	项目特征描述	计量单位	工程量	金额（元）		
						综合单价	合价	其中
								暂估价
12	010101002001	挖一般土方	普坚土，挖土平均厚度350mm，弃土运距100m	m^3	62.5	21.22	1326.25	
13	050201003002	路牙铺设	3∶7灰土垫层150mm厚，花岗石路牙	m	110.5	75.69	8363.75	
			分部小计				20040.75	
			园林景观工程					
14	050304002001	预制混凝土花架柱、梁	柱6根，高2.2m	m^3	2.5	366.15	915.38	
15	050305005001	预制混凝土桌凳	C20预制混凝土座凳，水磨石面	个	8	32.55	260.40	
16	011203001001	零星项目一般抹灰	花架柱、梁抹水泥砂浆	m^2	65.5	15.46	1012.63	
17	010101002002	挖一般土方	挖八角花坛土方，人工挖地槽，土方运距100m	m^3	10.8	29.05	313.74	
18	010507007001	其他构件	八角花坛混凝土池壁，C10混凝土现浇	m^3	7.5	301.25	2259.38	
19	011204001001	石材墙面	圆形花坛混凝土池壁贴大理石	m^2	12.0	232.00	2784.00	
20	010101002003	挖一般土方	连座花坛土方，平均挖土深度870mm，普坚土，弃土运距100m	m^3	15.5	28.22	437.41	
21	040304002001	混凝土基础	3∶7灰土垫层，100mm厚	m^3	1.5	406.50	609.75	
22	011202001001	柱、梁面一般抹灰	混凝土柱水泥砂浆抹面	m^2	12.6	13.50	170.10	
23	010401003001	实心砖墙	M5混合砂浆砌筑，普通砖	m^3	6.5	190.25	1236.63	
24	010507011002	其他构件	连座花坛混凝土花池，C25混凝土现浇	m^3	2.9	304.56	883.22	
25	010101002004	挖一般土方	挖座凳土方，平均挖土深度80mm，普坚土，弃土运距100m	m^3	0.5	22.55	11.28	
26	010101002005	挖一般土方	挖花台土方，平均挖土深度640mm，普坚土，弃土运距100m	m^3	6.7	27.88	186.80	
27	040304002002	混凝土基础	3∶7混凝土垫层，300mm厚	m^3	1.2	345.25	414.30	
28	010401003002	实心砖墙	砖砌花台，M5混合砂浆，普通砖	m^3	2.5	194.00	485.00	
29	010507011003	其他构件	花台混凝土，C25混凝土现浇	m^3	2.9	232.15	673.24	
30	011204001002	石材墙面	花台混凝土，花池池面贴花岗石	m^2	4.8	2505.26	12025.25	

续表

序号	项目编码	项目名称	项目特征描述	计量单位	工程量	金额（元）		
						综合单价	合价	其中
								暂估价
31	010101002006	挖一般土方	挖花墙花台土方，平均深度940mm，普坚土，弃土运距100m	m^3	12.4	28.25	350.30	
32	011703002001	带形基础	花墙花台混凝土基础，C25混凝土现浇	m^3	1.4	234.25	327.95	
33	010401003003	实心砖墙	砖砌花台，M5混合砂浆，普通砖	m^3	10.2	186.75	1904.85	
34	011204001003	石材墙面	花墙花台墙面贴青石板	m^2	27.8	110.55	3073.29	
35	010606013001	零星钢构件	花墙花台铁花式，-60×6，2.83kg/m	t	0.3	4490.55	1347.17	
36	010101002007	挖一般土方	挖圆形花坛土方，平均深度800mm，普坚土，弃土运距100m	m^3	4.2	26.55	111.51	
37	010507011004	其他构件	圆形花坛混凝土池壁，C25混凝土现浇	m^3	2.8	350.25	980.70	
38	011204001004	石材墙面	圆形花坛混凝土池壁贴大理石	m^2	11.6	270.00	3132.00	
39	011703007001	矩形柱	混凝土柱，C25混凝土现浇	m^3	2.2	299.55	659.01	
40	011202001002	柱、梁面一般抹灰	混凝土柱水泥砂浆抹面	m^2	12.3	14.45	177.74	
41	011407001001	墙面喷刷涂料	混凝土柱面刷白色涂料	m^2	12.3	14.50	178.35	
		分部小计					36921.38	
合计							83647.39	

6. 综合单价分析表

综合单价分析表

工程名称：某生态园区园林绿化工程　　标段：　　第　页　共　页

项目编码	050102001002	项目名称	栽植乔木		计量单位	株	工程量	8		
综合单价组成明细										
定额编号	定额名称	定额单位	数量	单价（元）				合价（元）		
				人工费	材料费	机械费	管理费和利润	人工费	材料费	机械费	管理费和利润
EA0921	普坚土种植垂柳	株	1	5.38	13.67	0.31	2.09	5.38	13.67	0.31	2.09
EA0961	垂柳后期管理费	株	1	11.71	12.13	2.21	4.13	11.71	12.13	2.21	4.13
人工单价		小计						17.09	25.80	2.52	6.22
25元/工日		未计价材料费									
清单项目综合单价								51.63			

	主要材料名称、规格、型号	单位	数量	单价（元）	合价（元）	暂估价（元）	暂估合价（元）
材料费明细	垂柳	株	1	10.60	10.60		
	毛竹竿	根	1.100	12.54	12.54		
	水费	t	0.680	3.20	2.18		
	其他材料费			—	0.48	—	
	材料费小计			—	25.80	—	

（其他项分部分项综合单价分析表略）

7. 总价措施项目清单与计价表

总价措施项目清单与计价表

工程名称：某生态园区园林绿化工程　　　标段：　　　　　第　页　共　页

序号	项目编码	项目名称	计算基础	费率（%）	金额（元）	调整费率（%）	调整后金额（元）	备注
1	050405001001	安全文明施工费	定额人工费	25	25558.36			
2	050405002001	夜间施工增加费	定额人工费	3	3067.00			
3	050405004001	二次搬运费	定额人工费	2	2044.67			
4	050405005001	冬、雨季施工增加费	定额人工费	1.8	1840.20			
5	050405008001	已完工程及设备保护费			8153.84			
合计					40664.07			

编制人（造价人员）：×××　　　　　复核人（造价工程师）：×××

8. 其他项目清单与计价汇总表

其他项目清单与计价汇总表

工程名称：某生态园区园林绿化工程　　　　标段：　　　　　　　　第　页　共　页

序号	项目名称	金额（元）	结算金额（元）	备　注
1	暂列金额	50000.00		明细详见（1）
2	暂估价	20000.00		
2.1	材料（工程设备）暂估价	—		明细详见（2）
2.2	专业工程暂估价/结算价	20000.00		明细详见（3）
3	计日工	21880.00		明细详见（4）
4	总承包服务费	1445.00		明细详见（5）
5				
	合计	93325.00		

（1）暂列金额明细表

暂列金额明细表

工程名称：某生态园区园林绿化工程　　　　标段：　　　　　　　　第　页　共　页

序号	项目名称	计量单位	暂列金额（元）	备　注
1	政策性调整和材料价格风险	项	25000.00	
2	工程量清单中工程量变更和设计变更	项	15000.00	
3	其他	项	10000.00	
合计			50000.00	

（2）材料（工程设备）暂估单价及调整表

材料（工程设备）暂估单价及调整表

工程名称：某生态园区园林绿化工程　　　标段：　　　　　　　　第　页　共　页

序号	材料（工程设备）名称、规格、型号	计量单位	数量		暂估/（元）		确认（元）		差额元±（元）		
			暂估	确认	单价	合价	单价	合价	单价	合价	备注
1	桧柏	株	100		9.60	960					
2	龙爪槐	株	100		30.30	3030					
	（其他略）										
合计						3990					

（3）专业工程暂估价及结算价表

专业工程暂估价及结算价表

工程名称：某生态园区园林绿化工程　　　标段：　　　　　　　　第　页　共　页

序号	工程名称	工程内容	暂估金额（元）	结算金额（元）	差额±（元）	备注
1	消防工程	合同图纸中标明的以及消防工程规范和技术说明中规定的各系统中的设备、管道、阀门、线缆等的供应、安装和调试工作	20000.00			
合计			20000.00			

（4）计日工表

计 日 工 表

工程名称：某生态园区园林绿化工程　　　标段：　　　　　　　　　第　页　共　页

编号	项目名称	单位	暂定数量	实际数量	综合单价（元）	合价（元）	
						暂定	实际
一	人工						
1	技工	工日	50		48.00	2400.00	
	人工小计					2400.00	
二	材料						
1	42.5级普通水泥	t	16.00		280.00	4480.00	
	材料小计					4480.00	
三	施工机械						
1	汽车起重机20t	台班	6		2500.00	15000.00	
2							
	施工机械小计					15000.00	
四、企业管理费和利润							
	总计					21880.00	

（5）总承包服务费计价表

总承包服务费计价表

工程名称：某生态园区园林绿化工程　　　标段：　　　　　　　　　第　页　共　页

序号	项目名称	项目价值/元	服务内容	计算基础	费率（%）	金额（元）
1	发包人发包专业工程	20000.00	1. 按专业工程承包人的要求提供施工工作面并对施工现场进行统一整理汇总 2. 为专业工程承包人提供垂直运输机械和焊接电源接入点，并承担垂直运输费和电费	项目价值	5	1000
2	发包人供应材料	44500.00	对发包人供应的材料进行验收及保管和使用发放	项目价值	1	445
	合计	—	—		—	1445

9. 规费、税金项目计价表

规费、税金项目计价表

工程名称：某生态园区园林绿化工程　　　标段：　　　　　　第　页　共　页

序号	项目名称	计算基础	计算基数	计算费率（%）	金额（元）
1	规费	定额人工费			29279.67
1.1	社会保险费	定额人工费	（1）＋…＋（5）		23145.66
（1）	养老保险费	定额人工费		14	14312.68
（2）	失业保险费	定额人工费		2	2044.67
（3）	医疗保险费	定额人工费		6	6134.01
（4）	工伤保险费	定额人工费		0.5	511.17
（5）	生育保险费	定额人工费		0.14	143.13
1.2	住房公积金	定额人工费		6	6134.01
1.3	工程排污费	按工程所在地环境保护部门收取标准，按实计入			
2	税金	分部分项工程费＋措施项目费＋其他项目费＋规费－按规定不计税的工程设备金额		3.413	8427.25
合　计					37706.92

编制人（造价人员）：×××　　　　　　复核人（造价工程师）：×××

10. 总价项目进度款支付分解表

总价项目进度款支付分解表

工程名称：某生态园区园林绿化工程　　　标段：　　　　　　第　页　共　页

序号	项目名称	总价金额	首次支付	二次支付	三次支付	四次支付	五次支付	
1	安全文明施工费	25558.36	6389.59	6389.59	6389.59	6389.59		
2	夜间施工增加费	3067.00	613.40	613.40	613.40	613.40	613.40	
3	二次搬运费	2044.67	408.93	408.93	408.93	408.93	408.95	
	略							
	社会保险费	23145.66	4629.13	4629.13	4629.13	4629.13	4629.14	
	住房公积金	6134.01	1226.80	1226.80	1226.80	1226.80	1226.81	
合计								

编制人（造价人员）：×××　　　　　　复核人（造价工程师）：×××

11. 主要材料、工程设备一览表

发包人提供材料和工程设备一览表

工程名称：某生态园区园林绿化工程　　　标段：　　　　　　第　页　　共　页

序号	材料（工程设备）名称、规格、型号	单位	数量	单价（元）	交货方式	送达地点	备注
1	钢塑管（DN25 衬塑）	m	100			施工现场	
2	钢塑管（DN50 衬塑）	m	80			施工现场	

承包人提供主要材料和工程设备一览表

（适用于造价信息差额调整法）

工程名称：某生态园区园林绿化工程　　　标段：　　　　　　第　页　　共　页

序号	名称、规格、型号	单位	数量	风险系数（%）	基准单价（元）	投标单价（元）	发承包人确认单价（元）	备　注
1	预制混凝土 C20	m^3	15	≤5	310	308		
2	预制混凝土 C25	m^3	100	≤5	323	320		
3	预制混凝土 C30	m^3	900	≤5	340	340		

承包人提供主要材料和工程设备一览表

（适用于价格指数差额调整法）

工程名称：某生态园区园林绿化工程　　标段：　　第　页　共　页

序号	名称、规格、型号	变值权重 B	基本价格指数 F_0	现行价格指数 F_t	备　注
1	人工		110%		
2	钢材		3800 元/t		
3	预制混凝土 C30		340 元/m^3		
4	机械费		100%		
	定值权重 A		—	—	
合计		1	—	—	

参 考 文 献

[1] 中华人民共和国住房和城乡建设部.《建设工程工程量清单计价规范》GB 50500—2013[S]. 北京：中国计划出版社，2013

[2] 中华人民共和国住房和城乡建设部.《园林绿化工程工程量清单计算规范》GB 50858—2013[S]. 北京：中国计划出版社，2013

[3] 史静宇. 园林工程工程量清单计价及实例[M]. 北京：化学工业出版社，2013

[4] 薛孝东. 园林绿化工程造价员[M]. 南京：江苏科学技术出版社，2013

[5] 由元晶. 园林绿化工程造价实训[M]. 南京：江苏科学技术出版社，2012

[6] 樊俊喜，刘新燕. 园林绿化工程工程量清单计价编制与实例[M]. 北京：机械工业出版社，2010